Kostenrechnung in der Chemischen Industrie

Kostenrechnung in der Chemischen Industrie

Herausgegeben vom

Betriebswirtschaftlichen Ausschuß des Verbandes der
Chemischen Industrie e. V.

Dritte, unveränderte Auflage

SPRINGER FACHMEDIEN WIESBADEN GMBH

2., unveränderte Auflage 1976
3., unveränderte Auflage 1978

© 1962 Springer Fachmedien Wiesbaden
Ursprünglich erschienen bei Betriebswirtschaftlicher Verlag Dr. Th. Gabler KG, Wiesbaden 1962
Umschlaggestaltung: Horst Koblitz, Wiesbaden

Buchbinderei: A. Hiort, Wiesbaden

ISBN 978-3-409-21607-4   ISBN 978-3-663-13230-1 (eBook)
DOI 10.1007/978-3-663-13230-1

Additional material to this book can be downloaded from http://extras.springer.com

Vorwort

In dem Werk „Das Rechnungswesen in der Chemischen Industrie der Bundes-
republik Deutschland" hat der Betriebswirtschaftliche Ausschuß des Verbandes der
Chemischen Industrie e. V., Frankfurt am Main, im Jahr 1950 Buchführungsricht-
linien als Band 1 und im Jahr 1952 Kostenrechnungsrichtlinien als Band 2 herausgegeben. Dies geschah, weil die Gemeinschaftsrichtlinien des Bundesverbandes der
Deutschen Industrie in zahlreichen Unternehmen der Chemischen Industrie nicht
oder nur eingeschränkt anwendbar sind.

Seitdem sind umfangreiche Erfahrungen und beachtliche Erkenntnisse über die
Kostenrechnung in der Chemischen Industrie, vor allem durch fruchtbare Zusammenarbeit von betriebswirtschaftlicher Forschung und Praxis, gewonnen worden.
Die Ausgabe der Kostenrechnungsrichtlinien ist seit längerer Zeit vergriffen. Von
einer Wiederauflage wurde zugunsten einer Neubearbeitung abgesehen, um die
neuen Erkenntnisse auszuwerten. Hiermit wurde ein Arbeitskreis des Betriebswirtschaftlichen Ausschusses unter der Leitung von Herrn *Robert Kratz*, stellvertretend
von Herrn *Erich Heine*, beauftragt. Dem Arbeitskreis gehören außerdem die Herren
*Friedhelm Henkels, Gerhard Marczinkowski, Hanns Pastor, Paul Riebel, Wilhelm
Schlierenkamp, Erwin Schmidt* und *Fritz Wehde* an. Die redaktionelle Überarbeitung der Beiträge besorgten die Herren *Marczinkowski* und *Schlierenkamp*.

Das Werk behandelt im Teil I Grundfragen der Kostenrechnung. Die Eigenarten
der Chemischen Industrie und ihre Auswirkungen auf die Kostenrechnung sind
besonders herausgestellt.

Im Teil II werden Aufbau und Durchführung der Kostenrechnung einschließlich der
Betriebsergebnisrechnung geschildert. Die Technik der kontenmäßigen und statistischen Durchführung wird gesondert im Teil III beschrieben. Diese beiden Teile
geben einen Überblick über die Praxis der Kostenrechnung und sollen Anregungen
für ihre zweckmäßige Ausgestaltung vermitteln.

Da die Kostenrechnung nicht Selbstzweck, sondern Hilfsmittel für die Unternehmensführung ist, wurde der abschließende Teil IV den Fragen der Kostenauswertung gewidmet. Für die Chemische Industrie werden damit erstmalig die in der
Praxis als zweckmäßig erkannten Auswertungen in einem geschlossenen System
dargestellt.

Möge die Neuausgabe Anregungen geben und einen Einblick in die Kostenrechnung
der Chemischen Industrie vermitteln.

Betriebswirtschaftlicher Ausschuß
des Verbandes der Chemischen Industrie e. V.

Der Vorsitzende

Franz J. P. Leitz

Vorwort zur dritten Auflage

Der Betriebswirtschaftliche Ausschuß des Verbandes der Chemischen Industrie e. V. hat es seit jeher als eine seiner wichtigsten Aufgaben betrachtet, betriebswirtschaftliche Fragen von überbetrieblicher Bedeutung in besonderen Arbeitskreisen zu behandeln und mit der Veröffentlichung der Diskussionsergebnisse sowohl die betriebswirtschaftliche Arbeit in den Unternehmen zu unterstützen als auch Beiträge zur fachlichen Diskussion in der Öffentlichkeit zu leisten.

Das im Jahr 1962 herausgegebene Werk „Kostenrechnung in der Chemischen Industrie" nimmt unter diesen Veröffentlichungen einen hervorragenden Platz ein. Es behandelt neben den Grundsatzfragen auch den Aufbau, die Durchführung und die Auswertung der Kostenrechnung und trägt dabei den Eigenarten der Chemischen Industrie in besonderem Maße Rechnung.

Da das Buch vor zwei Jahren völlig vergriffen war, von vielen Seiten aber noch anhaltendes Interesse an diesem Standardwerk bekundet wurde, stellte sich zwangsläufig die Frage einer Neuauflage und damit ggf. einer Überarbeitung. Nach eingehenden Beratungen hatte der Betriebswirtschaftliche Ausschuß jedoch den Beschluß gefaßt, das Buch in der bisherigen Form zu erhalten und in einer zweiten, unveränderten Ausgabe aufzulegen. Zugleich wurde aber damit begonnen, im Rahmen eines besonderen Arbeitskreises „Ausgewählte Probleme des Rechnungswesens in der Chemischen Industrie" einzelne besonders interessierende Schwerpunktthemen aus der Sicht der Praxis neu zu bearbeiten. Um nicht den Abschluß aller Teilarbeiten abwarten zu müssen, wurde den in der Vergangenheit üblichen Veröffentlichungsformen mit der Herausgabe einer Schriftenreihe „Betriebswirtschaft + Finanzen" ein neuer Rahmen gegeben. Mit dieser gemeinsam mit dem Finanzausschuß aufgelegten Schriftenreihe hofft der Betriebswirtschaftliche Ausschuß, der Weiterentwicklung des betrieblichen Rechnungswesens Rechnung tragen zu können. Als erstes Heft der Schriftenreihe wurde anläßlich der Jubiläumsveranstaltungen zum 100jährigen Bestehen des Chemieverbandes im Oktober 1977 eine Abhandlung zum Thema „Erfassung und Verrechnung von Kosten der Unterbeschäftigung" vorgelegt.

Um einen über die Chemische Industrie hinausgehenden Leserkreis zu erschließen und die gewonnenen Erkenntnisse in Forschung und Lehre einzubringen, werden jeweils Kurzdarstellungen der betreffenden Beiträge in Fachzeitschriften veröffentlicht. Die davon erhoffte Breitenwirkung soll durch eine unmittelbare Versendung der Schriften an entsprechende Interessenten verstärkt werden.

Neben der zeitnahen Behandlung jeweils aktueller Problemstellungen in der Schriftenreihe und mehreren anderen auf Seite 195 aufgeführten kostenrechnerischen Veröffentlichungen des Ausschusses behält das 1962 herausgegebene Buch „Kostenrechnung in der Chemischen Industrie" als Grundlagenwerk für Zwecke der Ausbildung sowie zur Unterrichtung von Mitarbeitern des Verkaufs und in- und ausländischer Tochtergesellschaften weiterhin seine besondere Bedeutung. Da auch die zweite Auflage inzwischen weitgehend vergriffen ist, legt der Betriebswirtschaftliche Ausschuß nunmehr die dritte, unveränderte Auflage vor. Der Ausschuß hofft, daß auch diese Auflage dazu beiträgt, die besonderen Probleme der Kostenrechnung in der Chemischen Industrie dem interessierten Praktiker nahezubringen.

Betriebswirtschaftlicher Ausschuß
des Verbandes der Chemischen Industrie e. V.

Der Vorsitzende
Dipl.-Kfm. F. J. Drenkard

Inhaltsverzeichnis

Teil I

Allgemeine Grundlagen

Seite

A. *Begriff der Chemischen Industrie* 15

B. *Grundfragen der Kostenrechnung* 18

1. Die Zwecke der Kostenrechnung 18

    a) Die Kostenrechnung als Instrument zur Beobachtung und Kontrolle der Betriebsgebarung 18

    b) Die Kostenrechnung als Instrument zur Vorbereitung betrieblicher Entscheidungen 20

    c) Die Kostenrechnung als Instrument der Preispolitik 21

    d) Die Kostenrechnung als Hilfsmittel für die Bewertung der Halb- und Fertigfabrikate und der innerbetrieblichen Leistungen 23

2. Einflußgrößen, Abhängigkeiten und Zurechenbarkeit der Kosten . . . 24

    a) Einflußgrößen und Abhängigkeiten der Kosten als Gestaltungsfaktoren der Kostenrechnung 24

       aa) Allgemeines 24

       ab) Einflußgrößen und Abhängigkeit der Kosten 25

    b) Zurechenbarkeit der Kosten 26

       ba) Arten der Einzel- und Gemeinkosten 26

       bb) Zurechnung der Gemeinkosten 28

       bc) Arten der fixen Kosten und ihre Zurechnung 29

    c) Kostenkategorien unter dem Gesichtspunkt der Einflußgrößen und der Zurechenbarkeit 30

3. Die Systeme der Kosten- und Ergebnisrechnung 32

    a) Einzelrechnungen und laufende Periodenrechnung 33

    b) Kostenträgerorientierte und kostenstellenorientierte Kostenrechnung 34

    c) Vor- und Nachrechnungen, insbesondere Vorkalkulation und Nachkalkulation 36

    d) Vollkosten- und Teilkostenrechnung 37

    e) Istkosten-, Normalkosten-, Plankostenrechnung 38

Seite

4. Die Stufen der Kosten- und Ergebnisrechnung 42

   a) Kostenartenrechnung 42
      aa) Begriff, Aufgaben und Probleme der Kostenartenrechnung . . 42
      ab) Abgrenzung der Kosten 43
      ac) Bildung und Gliederung der Kostenarten 45
      ad) Erfassung der Kostenarten 46
      ae) Bewertung in der Kostenrechnung 46

   b) Kostenstellenrechnung 48
      ba) Begriff 48
      bb) Aufgaben der Kostenstellenrechnung 48
      bc) Bildung und Gliederung der Kostenstellen 48
      bd) Erfassung und Zurechnung von Kostenarten auf die Kosten-
          stellen 49

   c) Innerbetriebliche Leistungsrechnung 49

   d) Kostenträgerrechnung 50
      da) Begriff 50
      db) Aufgaben der Kostenträgerrechnung 50
      dc) Gliederung der Kostenträger 51
      dd) Verfahren der Kostenträgerrechnung und ihre Problematik . . 51

   e) Betriebsergebnisrechnung 53
      ea) Begriff 53
      eb) Aufgaben der Betriebsergebnisrechnung 54
      ec) Probleme und Verfahren der Betriebsergebnisrechnung . . . 54
      ed) Gliederung der Betriebsergebnisrechnung 54

5. Grenzen der Kostenrechnung 55

   a) Richtigkeit und Genauigkeit der Kostenrechnung 55

   b) Wirtschaftlichkeit der Kostenrechnung 57

6. Betriebsmerkmale als Gestaltungsfaktor der Kostenrechnung 57

C. *Eigenarten der Chemischen Industrie und ihre Auswirkungen auf die
   Kostenrechnung* 59

1. Struktur der Chemischen Industrie 59

2. Beispiele für Eigenarten der Chemischen Industrie und ihre Auswirkungen auf die Kostenrechnung 59

   a) Eigenarten auf dem Gebiet der Einsatzstoffe und Erzeugnisse . . . 59

   b) Eigenarten auf dem Gebiet der Produktionsanlagen 61

   c) Eigenarten auf dem Gebiet der Produktionsverfahren und Ver-
      fahrensbedingungen 62
      ca) Kontinuierliche und diskontinuierliche (chargenweise) Pro-
          duktion 62
      cb) Verbundproduktion 63

Teil II

Durchführung der Kostenrechnung

Seite

A. Grundzüge der Kostenrechnung 73

B. Kostenartenrechnung 74

1. Gliederung der Kostenarten 74

2. Erfassung der Kosten 82
   a) Stoffverbrauch 83
   b) Personalkosten 84
   c) Energiekosten 84
   d) Lieferungen und Leistungen für Neuanlagen und Reparaturen . . 85
   e) Gebühren, Beiträge, Spenden und Versicherungsprämien 85
   f) Steuern 85
   g) Kalkulatorische Kosten 85
   h) Fremdleistungen für Werbung und Vertrieb 86
   i) Andere Fremdleistungen 86

3. Bewertung in der Kostenartenrechnung 86

4. Abgrenzung der Kosten 88

C. Kostenstellenrechnung 89

1. Allgemeines 89
   a) Bildung von Kostenstellen und Kostenbereichen 89
   b) Erfassung der Kostenarten auf den Kostenstellen 90
   c) Verrechnung der Kosten und Leistungen der Kostenstellen 91

2. Die einzelnen Kostenstellen und Kostenbereiche 91
   a) Materialbeschaffung und -lagerung 91
   b) Fertigung 92
   c) Hilfsbetriebe der Fertigung 93
   d) Allgemeiner Bereich 96
   e) Forschung, Entwicklung und Anwendungstechnik 96
   f) Fertigerzeugnislager und -versand 97
   g) Vertrieb 97
   h) Verwaltung 97

Seite

D. Kostenträgerrechnung 99

1. Arten 99
   a) Nachkalkulation 99
   b) Vorkalkulation 100
   c) Kostenträgereinheit- und Kostenträgerzeitrechnung. 101

2. Bewertungsfragen in der Kostenträgerrechnung 102

3. Verfahren 103
   a) Divisionskalkulation 105
      aa) Einfache Divisionskalkulation 105
      ab) Äquivalenzziffernrechnung 106
      ac) Restwertrechnung 109
   b) Verrechnungssatz-Verfahren 110
   c) Mehrstufige Kostenträgerrechnung 112

E. Betriebsergebnisrechnung 117

1. Gesamtkostenverfahren 117
   a) Gliederung des Gesamtkostenverfahrens nach Kostenarten 117
   b) Gliederung des Gesamtkostenverfahrens nach Kostenbereichen . . 118

2. Umsatzkostenverfahren 119

3. Durchführung im einzelnen 120

4. Weiterführung des Betriebsergebnisses zum Unternehmensergebnis . 120

Teil III

Technik der Kostenrechnung

A. Kontenmäßige Kostenrechnung 123

1. Organisatorische Gestaltung 124

2. Kontenmäßige Kostenartenrechnung 126

3. Kontenmäßige Kostenstellenrechnung 128

4. Kontenmäßige Kostenträgerrechnung 131
   a) Herstellkostensammelkonten (Kalkulationskonten) 131
   b) Bestandskonten 133
   c) Selbstkostenkonten der umgesetzten Erzeugnisse und der Innen-
      leistungen (Klasse 8) 137
   d) Betriebsabschlußkonto 138

5. Kontenmäßige Betriebsergebnisrechnung 139

Seite

B. Statistische (tabellarische) Kostenrechnung 141

1. Statistische Kostenartenrechnung 141
2. Statistische Kostenstellenrechnung 142
3. Statistische Kostenträgerrechnung 145
4. Statistische Betriebsergebnisrechnung 145

Teil IV

Kostenauswertung

A. Zielsetzung der Kostenauswertung 149

B. Leitsätze der Kostenauswertung 150

C. Technik der Kostenauswertung 153

1. Zahlenverwendung und Rechenarten 153
2. Darstellungsweisen 156

D. Arten der Kostenauswertung 158

1. Strukturanalyse 158
2. Betriebsvergleich 159
3. Zeitvergleich 160
4. Soll/Ist-Vergleich 161
5. Verfahrensvergleich 162

E. Durchführung der Kostenauswertung 164

1. Auswertung der Kostenartenrechnung 164
2. Auswertung der Kostenstellenrechnung 166
   a) Materialbeschaffung und -lagerung 167
   b) Fertigung 168
   c) Hilfsbetriebe der Fertigung 172
   d) Allgemeiner Bereich 173
   e) Soziale Einrichtungen 174
   f) Forschung, Entwicklung und Anwendungstechnik 174

Seite

g) Fertigerzeugnislager und -versand 174
h) Vertrieb, Werbung 175
i) Verwaltung 176

3. Auswertung der Kostenträgerrechnung 176
a) Nachkalkulation 177
b) Vorkalkulation 180

4. Auswertung der Betriebsergebnisrechnung 182
a) Umsatz-Ergebnisrechnung 182
b) Kapital-Ergebnisrechnung 186

Literaturverzeichnis 193

Stichwortverzeichnis 197

Anhang

1. Beispiel für die Produktionsverflechtung in einem chemischen Betrieb 213
2. Kontenrahmen für die Chemische Industrie 214/215
3. Gesamt-Schaubild der kontenmäßigen Kostenrechnung 216/217
4. Kostenartenverrechnung 219
5. Kleiner Betriebs-Abrechnungsbogen 220/221
6. BAB der Vertriebs-Kostenstellen 222
7. Betriebsabrechnungsbogen

Teil I

Allgemeine Grundlagen

A. Begriff der Chemischen Industrie

Betrachtet man die industrielle Produktion unter dem Gesichtspunkt der *Produktionsaufgabe*, dann lassen sich zwei Gruppen unterscheiden:

1. Die Gruppe der Betriebe (Produktionen, Industrien) mit dem Ziel der *Stoffumformung* und des *Zusammenbaues*. Hierbei erhalten die Werkstoffe durch das Einwirken äußerer Kräfte eine andere Form, ohne daß dadurch der molekulare Aufbau ihrer Substanz geändert wird. Dazu rechnen u. a. Maschinen-, Fahrzeug-, Möbel-, Lederwaren- und Textilfabriken.

2. Die Gruppe der Betriebe (Produktionen, Industrien) mit dem Ziel der *Stoffumwandlung*. Hierbei wird die Substanz der Einsatzstoffe durch Lösung oder Neuknüpfung chemischer Verbindungen geändert. Im weiteren Sinne kann man hierzu auch die Trennung und Bildung von Substanzgemischen rechnen. Beispiele für die Stoffumwandlung sind Schwefelsäure-, Kunstdünger- und Farbenfabriken, Seifen- und Waschmittelherstellung.

Unter technologischen Gesichtspunkten kann man zwischen chemischen, mechanischen und sonstigen physikalischen *Produktionsverfahren* unterscheiden. In den auf die Stoffumformung und den Zusammenbau ausgerichteten Betrieben werden vorwiegend mechanische Verfahren angewandt. Für Stoffumwandlungsbetriebe sind die chemischen Verfahren charakteristisch, doch bedient man sich daneben immer auch mechanischer und sonstiger physikalischer Verfahren zur Vorbereitung der Einsatzstoffe und zur Zwischen- und Nachbehandlung der Erzeugnisse. Vielfach haben sie einen größeren Umfang als die chemischen Vorgänge selbst. Beispiele für solche Verfahren sind: Zerkleinern, Mahlen, Sieben, Filtrieren, Zentrifugieren, Verdüsen, Mischen, Konfektionieren, Agglomerieren, Rühren, Kneten, Emulgieren, Lösen, Dekantieren, Flotieren, Dialysieren, Entstauben, Adsorbieren, Kristallisieren.

Weder die Produktionsaufgabe noch die angewendeten Verfahren sind geeignet, den Begriff Chemische Industrie abzugrenzen, wenngleich die Unterscheidung der Industriebetriebe nach diesen beiden Merkmalen für die Belange der Kostenrechnung wichtig ist. Die Chemische Industrie umfaßt einen bedeutenden Teil der Industriezweige, die mit Hilfe chemischer und physikalischer Produktionsverfahren ihre Ausgangsstoffe substantiell umwandeln. Für den Zweig als Ganzes ist die universale Anwendung chemischer Kenntnisse sowie chemischer und physikalischer Produktionsverfahren charakteristisch, ohne daß das Betätigungsfeld der Chemischen Industrie nach Rohstoffen, Verfahren, Erzeugnissen, Abnehmern und Verwendungszwecken hierfür abgegrenzt werden könnte.

Bisher ist es weder im nationalen noch im internationalen Bereich gelungen, den Begriff Chemische Industrie klar und einheitlich zu umreißen; deshalb wird in amtlichen Statistiken, in Zolltarifen, im Verbandswesen und in der Berufsgenossenschaft im einzelnen aufgezählt, welche Produktionszweige jeweils zur Chemischen Industrie gerechnet werden. Diese *formale* Abgrenzung hat praktische Gründe.

Chemisch-technologische Produktionsverfahren finden sich auch in Betrieben, die unter den oben genannten formalen Abgrenzungen (in der Statistik, im Verbandswesen usw.) nicht zur Chemischen Industrie zählen, z.B. Eisenhütten, Gaswerke, Zementfabriken, Brauereien, Textilveredlungsbetriebe, Papierfabriken, Glashütten. Bei einer Abgrenzung des Begriffes Chemische Industrie nach Produktionsverfahren müßten sie zu den chemischen Betrieben gerechnet werden.

Wie es bei formaler Abgrenzung Betriebe gibt, die trotz chemisch-technologischer Produktionsverfahren nicht zur Chemischen Industrie gerechnet werden, so gibt es bei formaler Abgrenzung umgekehrt Betriebe, die zur Chemischen Industrie gezählt werden, obwohl sie nicht mit chemisch-technologischen Verfahren im engeren Sinne arbeiten. Bei ihnen finden sich nur Zerlegungs- und Mischprozesse, die, wie dargestellt, bei ausgesprochen chemischen Betrieben zur Vorbereitung der Einsatzstoffe sowie zur Zwischen- und Nachbehandlung der gewonnenen Erzeugnisse ebenfalls in großem Umfange vorkommen.

Unabhängig von der Abgrenzung nach Produktionsverfahren wenden sich diese Ausführungen in erster Linie an die im Verband der Chemischen Industrie zusammengefaßten Fachverbände und Unternehmen. Ihr Zusammenschluß beruht nicht nur auf einer begrifflichen Abgrenzung, sondern vor allem auf einer in langjähriger Entwicklung entstandenen Tradition sowie einer Gemeinschaftlichkeit der Interessen und Probleme.

Zur Zeit gehören die folgenden Fachverbände und Fachabteilungen zum Verband der Chemischen Industrie (VCI):

Fachverbände

Verband der Bauten- und Holzschutzmittel-Industrie e. V.
Verband der Dachpappen-Industrie e. V.
Fachverband Elektrokorund- und Siliziumkarbid-Hersteller e. V.
Fachverband Essigsäure-Industrie e. V.
Fachverband Ferrolegierungen, Stahl- und Leichtmetallveredler e. V.
Fachverband der Hautleim-Industrie e. V.
Fachverband Kernbindemittel-Industrie e. V.
Verband Deutscher Kerzenhersteller e. V.
Fachverband Kitt-Industrie e. V.
Fachverband der Knochenleim-Industrie e. V.
Verband der Körperpflegemittel-Industrie e. V.
Fachverband Kohlechemie e. V.
Verband Kunststofferzeugende Industrie und verwandte Gebiete e. V.

Verband der Lackindustrie e. V.
Fachverband Leime und Klebstoffe e. V.
Verband der Mineralfarben-Industrie e. V.
Industrieverband Pflanzenschutz- und Schädlingsbekämpfungsmittel e. V.
Bundesverband der Pharmazeutischen Industrie e. V.
Fachverband der Photochemischen Industrie e. V.
Verband Deutscher Seifenfabrikanten e. V.
Fachverband der Schuh-, Leder- und Fußbodenpflegemittel-Industrie e. V.
Fachverband für Spezialleime e. V.
Fachverband Stickstoff-Industrie e. V.
Verband TEGEWA e. V.[1])
Verband für Tierkörperbeseitigung e. V.

Fachabteilungen

Fachabteilung Chemischer Bürobedarf im VCI
Fachabteilung Chemische Konservierungsmittel
Arbeitsausschuß Industriereiniger

---

[1]) Verband der Textilhilfsmittel-, Gerbstoff- und Waschrohstoffindustrie e. V.

2 Kostenrechnung in der Chemischen Industrie

B. Grundfragen der Kostenrechnung

1. Die Zwecke der Kostenrechnung

Die Kostenrechnung ist ein Instrument der Unternehmensleitung, das Unterlagen für die Beantwortung bestimmter Fragen liefern soll. Im einzelnen mögen diese Fragen recht betriebsindividuell oder zeitbedingt sein; dennoch lassen sie sich gewöhnlich in folgende Hauptgruppen von Aufgaben (Rechnungszwecken) einordnen[2]:

> Beobachtung und Kontrolle der Betriebsgebarung (einschließlich der Ermittlung des Betriebsergebnisses)
>
> Vorbereitung betrieblicher Entscheidungen
>
> Vorbereitung der Preispolitik
>
> Bewertung der Halb- und Fertigfabrikate und der innerbetrieblichen Leistungen.

Diese Zwecke beeinflussen zusammen mit den Eigenarten des Betriebes und seiner Stellung im Markt maßgeblich die Kostenrechnung und stellen an ihren Aufbau und ihre Methoden teils übereinstimmende, teils unterschiedliche Forderungen.

a) *Die Kostenrechnung als Instrument zur Beobachtung und Kontrolle der Betriebsgebarung*

Die Kostenrechnung sollte sich nicht auf eine Registrierung und den damit verbundenen Nachweis der Kostenhöhe beschränken, sondern sich die Beobachtung bzw. Kontrolle der Kosten zur Aufgabe setzen[3].

Die *Kostenbeobachtung* soll die Entwicklung der Kosten nach Höhe und Struktur verfolgen sowie auf Entwicklungstendenzen und sprunghafte Änderungen aufmerksam machen. Naturgemäß ist das Ergebnis der Beobachtung um so aufschlußreicher, je sorgfältiger die Periodenabgrenzung vorgenommen wird und je besser die Kosten entsprechend den tatsächlichen Informationsbedürfnissen gegliedert sind.

Die für die Leistungserstellung verbrauchten Güter und in Anspruch genommenen Dienste (Kosten) werden gemessen oder geschätzt. Ist man für die Beobachtung auf Schätzungen angewiesen, hängt die Auswertbarkeit von dem Genauigkeitsgrad der Schätzung ab. Wird die Verrechnung an eine Formel gebunden, kontrolliert man nur scheinbar die Entwicklung der Kosten, tatsächlich aber lediglich die Entwicklung der Proportionalitätsfaktoren. So wird

---

[2]) Die gewählte Reihenfolge soll keine Rangordnung bedeuten.

[3]) Vgl. Mellerowicz, K.: Kosten und Kostenrechnung, Bd. II 1, 2. und 3. Aufl. Berlin 1958, S. 25-28 und S. 58-60;

Riebel, P.: Die Gestaltung der Kostenrechnung für Zwecke der Betriebskontrolle und Betriebsdisposition. ZfB. Jg. 26 (1956), S. 278-286;

Schmalenbach, E.: Kostenrechnung und Preispolitik. 7. Aufl. Köln und Opladen 1956, S. 16-20.

beispielsweise bei leistungsmäßiger Abschreibung nicht die Entwicklung der Anlagekosten, sondern nur die Entwicklung der verfahrenen Apparatestunden beobachtet.

Bei der *Kostenkontrolle* wird die Höhe der Kosten auf ihre Angemessenheit hin geprüft. Dabei ist zu beachten, daß die Kosten eines Betriebes von verschiedenen Faktoren und Verantwortungsbereichen beeinflußt werden. In der *Kostenstellenrechnung* können die Kosten nur auf der Kostenstelle, auf der sie unmittelbar entstehen, kontrolliert und beeinflußt werden. Sie lassen sich ihr auch eindeutig zurechnen (Stellen-Einzelkosten).

In der *Kostenträgerrechnung* beschränkt sich die Kontrolle auf die Kosten, die durch Art und Menge des Kostenträgers verursacht werden.

Kosten, die in erheblichem Maße dem Einfluß des *Zufalls* unterliegen, können nur kontrolliert werden, wenn eine genügend große Anzahl von Beobachtungsfällen erfaßt wird, damit sich Zufallsschwankungen nach dem „Gesetz der großen Zahl" einigermaßen ausgleichen.

Will man die Höhe der Kosten auf ihre Angemessenheit hin prüfen, ist zwischen folgenden *Zielen der Kontrolle* zu unterscheiden:

1. Kontrolle des Mengenverbrauchs in bezug darauf, ob er den Planungen und Anordnungen der Betriebsleitung entspricht,

2. Kontrolle der wirtschaftlich zweckmäßigen Wahl und Verwendung.

Zu 1: Diese Kontrolle ist grundsätzlich durch Beobachtung und Vergleiche der Mengen durchzuführen. Wenn jedoch viele artverwandte Güter in nur kleinen Mengen verbraucht werden (z. B. Kleinteile, Büromaterial), kann es wirtschaftlicher und übersichtlicher sein, diesen Verbrauch zu *einer Kostenart* zusammengefaßt zu beobachten. Eine exakte Kontrolle ist damit allerdings nicht zu erreichen, da sich Änderungen der Preise und Mengenverhältnisse sowie des Mengenverbrauchs auswirken können.

Zu 2: Für diese Aufgabe reicht die Mengenüberwachung allein nicht aus, da es bei den betrieblichen Entscheidungen gerade darauf ankommt, die Güter entsprechend der jeweiligen Marktlage und den tatsächlichen Preisverhältnissen zu wählen und zweckmäßig zu verwenden. Marktpreisschwankungen dürfen daher nur außer Betracht bleiben, wenn man dem Einfluß ganz bestimmter Faktoren nachgehen will, etwa der Auftragsgröße.

Um die Kosten auf ihre Angemessenheit hin beurteilen zu können, muß man sie vergleichen entweder

mit entsprechenden Kosten vergangener Perioden („Zeitvergleich")[4],

verwandter Betriebe („Betriebsvergleich")[4]

oder mit normalen bzw. geplanten Kosten („Soll-Ist-Vergleich")[4][5].

---

[4] Vgl. Teil IV, D 2 u. 3.
[5] Vgl. Teil I, B 3 e.

Geeignete Bezugsgrundlagen sind die Leistungen der betreffenden Stellen (z. B. Mengen der Produkte, Zahl der Sortenwechsel, Aufträge, Zahl der Analysen u. a.). Dabei sind zusätzlich die Kosteneinflußfaktoren (etwa Kalenderzeit, Arbeitszeit, Maschinenzeit, Störungszeit, Grad der Betriebsbereitschaft, Zahl der Arbeits- und Produktionsunterbrechungen, Temperatur u. a.) zu berücksichtigen. Zwischen der betreffenden Kostenart und der jeweiligen Bezugsgröße muß ein sinnvoller Zusammenhang bestehen. Es gilt also, für jede Position in der Kostenrechnung passende Maßgrößen und Vergleichsgrößen zu finden und diese, soweit es zweckmäßig ist, schon in die Kostenformulare einzubauen[6]). Für Kontrollzwecke müssen daher die Kostenarten nach den Haupteinflußfaktoren gegliedert werden.

Rhythmus und Ausmaß von Schwankungen der Einflußfaktoren sind im Rahmen der Betriebskontrolle sowohl bei der Kostenerfassung (fortlaufende oder periodische Erfassung) als auch bei der Festlegung des Periodenintervalls zu beachten, damit die Kontrolle zu brauchbaren Ergebnissen führt.

Bei wechselnder Produktion können lediglich die Kapazitäts- und Bereitschaftskosten *periodisch* kontrolliert werden; dagegen sind die durch den einzelnen Auftrag (Kunden- oder Produktionsauftrag, Typen- oder Individualauftrag) hinzukommenden Kosten (Fertigungsmaterial-, Verpackungs-, Sonderkosten) *auftragsweise* zu kontrollieren.

b) *Die Kostenrechnung als Instrument zur Vorbereitung betrieblicher Entscheidungen*[7])

Die Dispositionsrechnung ist auf künftiges Geschehen ausgerichtet und muß daher, wenn auch von den Erfahrungen der Vergangenheit ausgehend, die zu erwartenden Veränderungen des Mengenverbrauchs und der Preise berücksichtigen. Das wird erleichtert, wenn schon in der Kontrollrechnung Preise und Mengenverbrauch getrennt ausgewiesen werden.

Bei allen Dispositionen handelt es sich um die Wahl zwischen mehreren Möglichkeiten. Das trifft zu für Rohstoffe, Produktionsverfahren, Vertriebsmethoden und Absatzwege. So kann etwa gewählt werden zwischen Selbsterzeugung oder Kauf, Reparaturen oder Ersatz, Verkauf oder Weiterverarbeitung. Es sind die Möglichkeiten zu wählen, die die größte Wirtschaftlichkeit bieten. Bei diesen Vergleichen kann man sich auf eine Betrachtung der Kosten beschränken, wenn die Alternative keinen Einfluß auf den Erlös hat. In allen anderen Fällen müssen auch die Veränderungen der Erlösseite berücksichtigt werden. Bei solchen Vergleichsrechnungen interessieren in erster Linie die bei den verschiedenen Alternativen *hinzukommenden* und *wegfallenden Kosten;* falls erforderlich, sind auch die *wegfallenden* und *hinzukommenden Erlöse* zu ermitteln und den Kostenveränderungen gegenüberzustellen[8]).

[6]) Vgl. Müller, A.: Grundzüge der industriellen Kosten- und Leistungserfolgsrechnung. Köln und Opladen 1955, S. 30.

[7]) Vgl. hierzu: Lehmann, M. R.: Industriekalkulation. 4. Aufl. Stuttgart 1951, S. 244-253; Müller, A.: Der Grenzgedanke in der industriellen Unternehmerrechnung. ZfhF 1953 S. 374-390; Riebel, P.: a.a.O., S. 286-289.

[8]) Vgl. Hasenack, W.: Das Rechnungswesen der Unternehmung, Leipzig 1934, S. 67.

Für die Disposition ist es besonders wichtig, daß man die Auswirkungen der Produktionsverbundenheit, der Ausnutzung von Bereitschaftskosten sowie deren oft sprungartige Veränderungen berücksichtigt. Die Aussonderung der Kostenbestandteile, die durch eine geplante Maßnahme verändert werden, wird durch eine Gliederung nach den Kostenabhängigkeiten erleichtert, die für Kontrollzwecke ohnehin erforderlich ist.

Um die finanzwirtschaftlichen Auswirkungen betrieblicher Veränderungen abwägen zu können, ist eine Gliederung der Kosten nach ihrem *Ausgabencharakter* zweckmäßig. Im allgemeinen müssen zumindest solche Kostenbestandteile, die sich von *früheren Ausgaben* ableiten (z. B. Abschreibungen), und solche, die mit *künftigen Ausgaben* verbunden sind (z. B. Rückstellungen für Reparaturen), oder solche, die *überhaupt nicht zu Ausgaben* führen (z. B. Zinsen auf Eigenkapital), unterschieden werden. Darüber hinaus wird es in vielen Fällen nützlich sein, die mit *unregelmäßigen Ausgaben* verbundenen Kosten (z. B. Reparaturen) von den mit *regelmäßigen* laufenden oder kurzperiodischen Ausgaben verbundenen Kosten zu trennen.

c) Die Kostenrechnung als Instrument der Preispolitik

Als Instrument der Preisbildung ist die Kostenrechnung nicht für alle Betriebe, nicht für alle Erzeugnisse eines Betriebes und nicht für alle Perioden gleich wichtig. Die größte Bedeutung hat sie bei staatlich geregelten Preisen, sofern diese auf Grund der Selbstkosten gebildet werden.

In der Marktwirtschaft können die Selbstkosten einen gewissen Einfluß auf die Preisbildung bei neuen Produkten und bei Sonderanfertigungen haben, für die es keinen eindeutigen Marktpreis, sondern nur einen ungefähren Preisspielraum gibt, der durch konkurrierende Ersatzprodukte und die mutmaßliche Nutzenschätzung der Kunden bestimmt wird. In diesen Fällen gibt die Kostenrechnung über den Richtpreis bzw. die Preisuntergrenze Auskunft. Der Preis, der schließlich zustande kommt, wird in der Regel vom vorkalkulierten Kostenpreis mehr oder weniger abweichen.

Bei marktgängigen Waren wird die Selbstkostenrechnung in der Marktwirtschaft einen verhältnismäßig geringen Einfluß auf die Preisbildung haben.

Auf lange Sicht[9]) ist die Preispolitik so zu gestalten, daß die Erlöse die Kosten – insgesamt gesehen – mindestens decken. In Mehrproduktbetrieben gilt dies jedoch nicht uneingeschränkt für die errechneten Kosten der einzelnen Produkte. Ein Teil der Kosten entsteht für alle Produkte gemeinsam (Gemeinkosten) und kann daher den einzelnen Erzeugnissen nicht eindeutig zugerechnet werden. Die vollen Durchschnittskosten der einzelnen Erzeugnisse im Mehrproduktbetrieb sind, was die zugerechneten Gemeinkosten betrifft, daher nur Anhaltsgrößen. Von ihnen kann im Einzelfall abgewichen werden, ohne das Prinzip der vollen Kostendeckung zu verletzen, wenn dafür gesorgt wird, daß im Rahmen des *kalkulatorischen Ausgleichs* der unterdurchschnittliche Beitrag zur Deckung der Kosten bei einem Produkt durch einen entsprechen-

---

[9]) „Auf lange Sicht" bedeutet hier eine Periode, die so lang ist, wie sich die jeweiligen wirtschaftlichen Dispositionen, insbesondere die Investitionen, auswirken. Vgl. Mellerowicz, K.: a.a.O., Bd. II, 1. S. 13-15.

den überdurchschnittlichen Beitrag zur Kostendeckung bei anderen Produkten ausgeglichen wird[10][11]).

In besonderen Situationen ist die Ermittlung von *Preisuntergrenzen* von Bedeutung. Für eine zusätzliche Erzeugung zur Besserung der Beschäftigungslage oder zur Überbrückung einer vorübergehenden Absatzflaute liegt die Preisuntergrenze bei den durchschnittlichen zusätzlich entstehenden Kosten (durchschnittliche „Grenzkosten")[12]). Im Falle der Kuppelproduktion kann die Preisuntergrenze für Abfälle und nur begrenzt verwertbare Nebenprodukte sogar im Negativen liegen, nämlich bei den Kosten der Vernichtung[13]).

Der Betrieb muß jedoch, um seine Zahlungsbereitschaft aufrechterhalten zu können, auch in diesem Fall über die Grenzkosten hinaus die mit Ausgaben verbundenen Kosten der jeweiligen Periode, etwa gezahlte Zinsen, im Preis hereinholen.

Wo ein Betrieb gegebene Marktpreise hinnehmen muß und keine aktive Preispolitik betreiben kann, bleibt ihm nur die Möglichkeit, Art und Menge der hergestellten und abzusetzenden Erzeugnisse der jeweiligen Markt- und Preissituation anzupassen oder durch Rationalisierung seine Kosten zu senken. Für derartige Kontroll- und Dispositionsüberlegungen ist es notwendig, daß die Kosten nach den wichtigsten Abhängigkeiten (Beschäftigungsgrad, Auftragsgröße), nach ihrer Zurechenbarkeit und dem Ausgabencharakter aufgegliedert, ausgewiesen werden.

Für die *Preispolitik im Einkauf* hat die Kostenrechnung Unterlagen zur Ermittlung der *Preisobergrenze* bereitzustellen. Auch hier ergeben sich je nach Markt- und Beschäftigungssituation und der Länge der betrachteten Periode verschiedene Arten der Preisobergrenze. Zu ihrer Ermittlung ist ebenfalls eine Aufgliederung der Kosten nach den wichtigsten Abhängigkeiten und nach ihrem Ausgabencharakter erforderlich[14]).

Eine Reihe von Besonderheiten ergibt sich für die *„verordnungsgerechte Preiskalkulation"*, da bestimmte Kostenrechnungsvorschriften, z. B. die LSP[15]), berücksichtigt werden müssen.

---

[10]) Vgl. Mellerowicz, K.: a.a.O., Bd. II, 1. S. 13-15.

[11]) Über die Methoden dieser Rechnung siehe Abschnitt I B 3 b „Kostenträgerorientierte und kostenstellenorientierte Kostenrechnung".

[12]) Vgl. Lehmann, M. R.: a.a.O., S. 221-229;
Müller, A.: a.a.O., S. 374-390;
Schmalenbach, E.: a.a.O., S. 485-489.

[13]) Vgl. Riebel, P.: Die Kuppelproduktion, Betriebs- und Marktprobleme, Köln und Opladen 1955, S. 151.

[14]) Vgl. hierzu Lehmann, M. R.: a.a.O., S. 187 f.;
Mellerowicz, K.: a.a.O., Bd. II, 1, S. 57 f, und Bd. II, 2, S. 164-167.

[15]) = Leitsätze für die Preisermittlung auf Grund von Selbstkosten, in Kraft getreten am 1. 1. 1954, Schrifttum: Verordnung PR 30/53 über die Preise bei öffentlichen Aufträgen vom 21. 11. 1953. Köln. Sonderdruck aus Bundesanzeiger Nr. 244 vom 18. 12. 1953,
Daub, W.: Handkommentar der VPÖA und LSP, Wiesbaden 1954;
Falk, R.: Die Preisbildung bei öffentlichen Aufträgen, Frankfurt 1954;
Fischer, G.: LSÖ-LSP. Preise und Kosten, Heidelberg 1954;
Grochla, E.: Die Kalkulation von öffentlichen Aufträgen, Berlin 1954;
Michaelis, H. und Rhösa, C. A.: Preisbildung bei öffentlichen Aufträgen; in: Blattei-Handbuch der Rechts- und Wirtschaftspraxis, Stuttgart 1954;
Pribilla, M.: Das Recht der Preisbildung bei öffentlichen Aufträgen unter Berücksichtigung der betriebswirtschaftlichen Kostenermittlung, München 1954.

Derartige Vorschriften legen den Umfang der anrechnungsfähigen Kosten und die zulässige Bewertung fest. In vielen Fällen schreiben sie darüber hinaus eine Mindestgliederung der Kostenrechnung sowie den Inhalt bestimmter Kostenarten vor.

Es ist zu beachten, daß die LSP in den Fällen, in denen das Rechnungswesen betriebsindividuell gestaltet ist, nicht ändernd eingreifen wollen und daher auch abweichende betriebliche Kostenrechnungsrichtlinien gestatten, soweit sie den Grundsätzen eines geordneten Rechnungswesens entsprechen. Es ist deshalb empfehlenswert, die Kostenrechnung entsprechend den internen Anforderungen aufzubauen und etwa zusätzlichen Erfordernissen von Kalkulationsvorschriften im Rahmen von Sonderrechnungen zu genügen.

Im übrigen sehen die LSP die Ermittlung von Selbstkostenfestpreisen, -richtpreisen oder -erstattungspreisen nur für den Fall vor, in dem Marktpreise fehlen oder behördliche Preisbindungen vorliegen.

Die Kostenrechnung dient nicht nur der nach außen gerichteten Preispolitik, sondern auch der inneren. Sie hat die Aufgabe, sogenannte *„Betriebspreise"* oder innerbetriebliche Verrechnungspreise für den Übergang innerbetrieblicher Leistungen und der Halb- und Zwischenerzeugnisse von einer Stufe zur anderen festzusetzen. Diese Betriebspreise können verschiedenen Zwecken dienen, etwa zur Bewertung der Bestände, Vereinfachung und Beschleunigung der Kostenrechnung selbst, vor allem aber zur Lenkung der Dispositionen bei dezentralisierter Betriebsführung[16]). Die Betriebspreise können vom Absatz- oder vom Beschaffungsmarkt abgeleitet, sie können aber auch, mehr oder weniger davon losgelöst, durch die Betriebsleitung festgesetzt oder zwischen den beteiligten Abteilungen ausgehandelt werden.

d) Die Kostenrechnung als Hilfsmittel für die Bewertung der Halb- und Fertigfabrikate und der innerbetrieblichen Leistungen

Für die Bewertung der Halb- und Fertigfabrikate und der innerbetrieblichen Leistungen (z. B. selbsterstellter Anlagen) gibt die Kostenrechnung sehr wichtige, wenn auch nicht die einzigen Anhaltspunkte. Bei einer Orientierung an den Kosten ist unter Umständen zwischen zahlreichen Möglichkeiten zu wählen: zwischen Voll- oder Teilkosten, Ist- oder Normalkosten; ferner zwischen einer Bewertung der eingesetzten Güter zu Anschaffungspreisen, Tagespreisen des Einsatztags, Tagespreisen des Bewertungsstichtags oder Wiederbeschaf-

---

[16]) Vgl. insbesondere
Bender, K.: Pretiale Betriebslenkung, Essen 1951;
Kosiol, E.: Kalkulatorische Buchhaltung, 5. Aufl., Wiesbaden 1953, S. 140-143; S. 164-166; S. 288;
Lehmann, M. R.: a.a.O., S. 144-210;
Mellerowicz, K.: Kosten und Kostenrechnung, Bd. I, 3. Aufl., Berlin 1957, S. 198-207;
Schmalenbach, E.: a.a.O., S. 126-262.

fungspreisen. Als weitere Möglichkeiten kommen die erzielbaren Verkaufspreise sowie davon abgeleitete „kalkulatorische Ertragspreise"[17]) hinzu[18]).

Das Handelsrecht[19]) schreibt als Bewertungsobergrenze die Anschaffungs- bzw. die Herstellungskosten vor. Dies gilt sowohl für Wirtschaftsgüter des Anlage- als auch des Umlaufvermögens. Bei Gütern des Anlagevermögens sind gegebenenfalls Abschreibungen zu berücksichtigen. Für Güter des Umlaufvermögens ist das strenge Niederstwertprinzip zu beachten, wonach von den niedrigeren Wiederbeschaffungspreisen am Bilanzstichtag auszugehen ist, unter Umständen vom niedrigeren Verkaufspreis. Dieser ist in einer retrograden Kalkulation um die anteiligen Verwaltungs- und Vertriebskosten sowie um die Kosten der noch nicht durchlaufenen Fabrikationsstufen zu kürzen.

Nach dem Steuerrecht sind ebenfalls sowohl die Wirtschaftsgüter des Anlagevermögens (diese gegebenenfalls vermindert um die Abschreibungen) als auch die des Umlaufvermögens mit den Anschaffungs- bzw. Herstellungskosten zu bewerten. Wahlweise kann der niedrigere Teilwert angesetzt werden. Dieser wird sich in der Regel am niedrigeren Wiederbeschaffungspreis orientieren. Um die dem Teilwert entsprechenden Herstellungskosten zu ermitteln, kann man unter Umständen bei Verlustprodukten und bei Kuppelprodukten retrograd vom Verkaufspreis ausgehen. Auch die Beschränkung der Einzelbewertung auf die den Erzeugnissen direkt zurechenbaren variablen Kosten wird eventuell anerkannt, wenn ein Teil der Gemeinkosten mit Hilfe eines allgemeinen durchschnittlichen Zuschlagssatzes en bloc aktiviert wird.

Während man für den handelsrechtlichen Jahresabschluß sowie für die steuerliche Erfolgs- und Vermögensermittlung weitgehend durch die gesetzlichen Vorschriften gebunden ist, hat man für interne Rechnungen in der Wahl des Wertansatzes sehr viel mehr Freiheit. Das gilt auch für die interne Jahreserfolgsrechnung und für die kurzfristige Ergebnisrechnung[20]).

2. Einflußgrößen, Abhängigkeiten und Zurechenbarkeit der Kosten

a) Einflußgrößen und Abhängigkeiten der Kosten als Gestaltungsfaktoren der Kostenrechnung

aa) **Allgemeines**

Kosten entstehen unter mannigfaltigen Bedingungen. Diese Bedingungen (auch Einflußgrößen, Kostenfaktoren oder Kostenbestimmungsgründe genannt) wir-

---

[17]) Kalkulatorische Ertragspreise sind die von den Bruttoverkaufspreisen (oder Erlöspreisen) der Erzeugnisse durch retograde Kalkulation ermittelten internen Preise für Halb- und Fertigfabrikate sowie innerbetriebliche Leistungen. Sie werden ermittelt, indem man beispielsweise vom Bruttoverkaufspreis die Erlösschmälerungen, die anteiligen Vertriebskosten, Verwaltungskosten und Kosten der noch nicht durchlaufenen Fertigungsstellen absetzt. Vgl. hierzu insbesondere: Lehmann, M. R.: a.a.O., S. 23 f., S. 168-172, S. 173-195, und Mellerowicz K.: a.a.O., Bd. II, 2, S. 163—181.

[18]) Zur allgemeinen Problematik der Bewertung vgl. insbesondere Schäfer, E.: Die Unternehmung. Köln und Opladen 1956, S. 319 ff.

[19]) Adler-Düring-Schmalz: Rechnungslegung und Prüfung der Aktiengesellschaft, 3. Aufl., Stuttgart 1957;
Bühler, O.: Bilanz und Steuer bei der Einkommen-, Gewerbe- und Vermögenbesteuerung, unter Berücksichtigung der handelsrechtlichen und betriebswirtschaftlichen Grundsätze der Rechtsprechung, 6. Aufl., Berlin und Frankfurt 1957.
Mellerowicz, K.: Wert und Wertung im Betriebe, Essen 1952.

[20]) Vgl. Teil II, B 3, Teil II, D 2, Teil IV, D 3.

ken sich auf die einzelnen Kostenarten recht unterschiedlich aus. Ebenso unterschiedlich sind die Beziehungen der einzelnen Kostenarten zu den Kostenträgern und zu den Kostenstellen. Die Bedeutung der verschiedenen Einflußgrößen und Abhängigkeiten erweist sich vor allem bei der Auswertung der Kostenrechnung. Wie im Teil „Zwecke der Kostenrechnung" dargelegt, wird die Auswertung wesentlich erleichtert, wenn bei der Gestaltung der Kostenrechnung von vornherein die betriebsindividuell wichtigen Einflußgrößen berücksichtigt werden. Nur soweit die Einflüsse von allgemeiner Bedeutung sind, kann im Rahmen dieser Ausführungen darauf eingegangen werden. Darüber hinaus gibt es zahlreiche branchen-, betriebs- und verfahrensindividuelle Einflußgrößen, deren sinngemäße Berücksichtigung in der Kostenrechnung wegen der großen Mannigfaltigkeit der Chemischen Industrie den einzelnen Betrieben überlassen werden muß.

ab) **Einflußgrößen und Abhängigkeit der Kosten**

Die Höhe der Kosten ist stets unmittelbar abhängig

> von der *Menge* der verbrauchten Güter und in Anspruch genommenen Dienste sowie

> von ihrer *Bewertung.*

Die Durchschnittskosten einer Leistungseinheit ändern sich mit der aufgebrachten Produktmenge je Zeitabschnitt, und zwar auch dann, wenn Preise, Produktionsanlagen und Produktionsverfahren gleichgeblieben sind. Nur ein Teil der Kostenarten ist unmittelbar leistungsbedingt und zur Erzeugung proportional (sog. „variable Kosten"). Ein anderer Teil ist davon relativ unabhängig (sog. „fixe Kosten") und in erster Linie durch die Bereitstellung der Kapazität und die Aufrechterhaltung einer bestimmten Stufe der Betriebsbereitschaft verursacht (sog. „Bereitschaftskosten").

Die betriebswirtschaftliche Kostenlehre hat einen Katalog von Einflußgrößen aufgestellt und ihre Wirkungen untersucht[21]. Insbesondere wird die Abhängigkeit der Kosten vom Beschäftigungsgrad oder von der Kapazitätsausnutzung – neuerdings differenziert nach der Form der Anpassung an Beschäftigungsänderungen[22] – stark beachtet und führt zu einer Aufspaltung der Kosten in variable und fixe (in bezug auf unterschiedliche Grade der Kapazi-

---

[21] Vgl. insbesondere
Gutenberg, E.: Grundlagen der Betriebswirtschaftslehre, 1. Band: Die Produktion, 3. Aufl., Berlin 1957, S. 228 ff.;
Henzel, F.: Kosten und Leistung. 3. Aufl., Stuttgart 1958;
Lehmann, M. R.: a.a.O., S. 90-154;
Mellerowicz, K.: a.a.O., Band I, S. 224 ff. und 399 ff.;
Rummel, K.: Einheitliche Kostenrechnung. 3. Aufl. Düsseldorf 1949;
Schäfer, E.: Die Unternehmung, Band 2, Köln und Opladen 1955, Seite 209-245;
Schmalenbach, E.: a.a.O., S. 40-125;
Walther, A.: Einführung in die Wirtschaftslehre der Unternehmung, 1. Band: Der Betrieb, Zürich 1951.

[22] Vgl. Gutenberg, E.: a.a.O., und
Heinen, E.: Anpassungsprozesse und ihre kostenmäßigen Konsequenzen, Köln und Opladen 1957.

tätsausnutzung), d. h. in solche, die von der Kapazitätsausnutzung (Leistungsmenge) abhängig oder unabhängig sind[23].

Diese Aufspaltung ist vor allem für die Ermittlung der Preisuntergrenze und für betriebliche Dispositionen notwendig (Grenzkosten).

Nicht weniger wichtig für die Preispolitik und für die Betriebsdispositionen ist jedoch die Kostenabhängigkeit von der Auftragsgröße und damit die Unterscheidung zwischen auftragsgrößenabhängigen und -unabhängigen Kosten[24]. In der Chemischen Industrie wird die Betriebsdisposition darüber hinaus noch beeinflußt durch die Apparategröße, die Chargengröße und die Zahl gleichartiger Chargen, durch die Verfahrensbedingungen (Verweilzeit, Druck, Temperatur), durch die Ausbeute, durch die Konzentration und die Reinheit der Einsatzstoffe sowie der Produkte[25]. Bei Kuppelproduktion sind außerdem noch die Mengenverhältnisse zu beachten.

Im allgemeinen kann die laufende Kostenrechnung diese speziellen Faktoren nicht berücksichtigen; man muß ihnen vielmehr in Sonderrechnungen nachgehen. Trotzdem sind diese speziellen Kostenabhängigkeiten für die laufende Kostenrechnung von Interesse: Für die richtige Wahl der Schlüssel zur Aufteilung der Gemeinkosten, für die Wahl der Bezugsgrößen zur Beurteilung der Kostenhöhe und für die Kostenplanung.

b) Zurechenbarkeit der Kosten

Für die Zurechnung der Kosten gilt das Verursachungsprinzip: Die Kosten sollen den Kostenstellen oder den Kostenträgern zugerechnet werden, die sie verursacht haben. Dies ist der Angelpunkt der ganzen Kostenrechnung.

ba) Arten der Einzel- und Gemeinkosten

Ursprünglich hat man sich vorwiegend für die Frage interessiert: Was kostet das einzelne Erzeugnis oder der einzelne Auftrag? Danach unterscheidet man folgende Gruppen von Kosten:

1. Kosten, die einem *bestimmten* Kostenträger (Vor- oder Enderzeugnis, Verkaufsauftrag, Lagerauftrag, innerbetrieblicher Auftrag) unmittelbar zuge-

---

[23] Vgl. insbesondere Beisel, K.: Neuzeitliches industrielles Rechnungswesen, 4. Aufl. 1952, Stuttgart, S. 74 ff.

[24] Vgl. hierzu:
Meyer, G.: Die Auftragsgröße in Produktions- und Absatzwirtschaft, Leipzig 1941;
Müller, A.: a.a.O., S. 330 ff.;
ferner die Beiträge von Hofer, N., Riebel, P. und Zeidler, F., in: Der Industriebetrieb und sein Rechnungswesen! Hrsg. von Schulz, C. E., Wiesbaden 1956.

[25] Vgl. hierzu:
Riebel, P.: Die Kostenabhängigkeiten bei chargenweiser Produktion. „Chemische Industrie" 1956, Heft 10, S. 525-527;
ders.: Kostengestaltung bei chargenweiser Produktion, in: Der Industriebetrieb und sein Rechnungswesen. Hrsg. von C. E. Schulz, Wiesbaden 1956, S. 136-156;
ders.: Kosten- und Ertragsverläufe bei Prozessen mit verweilzeitabhängiger Ausbeute, in: ZfhF, 9. Jg. 1957, Heft 5, S. 217-248;
ders.: Einfluß der zeitlichen Unterbeschäftigung auf die Kosten- und Ertragsverläufe bei Prozessen mit verweilzeitabhängiger Ausbeute, in: ZfhF, 9. Jg. 1957, Heft 10, S. 473-501

messen werden können und die auch unmittelbar für diese Leistung erfaßt werden *(Einzelkosten* oder direkte Kosten, unmittelbare Kosten, Maßkosten; früher auch „produktive Kosten" genannt).

2. Kosten, die für *mehrere* Kostenträger gemeinsam entstanden sind, für diese Leistungen gemeinsam erfaßt werden und den einzelnen Leistungen nur mittelbar nach verschiedenen Verfahren zugeteilt („zugeschlagen", „aufgeschlüsselt") werden können (sog. *Gemeinkosten* oder Schlüsselkosten, indirekte Kosten, Zuschlagskosten; früher auch als unproduktive Kosten, Unkosten, Generalia, Regiekosten, Spesen bezeichnet).

Seitdem die Auswertung der Kostenrechnung für die Betriebskontrolle und die Betriebsdisposition an Bedeutung gewonnen hat, geht man immer mehr dazu über, zu prüfen, welchen anderen *Bezugsgrößen* außer den Kostenträgern die Kosten zugerechnet werden können. So unterscheidet man nach der Zurechenbarkeit auf die Kostenstellen zwischen „Stelleneinzelkosten" und „Stellengemeinkosten"[26].

Die *Stelleneinzelkosten* können einer bestimmten Kostenstelle direkt zugerechnet werden, z. B. die Kosten der Anlagennutzung, die Löhne der dort tätigen Arbeiter. (In Kostenstellen, in denen mehrere Erzeugnisse hergestellt werden, sind diese Stelleneinzelkosten in bezug auf die Kostenträger Gemeinkosten.)

Dagegen entstehen die *Stellengemeinkosten* für eine Mehrheit von Kostenstellen, wie die Kosten des Betriebsbüros, des Kontroll-Labors und andere. Diese sind Einzelkosten in bezug auf eine *Kostenstellengruppe*, eine *Abteilung*, einen *Betrieb*, auf ein *Werk* oder auf die *Unternehmung* als Ganzes. Oft werden besondere Hilfskostenstellen geschaffen, um solche Kosten zu sammeln, etwa die Hilfskostenstelle „Kontroll-Labor" oder „Betrieb allgemein", denen diese Kosten dann als Stelleneinzelkosten unmittelbar zugerechnet werden.

Nach dem Verursachungs- und Proportionalitätsprinzip können die Stellengemeinkosten eindeutig weder auf andere Kostenstellen noch auf Kostenträger zugerechnet werden. Schlüsselt man sie dennoch auf, muß man sich der Bedingtheit der Ergebnisse bewußt bleiben. Entsprechend kann man auch Kosten, die zwar einem einzelnen Kostenträger nicht direkt zurechenbar sind, aber für eine bestimmte *Gruppe von Kostenträgern* gemeinsam entstehen und diesen direkt zurechenbar sind, als Kostenträgergruppen-Einzelkosten auffassen (z. B. die Kosten spezieller Werbemittel für Schädlingsbekämpfung der Kostenträgergruppe Schädlingsbekämpfungsmittel).

Als weitere Bezugsgrößen für die Unterscheidung der Kosten nach ihrer Zurechenbarkeit kommen noch in Frage: einzelne betriebswirtschaftliche Teilfunktionen (z. B. Werbung), einzelne Produktionsprozesse oder sonstige Einzelvorgänge (etwa Betriebsstörungen; Einstellen und Anlernen von Arbeitskräf-

---

[26]) So z. B. Henzel, F.: Die Kostenrechnung. 2. Aufl., Stuttgart 1950, S. 21;
Kosiol, E.: a.a.O., S. 264;
Lehmann, M. R.: a.a.O., S. 52.

ten; Kundenbesuch). Für Kontrollen, Vorgaben von Richtwerten und Dispositionsaufgaben interessiert die Zurechenbarkeit auf derartige Bezugsgrößen oft mehr als die Zurechnung auf die Leistungen als Kostenträger[27]).

bb) Z u r e c h n u n g   d e r   G e m e i n k o s t e n

Bei der Frage der Zurechenbarkeit der Gemeinkosten muß zwischen echten und unechten Gemeinkosten sowie unechten Einzelkosten unterschieden werden.

Aus Gründen der Wirtschaftlichkeit verzichtet man in der Praxis häufig auf Aufschreibungen und Messungen, die zur Erfassung als Einzelkosten notwendig wären. Zum Beispiel mißt man den Stromverbrauch oft nicht für jede Maschine einzeln und für die genaue Laufzeit der einzelnen Produkte, sondern für ganze Abteilungen oder gar für den ganzen Betrieb. Man erfaßt diese Einzelkosten also für sämtliche Leistungen einer Periode gemeinsam, obgleich man sie auch einzeln messen könnte. Solche Kosten werden als *unechte Gemeinkosten*[28]) bezeichnet. Für ihre Zurechnung auf die einzelnen Leistungen lassen sich sinnvolle Verteilungsschlüssel finden, die dem Verursachungsprinzip unter normalen Umständen gerecht werden und zum normalen Verbrauch proportional sind. Aufgrund der so zugeschlüsselten Kosten kann jedoch nicht der genaue tatsächliche Verbrauch der einzelnen Leistungen erfaßt werden; denn der durch ein bestimmtes Produkt verursachte Mehrverbrauch wird auf alle anderen Leistungen aufgeschlüsselt, so daß nicht mehr festzustellen ist, wer dafür verantwortlich ist.

Es gibt Fälle, in denen echte Gemeinkosten wie Einzelkosten behandelt werden. Man nennt sie deshalb *„unechte Einzelkosten"*. Es handelt sich hierbei um Kostensätze, die auf der Proportionalisierung fixer Kosten beruhen (z. B. leistungsproportionale Abschreibungen; Bereitschaftslöhne, die in Betrieben mit wechselnder oder paralleler Fertigung wie Fertigungskosten erfaßt werden[29]).

Die *echten Gemeinkosten* dagegen können unter Beachtung des Verursachungsprinzips nicht den einzelnen Erzeugnissen zugerechnet werden. Zu ihnen gehören z. B. die Kosten der Feuerwehr, des Pförtners, der sozialen Einrichtungen und der Betriebsleitung, die sowohl in bezug auf die einzelnen Kostenstellen im Fertigungs-, Verwaltungs- oder Vertriebsbereich als auch in bezug auf die Erzeugnisse als echte Gemeinkosten anzusehen sind. Echte Gemeinkosten in bezug auf die Kostenträger sind insbesondere sämtliche Kosten eines Kuppelprozesses, die bis zur Trennung der Kuppelprodukte anfallen (einschließlich

---

[27]) Vgl. Mellerowicz, K.: Planung u. Plankostenrechnung, Bd. I, Betriebliche Planung, S. 461 ff; Rummel, K.: Einheitliche Kostenrechnung, 3. Aufl., Düsseldorf 1949, der vor allem Bezugsgrößen fordert, die dem Grundsatz der Proportionalität zwischen Kostenhöhe und Bezugsgröße genügen.

[28]) Die Unterscheidung zwischen echten und unechten Gemeinkosten geht auf van Aubel, P., zurück.
Van Aubel, P. und Hermann, J.: Selbstkostenrechnung in Walzwerken und Hütten. Leipzig 1926, S. 76.

[29]) Bei Akkordlöhnen gilt dies nur in bezug auf die Akkordgarantie bzw. den tariflichen Mindestlohn.

der Kosten für die Vernichtung unverwertbarer Kuppelprodukte). Bei wechselnder oder paralleler Produktion sind alle jene Bereitschaftskosten echte Gemeinkosten, die unabhängig davon entstehen, welche Erzeugnisse im jeweiligen Falle hergestellt werden.

Obwohl die echten Gemeinkosten nach dem Verursachungsprinzip nicht auf die Leistungen zurechenbar sind, werden sie in der Praxis dennoch für gewisse Zwecke den Kostenträgern zugerechnet. Das ist jedoch nur dann unbedenklich, wenn man sich bei der Auswertung des tatsächlichen Charakters dieser Kostenbestandteile bewußt bleibt.

bc) **Arten der fixen Kosten und ihre Zurechnung**

Für die Entscheidung, zu welcher Kategorie die fixen Kosten im Einzelfall zu rechnen sein werden, sind folgende Überlegungen von Bedeutung. Man sollte vor allem zwei Arten auseinanderhalten:

1. leistungsunabhängige Kosten, die mit einmaligen oder unregelmäßigen Ausgaben verbunden sind,

2. leistungsunabhängige Kosten, denen laufende oder periodische Ausgaben zugrunde liegen.

Zu 1: Es handelt sich hier um Kosten, die sich aus Investitionen herleiten. Sie sind die Voraussetzung für die Leistungserstellung und bleiben für die Erstellung von Leistungseinheiten in vorläufig noch unbestimmter Anzahl wirksam.

Solche Kosten werden daher nur durch die Gesamtheit der Leistungen, nicht jedoch durch die einzelnen Leistungseinheiten verursacht. Sie sind weder in bezug auf die einzelnen Zeitabschnitte noch auf die einzelnen Leistungen meß- und erfaßbar. Verrechnet man sie dennoch proportional zur Zeit oder zu den Leistungen oder teils zur Zeit und teils zu den Leistungen, gelten die so errechneten Durchschnittswerte nur für die jeweils unterstellte Lebensdauer oder für die erwartete Leistungsmenge. Sie beziehen sich somit auf Erwartungen, nicht jedoch auf die tatsächlichen Perioden und Leistungen.

Zu 2: Ein Teil der leistungsunabhängigen Kosten, die sich von laufenden oder periodischen Ausgaben ableiten, ist unmittelbar den einzelnen Abrechnungsperioden zuzurechnen; andere entstehen für eine Mehrheit von Abrechnungsperioden und sind nur diesen direkt zurechenbar. Im allgemeinen sind diese Kosten (etwa Miete, Löhne und Gehälter, Grundsteuer, Lizenzgarantie) als kalenderzeitproportional anzusehen. Soweit sie nicht dem Betrieb von außen auferlegt und seinem Einfluß entzogen sind, entstehen sie, weil die Betriebsbereitschaft auf die erwartete Inanspruchnahme (Produktionsmenge, Zahl der Aufträge) eingestellt wird; denn diese kann sich im allgemeinen nicht an kurzfristige Schwankungen und Veränderungen anpassen, sondern richtet sich nach den längerfristigen Erwartungen. Auch die Höhe dieser Kosten ist nicht von der tatsächlichen, sondern von der erwarteten Inanspruchnahme abhängig. Sie stehen daher zu den tatsächlich erstellten Leistungen in keinem proportionalen Zusammenhang. Wenn man für bestimmte Fragestellungen die durchschnittlichen fixen Kosten je Leistungseinheit oder je Auftrag ermitteln will, ist zu prüfen, ob als Bezugsgröße die *erwarteten* Erzeugnismengen oder die *effektiven* besser geeignet sind.

c) Kostenkategorien unter dem Gesichtspunkt der Einflußgrößen und der Zurechenbarkeit

Unabhängig von den Schwierigkeiten in der Praxis und von den im Einzelfall zu findenden Lösungen wird es zweckmäßig sein, daran zu denken, daß unter dem Gesichtspunkt der Einflußgrößen und der Zurechenbarkeit folgende Kostenkategorien[30]) besonders wichtig sind:

1. Kostenträgerbedingte leistungsabhängige Kosten

Diese werden unmittelbar durch die einzelnen Leistungseinheiten oder Aufträge verursacht. Sie sind grundsätzlich den einzelnen Kostenträgern direkt zurechenbar.

2. Kostenträgerbedingte leistungsunabhängige Kosten

Diese können zwar einzelnen Kostenträgern (etwa einer Erzeugnisart) oder einzelnen Aufträgen zugeordnet werden, sind aber von der Leistungsmenge nicht unmittelbar abhängig. Dazu gehören z. B. die Anlagenkosten von Einprodukt-Apparaturen und -Vorrichtungen, die Kosten des Entwurfs, der Konstruktion oder der Rezeptur, spezielle Entwicklungs- und Werbekosten. Die durchschnittlichen Kosten je Leistungseinheit sind für viele Kontroll- und Dispositionsaufgaben uninteressant, falls nicht die Leistungsmenge von vornherein festliegt. Dagegen ist es für die Preiskalkulation sinnvoll, den durchschnittlich abzudeckenden Betrag für die angenommene Absatzmenge zu errechnen. Dieser hat dann weniger den Charakter von Kosten als vielmehr den eines Amortisations-Solls, das in erster Linie von absatz-, finanz- und risikopolitischen Gesichtspunkten bestimmt wird.

3. Leistungsabhängige unechte Gemeinkosten

Diese Kosten sind zwar durch die einzelnen Kostenträger verursacht, werden jedoch zumeist aus wirtschaftlichen Gründen nicht einzeln für die Kostenträger erfaßt, wie die Stromkosten der Verpackung, wenn für den ganzen Verpackungsmaschinensaal nur ein Zähler vorhanden ist. Sie können entweder als Kostenträgergruppen-Einzelkosten oder als Kostenstellen-Einzelkosten bzw. Kostenstellengruppen-Einzelkosten erfaßt werden. Für diese Kosten lassen sich Verteilungsschlüssel finden, die zwar zum normalen Verbrauch, nicht aber auch immer zum effektiven Verbrauch proportional sind. Der Mehrverbrauch bei einem Produkt wird auf alle aufgeschlüsselt und ist daher nicht näher lokalisierbar.

---

[30]) Unter Abwandlung und Erweiterung eines Vorschlags von Müller, A.: (a.a.O., S. 152-156).

4. Leistungsabhängige echte Gemeinkosten

Diese Kosten sind durch eine Mehrheit von Leistungen bedingt und deshalb einzelnen Kostenträgern nicht direkt zurechenbar. Dagegen können sie entweder als Kostenträgergruppen-Einzelkosten oder als Kostenstellen-Einzelkosten bzw. Kostenstellengruppen-Einzelkosten erfaßt werden.

5. Leistungsunabhängige kostenstellenbedingte Kosten

Diese Kosten entstehen nur für eine bestimmte Kostenstelle und sind deshalb auch nur dieser zurechenbar. Sie rühren her von dem Vorhandensein der Kostenstelle, von der Kapazität und von der Anlagenausstattung dieser Kostenstelle, von der Stufe der Leistungsbereitschaft, auf die man sich eingestellt hat. Sie sind nicht unmittelbar von der jeweiligen Leistung der Kostenstelle abhängig. Beispiele dafür sind die Personalkosten eines Meisters, der nur für eine Kostenstelle tätig ist, die Apparatekosten und die Raumkosten der Kostenstelle.

Diese Kosten können nicht sinnvoll auf die einzelnen Kostenträger aufgeschlüsselt werden.

Bei der Verrechnung innerbetrieblicher Leistungen könnten die leistungsunabhängigen stellenbedingten Kosten der Hilfskostenstellen nach einem *festen Schlüssel* verteilt werden, d. h. nach einem Schlüssel, der unabhängig ist von dem jeweiligen tatsächlichen Bezug an innerbetrieblichen Leistungen. Die Kapazität der Betriebsbereitschaft einer Hilfskostenstelle wird nämlich nach den von den abnehmenden Kostenstellen auf lange Sicht erwarteten innerbetrieblichen Leistungen ausgerichtet. Die von den empfangenden Kostenstellen auf längere Sicht geforderte Leistungsbereitschaft der Hilfskostenstellen wird als Schlüssel auf längere Zeit beibehalten, und zwar unabhängig von der tatsächlichen Inanspruchnahme. Das empfiehlt sich insbesondere dann, wenn in den Hilfskostenstellen überhaupt nur leistungsunabhängige Kosten entstehen[31])

6. Leistungsunabhängige bereichs-, werks- und unternehmensbedingte Kosten

Sie entstehen für eine Mehrheit von Kostenstellen und sind daher einer einzelnen Kostenstelle nicht zurechenbar. Falls man zur Lokalisierung dieser Kosten besondere Hilfskostenstellen, wie „Betrieb allgemein" oder „Unternehmung allgemein", einrichtet, werden sie zu direkten Kosten dieser Hilfskostenstellen. Sie können weder anderen Kostenstellen noch Kostenträgern nach dem Verursachungs- und Proportionalitätsprinzip zugerechnet werden. Sollen sie aus irgendwelchen Gründen dennoch auf andere Kostenstellen verteilt werden, dürfte es ratsam sein, sie nach festen Schlüsseln, also in jeder Periode immer in gleicher Höhe, unabhängig von Leistungsschwankungen, zu verteilen[31]).

---

[31]) Vgl. Schmalenbach, E.: a.a.O., S. 242;
Müller, A.: a.a.O., S. 154-156.

Bei den Gruppen 2 und 4 bis 5 sind noch folgende Kostenkategorien zu unterscheiden:

a) *Zeitproportionale Kosten, die dem jeweiligen Abrechnungszeitraum direkt zugerechnet* werden können, weil sie zur Kalenderzeit proportional sind, wie z. B. Gehälter und Miete.

b) *Unregelmäßig anfallende zeitabhängige Kosten, die nur einem größeren Zeitraum oder einer Mehrheit von Abrechnungsperioden direkt zugerechnet* werden können, z. B. Urlaubslöhne, Reparaturkosten. Hier ist etwa für Preiskalkulationen und Wirtschaftlichkeitsvergleiche im allgemeinen eine zeitproportionale Aufteilung auf kürzere Zeiträume gerechtfertigt, wenn die verrechneten und die tatsächlich entstandenen Kosten laufend kontrolliert werden.

c) *Kosten, die sich von einmaligen oder unregelmäßigen Ausgaben ableiten, die jedoch über längere, im voraus nicht übersehbare Zeiträume leistungswirksam sind*, etwa Anlageninvestitionen, Großreparaturen. Diese Kosten können zeitproportional oder leistungsproportional nicht genau verrechnet werden. Die den einzelnen Perioden oder Leistungen zugerechneten Beträge werden mehr unter finanzwirtschaftlichen und risikopolitischen Gesichtspunkten als nach dem Verursachungsprinzip festgelegt.

d) *Kosten, die sich überhaupt nicht von Ausgaben ableiten*, die aber aus Gründen der Vergleichbarkeit oder der Betriebslenkung verrechnet werden, und zwar meistens zeitproportional, zum Teil auch leistungsproportional. Dazu gehören insbesondere die Zinsen auf Eigenkapital, kalkulatorische Wagnisse, Unternehmerlohn und andere „kalkulatorische Kosten".

3. Die Systeme der Kosten- und Ergebnisrechnung

Die Systeme der Kosten- und Ergebnisrechnung unterscheiden sich nach ihrer Bezugsgrundlage und nach ihrer methodischen Konzeption.

Als *Bezugsgrundlage* dienen ihr

1. entweder Einzelvorgänge (Einzelfälle) oder Zeitabschnitte;
2. entweder Aufträge (Leistungen) oder Leistungsbereiche (Abteilungen);
3. entweder Vergangenheit oder Gegenwart.

Kombinationen dieser Alternativen sind möglich.

Zu 1: Man kann entweder zusammenhanglose *Einzelrechnungen von Fall zu Fall* oder eine *laufende, lückenlose Kosten- und Ergebnisrechnung* aufmachen, die zwangsläufig *periodenbezogen* sein muß.

Zu 2: Ihrem *Gegenstande* nach kann die Kosten- und Ergebnisrechnung entweder auf die Aufträge (Leistungen) oder auf die Leistungsbereiche (Abteilungen) ausgerichtet sein. Danach unterscheidet man zwischen „Auftragsrechnung" („Leistungsrechnung") und „Leistungsbereichsrechnung" („Abteilungsrechnung").

Zu 3: Die Kosten- und Ergebnisrechnung kann entweder als *Vorrechnung* dem Leistungsprozeß zeitlich vorangehen (Vorkalkulation) oder als *Nachrechnung* dem Leistungsprozeß folgen (Nachkalkulation). Zu den Nachrechnungen gehören auch die sog. „Zwischenkalkulationen" bei Erzeugnissen mit langer Produktionsdauer, z. B. bei Investitionen, die über den Rechnungsabschnitt hinausreichen.

Im Rahmen dieser verschiedenen Systeme kann die Kosten- und Ergebnisrechnung aus folgenden *methodischen Elementen* aufgebaut sein:

1. Es kann sich um eine *Vollkosten-* oder um eine *Teilkostenrechnung* handeln.

2. Die Mengen- und Wertansätze der Kostenrechnung können auf den Prinzipien der *Ist-, Normal-* oder *Plan-*(Soll-)*kostenrechnung* beruhen.

3. Die Kosten- und Ergebnisrechnung kann in ihrem Grundaufbau von vornherein auf einen *speziellen Auswertungszweck* zugeschnitten oder als *Grundrechnung* so gestaltet sein, daß sie die Bausteine für vielseitige Auswertungsmöglichkeiten in Sonderrechnungen bietet.

a) Einzelrechnungen und laufende Periodenrechnung

Kostenrechnungen von Fall zu Fall finden wir dort, wo disponiert werden muß, insbesondere bei Preisangeboten, aber auch als Unterlagen für andere unternehmerische Entscheidungen, z. B. Wahl des Produktionsprogramms, Wahl der Produktions-, Transport- und Vertriebsverfahren, der Rohstoffe und der Verwendungszwecke der Leistungen, Wahl der Art und Größe der Maschinen und Apparaturen. Diese Einzelkalkulationen sind situations- und zweckbedingt und entsprechend teils überschlägig, teils aber auch bis in die kleinsten Einzelheiten gegliedert. Grundsätzlich sind sie voneinander unabhängig. Sie werden häufig weder fortgesetzt noch zusammengefaßt und deshalb auch nicht schematisiert.

Für Sonderrechnungen und zur Ergänzung der Buchhaltung werden jedoch Daten benötigt, die sich nur durch eine *periodenbezogene Kostenrechnung,* die fortlaufend geführt wird, gewinnen lassen. Diese Rechnung soll die Kosten und die Leistungen einer Periode lückenlos erfassen und zusammenfassen. Aus Gründen der Arbeitsrationalisierung und um einen Kosten-Zeitvergleich zu ermöglichen, verlangt die laufende Kostenrechnung sehr viel Stetigkeit und ist daher zu schematisieren. Die laufende Kostenrechnung kann nach Umfang und Ausgestaltung auf den Hauptzweck ausgerichtet sein; besser ist es jedoch, sie als *Grundrechnung* so auszubauen, daß sie für möglichst viele Sonderrechnungen verwendet werden kann. Im übrigen wird die Grundrechnung fast immer für Kontrollzwecke besonders gut geeignet sein[32]). Obwohl die laufende Kostenrechnung lückenlos sein muß, heißt das doch nicht, daß sie notwendigerweise alle Kostenarten umfassen muß. Sie ist auch dann systematisch, wenn

---

[32]) Vgl. Schmalenbach, E.: a.a.O., S. 267-270.

3 Kostenrechnung in der Chemischen Industrie

sie nur gewissen Kostenarten nachgeht und diese zwangsläufig und lückenlos sammelt, andere dagegen vernachlässigt oder summarisch behandelt[33].

Die laufende periodenbezogene Kostenrechnung muß nicht alle Kostenarten bis zu den Kostenträgern durchrechnen, sondern kann Kosten von der Kostenstellenrechnung oder von der Kostenartenrechnung unmittelbar in die Ergebnisrechnung übernehmen.

b) *Kostenträgerorientierte und kostenstellenorientierte Kostenrechnung*

Die Kosten eines Betriebes können entweder im Hinblick auf die einzelnen Aufträge oder Erzeugnisse betrachtet werden oder vorwiegend in bezug auf die Verantwortungsbereiche und Arbeitsvorgänge. Diese unterschiedlichen Blickrichtungen beeinflussen so erheblich die Gestaltung der Kostenrechnung, daß man von „kostenträgerorientierter" und „kostenstellenorientierter" Kostenrechnung sprechen kann[34]. Die in der Praxis üblichen Kostenrechnungen sind gewöhnlich Mischformen zwischen diesen beiden extremen Typen, wobei je nach der Eigenart des Betriebes und je nach den vorherrschenden Rechnungszwecken mehr die Kostenträgerorientierung oder die Kostenstellenorientierung überwiegt. Es erleichtert das Verständnis für viele Zusammenhänge, wenn man sich über die Eigenarten der *extrem* kostenträgerorientierten und der *extrem* kostenstellenorientierten Kostenrechnung klar wird.

Die kosten*träger*orientierte Kostenrechnung ist vor allem in Betrieben mit wechselnder Anfertigung von Kunden- und Lageraufträgen oder von innerbetrieblichen Aufträgen, etwa für selbsterstellte Anlagen oder Reparaturleistungen, zu finden. Die Kostenrechnung sammelt für jeden Auftrag den Materialverbrauch und verfolgt jeden Auftrag auf seinem Wege durch den Betrieb. Sie stellt fest, wie lange jede Kostenstelle in Anspruch genommen worden ist, um Unterlagen für die Zurechnung der Löhne und der Gemeinkosten zu gewinnen. Es werden für jeden Kostenträger die direkten Kosten (insbesondere die Materialkosten auf Grund der Rezeptur, Stücklisten und Materialscheine und die Fertigungslöhne) erfaßt und dann die anteiligen Gemeinkosten mit Hilfe von Schlüsseleinheiten (Maschinen- und Apparatestunden, Lohnstunden u. a.) zugerechnet.

Wenn die kostenträgerorientierte Kostenrechnung auch Periodenrechnung ist, sind die Einzelaufträge zuletzt doch die Kosten-, Erlös- und Ergebnisträger. Die Kostenstellenrechnung hat keine selbständige Funktion; sie ist nur eine Vorstufe der Kostenträgerrechnung, die eine genauere Zurechnung der Gemeinkosten ermöglicht.

---

[33]) Vgl. Schmalenbach, E.: a.a.O., S. 226 f.
Siehe auch Teil I, B 3 d, „Vollkosten- und Teilkostenrechnung".

[34]) Vgl. hierzu die Literatur zur Auftrags- und Abteilungsrechnung:
Bredt, O.: Auftragsrechnung oder Abteilungsrechnung? Technik und Wirtschaft, 33. Jg. 1940, S. 43 ff.;
ders.: Stellung und Bedeutung der Nachrechnung im Rahmen der Abteilungsrechnung. Technik und Wirtschaft, 33. Jg. 1940, S. 209/210;
ders.: Grundlagen der Abteilungsrechnung. Technik und Wirtschaft, 36. Jg. 1943, S. 68;
Schneider, E.: Industrielles Rechnungswesen, 2. Aufl., Tübingen 1954.

Das Betriebsergebnis einer Periode wird als Summe der einzelnen Auftragsergebnisse – auch Leistungsergebnisse genannt – ermittelt[35]). Bei langdauernden Aufträgen wartet man nicht deren Fertigstellung ab, sondern kumuliert monatlich die laufenden Kosten (sog. „Mitkalkulation" oder „Zwischenkalkulation").

Bei der kosten*stellen*orientierten Kostenrechnung werden die einzelnen Verantwortungsbereiche, Abteilungen und Arbeitsprozesse in den Mittelpunkt der Kostenrechnung gestellt. Die Kostenstellen haben hier nicht mehr die Funktion einer „Brücke" zwischen Kostenarten- und Kostenträgerrechnung, sondern selbständige Bedeutung als Orte der Kostenverursachung und der Leistungserstellung. Die kostenstellenorientierte Rechnung ist immer zeitabschnittsbezogen. Auch die Einzelkosten der Kostenträger werden bei den Kostenstellen erfaßt. Für die Betriebskontrolle, die bei dieser Rechnungsart im Vordergrund steht, genügt die Ermittlung von Durchschnittssätzen nach Art der Divisionskalkulation oder der Äquivalenzziffernrechnung für die spezifischen Leistungen der jeweiligen Kostenstelle. Bei der kostenstellenorientierten Rechnung wird auch nicht jeder Auftrag an Hand besonderer Aufschreibungen auf seinem Weg durch den Betrieb verfolgt. Hieraus ergibt sich, daß eine kostenstellenorientierte Rechnung in extremer Form nur für gleichbleibende Massenfertigung oder parallele und wechselnde Herstellung von Produkten mit verwandtem Produktionsgang („Sortenproduktion") in Frage kommt.

Die Gegenüberstellung der beiden Rechnungsarten ergibt:

Bei der kostenträgerorientierten Rechnung fällt das Ergebnis je Auftrag an, da die Endkostenträger zugleich die „Erlösträger" sind. Durch Zusammenfassen der Ergebnisse der Aufträge, Kostenträger oder Kostenträgergruppen erhält man das Periodenergebnis.

In der kostenstellenorientierten Rechnung macht es dagegen grundsätzlich Schwierigkeiten, den auf die Stellen bezogenen Kosten die entsprechenden Erlöse gegenüberzustellen. Ausnahmen sind bei sehr einfacher Betriebsstruktur denkbar, wenn die Kostenstellengliederung der Gliederung der Produktgruppen entspricht und wenn jede Produktgruppe auch ihren eigenen Einkauf und Verkauf hat. Die Verzahnung in der Führungs- und Verwaltungsspitze sowie im finanziellen Bereich läßt auch in diesem Fall nur eine Annäherungsrechnung zu. Je vielstufiger die Kostenstellengruppierung ist, je mehr die einzelnen Kostenstellen leistungsmäßig miteinander verflochten sind und je mehr funktionale Gesichtspunkte bei der Kostenstellenbildung vorherrschen, um so aussichtsloser müssen die Versuche bleiben, die Erlöse den Kostenstellen zuzuordnen und eine nach Kostenstellen differenzierte Ergebnisrechnung zu erstellen. Allerdings wird auch der Aussagewert der nach Kostenträgern differenzierten Ergebnisse um so geringer, je größer der Anteil solcher Gemeinkosten ist, für die sich keine der Kostenverursachung entsprechenden Schlüssel finden lassen.

---

[35]) Siehe auch Teil I, B 4 e.

3 *

Die kostenstellenorientierte Kostenrechnung wird man vor allem anwenden, wenn die Kostenträgerrechnung wenig interessiert oder auf grundsätzliche Schwierigkeiten stößt, etwa im Forschungs- oder Verwaltungsbereich. Insbesondere empfiehlt sie sich bei Kuppelproduktion, dem zwangsläufigen Anfall mehrerer Produkte, sowie bei der Herstellung von Produkten enger produktionsbedingter Verwandtschaft (Sortenproduktion). Hier ist es üblich, die Summe der Kosten einer Periode mit der Summe der Erlöse (für die Gesamtheit der Leistungen des betrachteten Bereichs) zu vergleichen. Die Kostenstellenrechnung wird dadurch zur Ergebnisrechnung ausgebaut.

Bei wechselnder Produktion kann man die kostenstellenorientierte mit einer teilweise kostenträgerorientierten Rechnung kombinieren. Dabei ist es zweckmäßig, nur noch solche Kosten für die Kostenträger auftragsweise zu erfassen, zu verrechnen, zu planen und zu kontrollieren, die die einzelnen Aufträge direkt betreffen. Dagegen werden für alle Bereitschafts- und Gemeinkosten die Prinzipien der kostenstellenorientierten Rechnung angewandt. Das bedeutet, daß die fixen und variablen Gemeinkosten nicht laufend auf die Kostenträger zugerechnet werden müssen. Neuerdings wird vorgeschlagen, für die Aufträge oder Kostenträger lediglich einen Bruttogewinn oder Deckungsbeitrag als Überschuß der Erlöse über die direkten Trägerkosten zu ermitteln und diesen Überschuß in einer mehrstufigen retrograden Rechnung so weit nach Produktgruppen, Kostenstellen und Kostenstellengruppen aufzugliedern, wie dies ohne Willkür möglich ist[36]).

c) Vor- und Nachrechnungen, insbesondere Vorkalkulation und Nachkalkulation

Vorrechnungen und Nachrechnungen sind grundsätzlich sowohl in bezug auf Aufträge als auch auf Abteilungen möglich; sie können sich ferner auf Rechnungen von Fall zu Fall oder auf Periodenrechnungen beziehen. Die laufende Kostenrechnung ist eine Nachrechnung. Sie wird auch als „Nachkalkulation" bezeichnet; doch sollte man die Begriffe „Vorkalkulation" und „Nachkalkulation" auf die Einzelabrechnung der Kostenträger beschränken.

Die *Vorkalkulation* ist die Berechnung oder Schätzung der Kosten einer Leistungseinheit, die erstellt werden soll. Vorkalkulationen werden insbesondere zur Abgabe von Preisangeboten nötig, wenn das betreffende Produkt längere Zeit nicht mehr erzeugt wurde oder wenn es sich um Sonderanfertigungen handelt. Dabei werden die direkten Kosten auf Grund technischer Daten ermittelt: etwa Menge und Art der Materialien auf Grund des Rezeptes, der Verfahrensvorschriften oder der Stückliste, die Festlegung der Arbeits-, Apparate- und Maschinenzeiten nach Erfahrungen oder früheren Zeitstudien. Zum Teil wird man sich auf die Nachkalkulation für ähnliche Erzeugnisse oder für Teilfunktionen stützen. Die Gemeinkosten können im allgemeinen auf Grund

---

[36]) Vgl. hierzu: Agthe, K.: Stufenweise Fixkostendeckung im System des Direct Costing, in: ZfB 29/1959, Heft 7, S. 404-418;
Heine, P.: Direct Costing — eine angloamerikanische Teilkostenrechnung. ZfhF 1959, S. 515;
Riebel, P.: Das Rechnen mit Einzelkosten und Deckungsbeiträgen. ZfhF 1959, S. 213-238..

früherer Nachkalkulationen geschätzt werden. Vielfach wird man der Vorkalkulation nicht die effektiven Gemeinkosten der letzten Periode, sondern normalisierte Gemeinkosten zugrunde legen.

Eine spezielle Art der Vorkalkulation ist die Verfahrenskalkulation, wobei neue Verfahren oder Verfahrensänderungen (bei kontinuierlichen Prozessen) über längere Zeiträume vorkalkuliert werden.

Die *Nachkalkulation* ist die der Erzeugung parallel laufende oder ihr nachfolgende Feststellung der angefallenen Kosten. Bereits während der Produktion werden alle Belege gesammelt, um die effektiven direkten Kosten festzuhalten. Die Gemeinkosten lassen sich erst nach Abschluß der betreffenden Periode zuordnen, weshalb man häufig mit Gemeinkostensätzen der Vergangenheit oder mit normalen oder geplanten Gemeinkosten rechnet. In der Regel ist es erforderlich, die Vorkalkulation durch eine Nachkalkulation zu kontrollieren, die Abweichungen festzustellen und ihren Ursachen nachzugehen, um so größere Sicherheit in künftigen Vorkalkulationen zu erreichen und Anregungen für die Erhöhung der Wirtschaftlichkeit zu gewinnen. Diese Kontrolle setzt voraus, daß der formelle und materielle Aufbau der Vorkalkulation und der Nachkalkulation einander entsprechen.

Wenn die Leistungen in der laufenden Kostenträgerrechnung in gleicher Weise abgegrenzt sind wie in der Vorkalkulation, kann die laufende Kostenrechnung zur summarischen Kontrolle der Vorkalkulation herangezogen werden und außerdem die Einzelnachkalkulation ersetzen. Werden dagegen in der laufenden Kostenrechnung die Leistungen summarisch abgerechnet, wird eine besondere Nachkalkulation der Einzelaufträge, insbesondere hinsichtlich der Auftragseinzelkosten, notwendig sein. Es gibt auch Fälle, in denen die Vorkalkulation nicht nachgeprüft wird oder auch nicht nachgeprüft werden kann. Man beschränkt sich dann allenfalls darauf, Stichproben zu machen oder das Ergebnis im ganzen nachzuprüfen.

d) Vollkosten- und Teilkostenrechnung

Die *Vollkostenrechnung* umfaßt alle Kostenarten in voller Höhe. Die *Teilkostenrechnung* dagegen beschränkt sich auf einen Teil der tatsächlich aufgewandten bzw. aufzuwendenden Kosten. Dabei können entweder einzelne Kostenarten ganz (z. B. Zinsen) oder nur Teile einer Kostenart (z. B. Bereitschaftslöhne) oder ganze Kategorien (z. B. fixe Kosten) entfallen.

Die Teilkostenrechnung kann von unterschiedlichen Gesichtspunkten ausgehen: Entweder stellt man die direkten Kosten einzelner Funktionen als Teilkosten heraus, z. B. die Veredlungs-, Fertigungs-, Forschungs- oder Vertriebskosten, oder aber auch einzelne Gruppen von Kostenarten, wie Material- oder Personalkosten. Schließlich kann die Teilkostenrechnung einzelne Kostenkategorien zum Gegenstand haben, z. B. die beschäftigungsfixen Kosten oder die auftragsfixen Kosten oder die Grenzkosten; ferner kommen in Frage: meßbare Kosten, beeinflußbare Kosten, zu verantwortende Kosten, mit laufenden

Ausgaben verbundene Kosten, Kosten mit dem Charakter von Amortisations-
raten (z. B. Abschreibungen). Besonders wichtig sind außerdem die Kostenkategorien, die sich aus der Zurechenbarkeit der Kosten auf die Erzeugnisse
oder Kostenstellen ergeben: Erzeugniseinzelkosten und Stelleneinzelkosten.
Der Umfang der verrechneten Kosten kann im Abrechnungsgang von Stufe zu
Stufe geringer werden. Einige Autoren meinen, daß man sich in der Kostenstellenrechnung und auch in der Kostenträgerrechnung mehr auf die Kosten beschränken sollte, die direkt mit den betreffenden Kostenstellen oder Kostenträgern in Verbindung stehen und davon beeinflußt werden[37]).

e) Istkosten-, Normalkosten-, Plankostenrechnung

Für die einzelnen Kostenrechnungssysteme hat der allgemeine Kostenbegriff
spezifische Prägungen erhalten[38]):

> **Istkosten und Istkostenrechnung,**
> Normalkosten und Normalkostenrechnung,
> Plankosten und Plankostenrechnung.

Je nach dem angewandten System kann der Güterverzehr in der Kostenarten-,
Kostenstellen- und Kostenträgerrechnung unterschiedlich ausgewiesen werden. Verrechnungsdifferenzen können entstehen, die einerseits bestimmte Ver-
rechnungstechniken und besondere Kontrollrechnungen notwendig machen,
andererseits neue Auswertungsmöglichkeiten erschließen.

In der Praxis aber kommen diese Kostenrechnungssysteme in reiner Form nur
selten vor.

Istkosten ergeben sich aus dem tatsächlich entstandenen mengenmäßigen Verbrauch.

Die *Istkostenrechnung* ist notwendigerweise eine Vergangenheitsrechnung.
Alle Schwankungen und Zufallseinflüsse, die während des jeweiligen Auf-
trages oder während der einzelnen Periode wirksam werden, finden in den
Istkosten ihren Niederschlag.

Die Grenzen einer Istkostenrechnung zeigen sich bei allen Gütern, deren effek-
tiver Verbrauch nicht gemessen werden kann, etwa bei den Abschreibungen
sowie bei allen Gütern, die aus Gründen der Wirtschaftlichkeit schätzungs-
weise erfaßt werden.

Wenn stoßweise auftretender Aufwand (etwa Reparaturen und Urlaubslöhne)
auf mehrere Perioden verteilt werden muß, ist umstritten, ob die durch die
Verteilung entstehenden Quoten noch als Istkosten anzusehen oder bereits
den Normalkosten zuzurechnen sind.

---

[37]) Literatur zur Anwendung der Teilkostenrechnung, insbesondere der Grenzkostenrechnung
für Betriebsdispositionen:
Mellerowicz, K.: Planung und Plankostenrechnung Bd. I, Betriebliche Planung, S. 473 ff.;
Mellerowicz, K.: a.a.O., Bd. I, S. 206 ff.;
Müller, A.: a.a.O., S. 332 ff.;
Schmalenbach, E.: a.a.O., S. 141 ff., S. 193 ff., S. 241 ff.. S. 281 ff., S 481 ff.
[38]) Vgl. hierzu und zum folgenden:
Nowak P.: Kostenrechnungssysteme in der Industrie, Köln und Opladen 1953, S. 47 ff.

Die Istkostenrechnung erfaßt zwangsläufig alle Zufallserscheinungen, die auf den mengen- oder wertmäßigen Verbrauch der einzelnen Güter und Leistungen Einfluß haben (Schwankungen der Materialqualität, der Ausbeute, der menschlichen Arbeitsleistung, unzulängliche Betriebsdispositionen, Störungen u. a.). Dadurch erhält man ein Spiegelbild des tatsächlichen Betriebsgeschehens.

Wiederbeschaffungspreise und Verrechnungspreise sind der Istkostenrechnung systemfremd. Weicht man vom Anschaffungspreis ab, handelt es sich nur noch in bezug auf das Mengengerüst um eine „Ist-Rechnung" („Ist-Mengen-Rechnung").

Oft spricht man auch dann noch von Istkosten, wenn nicht der Anschaffungspreis – hierbei kann es sich um den individuellen, den durchschnittlichen oder den letzten Anschaffungspreis handeln –, sondern der Tagespreis (Anschaffungspreis des Verbrauchstages) angesetzt wurde.

Werden in der Istkostenrechnung die vollen Kosten den Kostenträgern zugerechnet, stehen sich in der Ergebnisrechnung die vollen Kosten und Erlöse gegenüber. Im Ergebnis kommt das Zusammenwirken aller Einflußfaktoren zum Ausdruck. Es enthält aber *unmittelbar* keine Hinweise auf einzelne Ursachen oder Einflußgrößen. Um die Kostenanalyse zu erleichtern, ist es zweckmäßig, die reinen Wertzahlen der Kostenstellen- und Kostenträgerrechnung um Mengen- und Preisangaben zu ergänzen. Außerdem wird es sich gegebenenfalls empfehlen, die einzelnen Kostenarten nach den Haupteinflußgrößen aufzuspalten und diese Aufspaltung bei der Durchrechnung aufrechtzuerhalten.

Bei der Abrechnung innerbetrieblicher Leistungen muß man in der Istkostenrechnung mit der Abrechnung der empfangenden Betriebsstelle warten, bis die Hilfsbetriebe und Vorstufen abgerechnet worden sind. Diese Verzögerung läßt sich vermeiden, indem die innerbetrieblichen Leistungen zu Normalkosten abgerechnet werden (Verrechnungspreise).

Normalkosten sind die Kosten einer Periode, eines Auftrages oder einer Leistungseinheit unter *betriebsindividuell üblichen, durchschnittlichen Bedingungen*, wobei *Zufallseinflüsse* und Schwankungen über einen längeren Zeitraum *ausgeglichen* sind. Der Ausgleich kann entweder nur Zufallseinflüsse umfassen oder darüber hinaus noch Preisschwankungen, Leistungs-, Ausbeute-, Mengenverbrauchs- und Beschäftigungsschwankungen sowie Schwankungen, die aus der Unzulänglichkeit des Rechnungswesens herrühren, wie die unvollkommene Periodenabgrenzung des Güterverbrauchs u. ä.

Normalkosten können als statistische Mittelwerte der Istkosten längerer Zeiträume im Zusammenhang mit technischen Überlegungen und Berechnungen ermittelt werden. Dabei wird man sich jedoch nicht nur an die Vergangenheitswerte halten, sondern auch die künftige Entwicklung hinsichtlich der bereits erkennbaren Veränderungen der Preise, der Betriebsstruktur und anderer Einflüsse zu berücksichtigen suchen. Für die leistungsabhängigen Kosten werden die statistischen Mittelwerte zweckmäßig je Leistungseinheit errechnet, dagegen die für die nichtleistungsabhängigen Bereitschaftskosten je Abrechnungszeitraum.

Die Normalisierung kann sehr verschiedenen Umfang annehmen: Nur die Preise oder nur die verbrauchten Mengen oder beide können normalisiert werden; sie kann sich auf einzelne Kostenelemente beschränken, wie auf die Löhne oder auf die Gemeinkostenzuschläge; sie kann aber auch alle Kostenarten umfassen; sie kann bei der Erfassung der Kostenarten beginnen oder erst bei einer späteren Abrechnungsstufe einsetzen[39]).

Besondere Bedeutung hat die Normalisierung bei der Verrechnung der Gemeinkosten und Fixkosten mit „Normalzuschlagssätzen" oder „Normalsätzen" und bei der Verrechnung innerbetrieblicher Leistungen zu festen Verrechnungspreisen (z. B. selbsterzeugte Energien, Leistungen der Reparaturbetriebe), weil hierdurch die Kostenstellen- und Kostenträgerrechnung wesentlich vereinfacht und beschleunigt wird. Die einzelnen Abrechnungsstufen werden auf diese Weise im Abrechnungsgang voneinander unabhängig. Die durch die Kostennormierung erreichte Vereinfachung hat sich u. a. auch in Sonderrechnungen (Preiskalkulation, Wirtschaftlichkeitsvergleichen, Kontrollaufgaben) bewährt.

Die Normalkosten, die von den individuellen Abrechnungszeiträumen und Aufträgen losgelöst sind, gelten so lange, als sich die Struktur nicht grundlegend ändert. Da es nicht leicht ist, von vornherein Strukturwandlungen als solche zu erkennen, besteht die Gefahr, daß zeitweise mit veralteten Preisen und Kostensätzen gerechnet wird, die Kostenrechnung also nicht mehr genügend wirklichkeitsnahe ist.

Beim Rechnen mit Normalkosten sollten die im Zuge des Abrechnungsganges entstandenen Preis- und Mengendifferenzen zwischen den Istkosten und den verrechneten Normalkosten in der Betriebsergebnisrechnung auf besonderen Differenzkonten abgefangen werden. Das führt zu einer Aufspaltung des Gesamtergebnisses in das Betriebsergebnis zu Normalkosten und das Verrechnungsergebnis (Über- bzw. Unterdeckung der Istkosten durch die Normalkosten). Dabei können die Ergebnisse – je nach Aufbau der Normalkostenrechnung – aus Teilergebnissen zusammengesetzt sein.

Man sollte bei dieser Rechnungsart noch bedenken, daß eine im Abrechnungsgang sehr früh begonnene Normalisierung die nachträgliche Zuordnung des Verrechnungsergebnisses auf die einzelnen Kostenträger erschweren kann. Ferner ist zu beachten, daß die einmal festgelegten Normalkosten (bzw. Normalmengen und -preise) bei Strukturwandel oder größeren Veränderungen an die neue Situation angepaßt werden müssen, wie überhaupt ein laufender oder häufiger Vergleich mit den Istkosten notwendig ist[40]).

---

[39]) Vgl. Müller, A.: a.a.O., S. 260 ff.;
Nowack, P.: a.a.O., S. 67 ff.

[40]) Literatur zur Normalisierung der Kostenrechnung:
Mellerowicz, K.: a.a.O., Bd. I, S. 458-467, Bd. II, 2., S. 59 ff.;
Müller, A.: Grundsätzliches zur Normal- und Plankostenrechnung. Stahl und Eisen, Jg. 69, 1949, S. 601 ff.;
Müller, A.: a.a.O., S. 620 ff.;
Nowak, P.: a.a.O., S. 63 ff.;
Schmalenbach, E.: a.a.O., S. 292-295.

Plankosten sind vorgegebene, methodisch bestimmte Kosten, die bei gegebenen Betriebsverhältnissen und ordnungsgemäßem Betriebsablauf als erreichbar betrachtet werden und erreicht werden sollen[41]).

Die Plankostenrechnung ist die Weiterentwicklung der Normalkostenrechnung. In ihr sind Preise und Mengen unter Beachtung der technischen und wirtschaftlichen Gegebenheiten und Entwicklungstendenzen normalisiert. Sie ist so weit gegliedert, daß man die Verantwortung für die Abweichung von den Kostenvorgaben lokalisieren kann. Von der Normalkostenrechnung unterscheidet sie sich vor allem dadurch, daß die in ihr vorgegebenen Kosten *Soll*charakter haben.

Zwischen den Plankosten und den Istkosten können in jeder Stufe des Abrechnungsganges Unterschiede entstehen. Diese werden – wie in der Normalkostenrechnung – in der Ergebnisrechnung gesondert ausgewiesen.

Da die Plankosten Sollcharakter haben, ist es zweckmäßig, den Verantwortlichen nur solche Kosten vorzugeben, die sie beeinflussen können. Alle bei der betreffenden Kostenstelle nicht beeinflußbaren Kosten sollten wenigstens aus den Kostenvorgaben für den betreffenden Verantwortungsbereich herausgelassen werden[42]). Deshalb müssen auch die Kostenstellen in erster Linie nach Verantwortungsbereichen gebildet werden.

Parallel zur Plankostenrechnung erstellt man eine Istkostenrechnung, weil der eigentliche Sinn der Plankostenrechnung im Vergleich der vorgegebenen Kosten mit den tatsächlich entstandenen (Soll-Ist-Vergleich) liegt. Die Abweichungen der Istkosten von den Sollkosten werden weiter aufgegliedert, um insbesondere die Verbrauchsabweichung zu isolieren.

Die Plankostenrechnung setzt eine gut ausgebaute Istkostenrechnung und leistungsfähige Betriebsstatistik voraus, um brauchbare Ausgangs- und Vergleichswerte für die Kostenplanung und -kontrolle zu erhalten. Je einfacher das Produktionsprogramm, je besser und systematischer die Arbeitsvorbereitung ist, um so genauer werden die Kostenvorgaben sein können. Auch müssen die allgemeinen Wirtschaftsverhältnisse einigermaßen überschbar sein.

Das Anwendungsgebiet der Plankostenrechnung kann sich sowohl auf Kostenarten und Kostenstellen als auch auf Kostenträger oder auf alle drei Stufen erstrecken.

Wegen der Fülle der mit dieser Rechnungsart verbundenen Sonderprobleme können Einzelheiten nicht im Rahmen dieser Arbeit behandelt werden. Es dürfte jedoch feststehen, daß bereits der in diesem System liegende Zwang zum systematischen Nachdenken über Kostenverursachung und -verantwortung und über die Gründe für das Abweichen des Solls vom Ist zu neuen

---

[41]) In Anlehnung an Nowak, P.: a.a.O., S. 81.
[42]) Vgl. Schmalenbach, E.: a.a.O., S. 295 f.

Anregungen und für den eigenen Betrieb wertvollen Erkenntnissen führen kann[43]).

4. Die Stufen der Kosten- und Ergebnisrechnung

Die Kostenrechnung umfaßt in der Regel einen mehrstufigen Abrechnungs-gang:

> die Kostenarten-,
> die Kostenstellen- und
> die Kostenträgerrechnung.

Die Geschlossenheit der Kostenrechnung erfordert als weitere Stufe den Einbau

> der Betriebsergebnisrechnung.

Hierdurch wird die Erkenntniskraft der Kosten- und Leistungsrechnung erhöht und die Abstimmung mit der Aufwands- und Ertragsrechnung der Geschäftsbuchhaltung ermöglicht. In einer systematischen Darstellung lassen sich die Erfordernisse der einzelnen Abrechnungsstufen zwar isoliert darstellen, doch überschneiden sie sich vielfach in der praktischen Durchführung.

a) Kostenartenrechnung

aa) Begriff, Aufgaben und Probleme der Kostenarten-rechnung

Kosten entstehen durch den Verbrauch an Gütern und durch die Inanspruch-nahme von Diensten. Sie werden nach Möglichkeit ihrer Verkehrsbezeichnung entsprechend benannt (Kostenarten) und nach Zweckmäßigkeitsgesichtspunk-ten gegliedert. Die *Kostenartenrechnung* ist die nach diesen Gesichtspunkten vorgenommene Zusammenstellung der Kosten eines Zeitabschnittes. Sie ist die Grundlage und Vorbereitung aller weiteren Stufen der Kostenrechnung; darüber hinaus hat sie unmittelbar aber auch einen selbständigen Erkenntnis-wert für die Kostenauswertung.

Im einzelnen hat die Kostenartenrechnung folgende Aufgaben:

> Die Kosten gegenüber dem Aufwand der Geschäftsbuchhaltung hinsicht-lich des Rechnungszeitabschnittes (zeitlich) und hinsichtlich der nicht als Kosten verrechenbaren Aufwandteile (sachlich) abzugrenzen;
>
> den Verbrauch von Gütern und die Inanspruchnahme von Dienstleistun-gen mengenmäßig zu erfassen und zu bewerten oder unmittelbar wert-mäßig zu erfassen;
>
> alle Kosten einer Periode nach bestimmten Gesichtspunkten gegliedert (nach Kostenarten und Gruppen von Kostenarten) zu sammeln und über-sichtlich darzustellen;

---

[43]) Literatur zur Plankostenrechnung:
Ellinger, Th.: Rationalisierung der Standardkostenrechnung, Stuttgart 1954;
Käfer, E.: Standardkostenrechnung, Budget, Plan- und Marktkosten im Rechnungswesen des Betriebes, Stuttgart 1955;
Kosiol, E.: Plankostenrechnung als Instrument moderner Unternehmungsführung, München 1956;
Matz, A.: Plankostenrechnung, Wiesbaden 1954;
Mellerowicz, K.: a.a.O., Bd. II. 2, S. 106 ff. u. S. 447 ff.;
Wille, F.: Plan- und Standardkostenrechnung, Essen 1952.

Unterlagen über die Höhe der Gesamtkosten des Betriebes und ihre Struktur zu liefern und eine Kostenkontrolle für den Gesamtbetrieb zu ermöglichen;

die Verteilung und Zurechnung der Kosten auf die Kostenstellen und Kostenträger vorzubereiten und zu erleichtern;

Unterlagen für die Ergebnisrechnung bereitzustellen, insbesondere für das Gesamtkostenverfahren.

Die *Probleme* der Kostenartenrechnung liegen in zweckmäßiger Bildung, Gliederung und eindeutiger Abgrenzung der Kostenarten sowie in richtiger mengenmäßiger Erfassung und Bewertung. Dabei ist besonders die *sachliche* Abgrenzung der Kosten gegenüber dem Aufwand und die *zeitliche* Abgrenzung der Kosten einer Periode gegenüber anderen Perioden zu beachten. Hinzu kommt, daß die Kostenrechnung nicht an die handels- und steuerrechtlichen Bewertungsvorschriften gebunden ist.

ab) Abgrenzung der Kosten

Die Kostenartenrechnung ist grundsätzlich in der Aufwandsartenrechnung der Buchhaltung verankert. Wenn „Aufwand" und „Kosten"[44]) sachlich auch größtenteils zusammenfallen, brauchen sie sich doch in bezug auf die sachliche und zeitliche Abgrenzung sowie auf die Bewertung nicht zu decken. Derartige Unterschiede bestehen auch zwischen Erträgen und Leistungen.

Folgende Übersicht soll dies veranschaulichen:

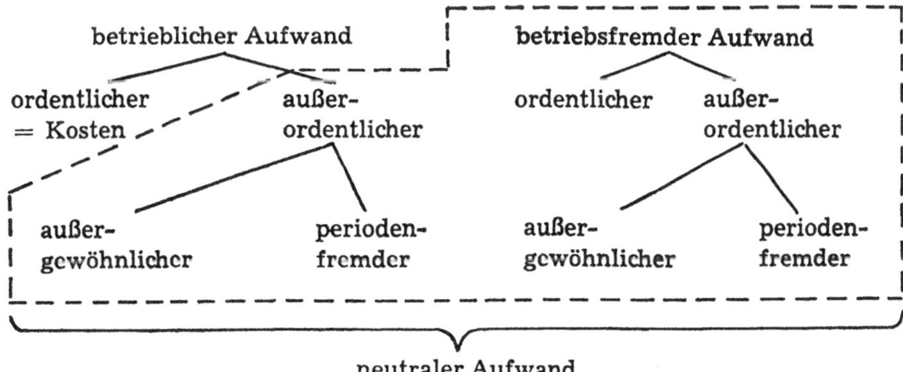

---

[44]) Diese Unterscheidung, die inzwischen Allgemeingut geworden ist, geht zurück auf Schmalenbach.

Zu den Kosten gehören nicht der sogenannte „neutrale Aufwand" und der aus dem Erfolg zu deckende Aufwand. Andererseits werden verschiedene „*Zusatzkosten*" bzw. gewisse Bestandteile der kalkulatorischen Kosten nicht als Aufwand angesehen. Die Kosten können also auch über den Aufwand hinausgehen. Einzelne kalkulatorische Kostenarten, z. B. der kalkulatorische Unternehmerlohn, sind in vollem Umfange Zusatzkosten; dagegen sind bei anderen kalkulatorischen Kosten, z. B. den kalkulatorischen Zinsen, nur der Mehrbetrag über die tatsächlich bezahlten Fremdkapitalzinsen hinaus Zusatzkosten. Die kalkulatorischen Abschreibungen können auch niedriger als die Abschreibungen in der Geschäftsbuchhaltung sein. Dann ist der über die kalkulatorischen Abschreibungen hinausgehende Abschreibungsanteil in der Geschäftsbuchhaltung als neutraler Aufwand anzusehen. Diese Zusammenhänge verdeutlicht das folgende Schema.

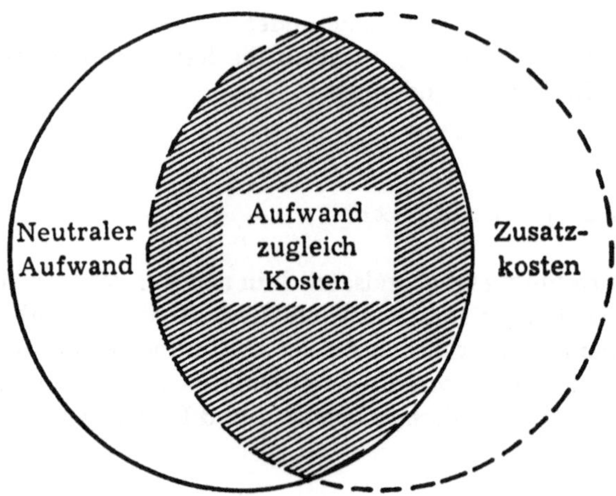

Der *betriebsfremde Aufwand* dient weder unmittelbar noch mittelbar dem eigentlichen Betriebszweck. Dazu gehören z. B. Aufwendungen für betrieblich nicht genutzte Grundstücke, stillgelegte Anlagen, soweit sie nicht als Reserveanlagen notwendig sind, Schenkungen, Stiftungen usw.

Die *außergewöhnlichen Aufwendungen* werden auch dann nicht als Kosten behandelt, wenn sie betrieblich bedingt sind, etwa außergewöhnliche Wagnisverluste, Aufwendungen für die Gründung, Umgründung oder für Kapitalerhöhungen.

Da in der Geschäftsbuchhaltung in der Regel mit größeren Rechnungsperioden als in der Kostenrechnung gearbeitet wird, können Aufwand und Kosten auseinanderfallen (Beispiele: Großinstandsetzungen, Urlaubslöhne). In diesen Fällen sind die einmalig oder unregelmäßig anfallenden Summen auf die Kostenrechnungszeiträume gleichmäßig zu verteilen.

Da die Bewertung in der Kostenrechnung – im Gegensatz zu der Bewertung in der Geschäftsbuchhaltung – nicht an gesetzliche Vorschriften gebunden ist, können zwischen Aufwand und Kosten auch Bewertungsunterschiede auftreten.

ac) Bildung und Gliederung der Kostenarten

Bei der Bildung von Kostenarten sind verschiedene *Grundsätze* zu beachten. Der Inhalt der einzelnen Kostenarten muß genau umschrieben und abgegrenzt werden. Die Gliederungsmerkmale sind eindeutig festzulegen. Sie sollen die Einordnung der Kostenarten auf möglichst lange Sicht gewährleisten.

Welche *Gliederungsgesichtspunkte*, welche Rangfolge man wählt und wie weit man bei der Aufgliederung geht, hängt von den Betriebsgegebenheiten (Größe, Organisation, Fertigungsprogramm usw.), von den Einzelaufgaben der Kostenrechnung und der Kostenauswertung ab. Die Tiefe der Gliederung ist nicht zuletzt eine Frage der Wirtschaftlichkeit.

Als *Grundgliederung* der Kostenartenrechnung ist die Gliederung aller Kosten nach ihrer Herkunft oder nach der *Verkehrsbezeichnung* zweckmäßig. Sie ist in der Praxis allgemein eingeführt. In der Kostenrechnung kann man weiter als in der Geschäftsbuchhaltung aufgliedern und gegebenenfalls auch anders zusammenfassen, um die Auswertung und die Verrechnung auf Kostenstellen und Kostenträger zu erleichtern.

Eine Reihe *zusätzlicher Gliederungsgesichtspunkte*, die für die Auswertung der Kostenrechnung wichtig sind und daher schon bei der Bildung und Gliederung der Kosten beachtet werden sollten, ergeben sich bereits aus dem Abschnitt I B 2c „Kostenkategorien unter dem Gesichtspunkt der Einflußgrößen und der Zurechenbarkeit". Je nach Art der Auswertung kann noch der eine oder andere der folgenden Gesichtspunkte bei der Aufgliederung oder Gruppierung der Kostenarten berücksichtigt werden:

die Zurechenbarkeit auf Kostenträger und Kostenstellen (Einzelkosten, Gemeinkosten, Sonderkosten);

das Verhalten gegenüber Beschäftigungsschwankungen: Fixe Kosten (schwer und langfristig oder überhaupt nicht anpassungsfähige), variable Kosten (leicht und kurzfristig anpassungsfähige)[45];

das Verhalten gegenüber wechselnden Auftragsgrößen (auftragsgrößen-fixe und auftragsgrößen-variable Kosten) und anderen Kosteneinflußfaktoren;

der Grad der Genauigkeit (siehe Teil I B 5 „Grenzen der Kostenrechnung").

Wenn auch die Kostenartenrechnung für verschiedene Zwecke unmittelbar auswertbar ist[46], so muß sie doch im Gesamtzusammenhang mit den nachfolgenden Stufen (Kostenstellen, Kostenträgern) gesehen werden. Insbesondere wird die Gliederungstiefe der Kostenarten durch die nachfolgenden Abrech-

---

[45] Vgl. Beisel, K.: a.a.O., S. 74 ff;
Rummel, K.: a.a.O., S. 120 ff.

[46] Zum Beispiel um die Kostenstruktur des Gesamtbetriebes und vor allem die Entwicklung der einzelnen Kostenarten zu beobachten, um Auswirkungen von Veränderungen der Beschaffungspreise oder Löhne auf das Betriebergebnis zu ermitteln und um das Betriebsergebnis nach dem Gesamtkostenverfahren festzustellen.

nungsstufen beeinflußt. Eine zweckmäßige Kostenartengliederung kann die Kostenstellen- und Kostenträgerrechnung wesentlich erleichtern. Man sollte jedoch daran denken, daß die Kostenartenrechnung nicht auch die Aufgaben der Kostenstellen- und Kostenträgerrechnung übernimmt. Eine zu strenge Ausrichtung auf die anderen Stufen ist deshalb nicht zu empfehlen.

ad) Erfassung der Kostenarten

Die sorgfältige und genaue Erfassung der Kostenarten ist von entscheidendem Einfluß auf die Brauchbarkeit der Kostenrechnung. Was bei der Kostenerfassung und den Uraufschreibungen (Belegerstellungen) versäumt wird, kann nicht oder nur sehr schwer nachgeholt werden. Die Erfassung der Kostenarten ist ein organisatorisches Problem, da sie stark von den unterschiedlichen Eigenarten der Güter und Dienste abhängt und weil die Kostenartenrechnung mit allen Stellen des Unternehmens in Verbindung steht[47]).

Der Verbrauch von Gütern und die Inanspruchnahme von Diensten können entweder durch Aufschreibungen im Betrieb (z. B. in Form von Materialscheinen, Lohnzetteln) ermittelt oder aus der Buchhaltung (z. B. kalkulatorische Kosten) entnommen werden[48]). Durch die Aufschreibungen im Betrieb werden die Güter für eine Kostenstelle oder einen Kostenträger erfaßt. Die Summen dieser Einzelaufschreibungen während einer Periode ergeben die Buchungsposten für die Kostenartenrechnung. Zudem ist gewöhnlich mit der Erfassung der Kostenarten im Betrieb die Erhebung weiterer Mengen- und Zeitangaben verbunden, die für die Verrechnung von Gemeinkosten und für die Kostenträgerrechnung benötigt und für die Kosten- und Leistungsstatistik ausgewertet werden.

Die Methoden der Kostenerfassung hängen von den Eigenschaften der Güter und den technischen Möglichkeiten der Verbrauchsmessung ab. Da genauere Erfassungsmethoden vielfach mit höheren Kosten verbunden sind (Meßgeräte, qualifiziertes Erfassungspersonal, Kontrollen), ist die Auswahl der Erfassungsmethoden auch eine Frage der Wirtschaftlichkeit. Wenn die Aufschreibungen nicht durch Registriergeräte vorgenommen werden, ist ihre Zuverlässigkeit vom menschlichen Verhalten abhängig. Bei der Kostenartenerfassung ist noch zu beachten, daß die Belege genaue Angaben über Gegenstand, Menge und Verbrauchszeitraum enthalten müssen.

ae) Bewertung in der Kostenrechnung

Die erfaßten Mengen der verbrauchten Güter und in Anspruch genommenen Dienste, die sehr unterschiedlich sein können, werden durch Bewertung „rechen"- und vergleichbar gemacht[49]).

---

[47]) Vgl. hierzu insbesondere Mellerowicz, K.: a.a.O., Bd. II, 1., S. 200 ff.

[48]) Die Erfassungsmethoden werden gewöhnlich für die einzelnen Kostenarten gesondert dargestellt. Siehe hierzu: Henzel, F.: a.a.O., S. 27 ff.; Kosiol, E.: a.a.O., S. 157 ff.; Mellerowicz, K.: a.a.O., Bd. II, 1., S. 212 ff.; Schmalenbach, E.: a.a.O., S. 305 ff.

[49]) Weitere Ausführungen siehe: Teil II, B 3; Teil II, D 2; Teil IV, D 3.

Sobald die Güter in den Bereich des Betriebes eingegangen sind, ist der Zusammenhang mit dem Anschaffungspreis (d. h. dem Preis des Beschaffungsmarktes) gelöst. Solange aber die daraus herzustellenden oder hergestellten Leistungen noch nicht abgesetzt sind, ist auch der Zusammenhang mit dem künftigen Preis noch nicht sichergestellt. Weil deshalb niemand eindeutig die Frage nach dem Wert der Güter und Kostenträger beantworten kann, ist die Bewertung ein Problem, für das viele Lösungen möglich sind, von denen keine den Anspruch auf absolute Richtigkeit erheben kann[50]).

Die Wahl des jeweiligen Wertes im Einzelfall ist eine Frage der Zweckmäßigkeit. Jedoch dürfte es sich für die Grundrechnung empfehlen, einen dem Hauptzweck der Kostenrechnung entsprechenden Wert anzusetzen und in Sonderrechnungen Umwertungen vorzunehmen.

Die nächstliegende Orientierungsmöglichkeit ist der für das Gut bezahlte *Anschaffungspreis*. Er ist jederzeit eindeutig feststellbar und für viele Aufgaben zweckmäßig und ausreichend. Bei stärkeren Preisveränderungen wird man dagegen sowohl für die Preiskalkulation als auch für alle Dispositionsrechnungen den *aktuellen Tagespreis* wählen. Für Entscheidungen, die sich über längere Zeiträume erstrecken, wird man evtl. versuchen, von den *künftig zu erwartenden Preisen* auszugehen.

Zu diesen Alternativen in zeitlicher Hinsicht (Vergangenheit, Gegenwart, Zukunft) kommt noch die Möglichkeit, sich an dem Beschaffungsmarkt oder dem Absatzmarkt zu orientieren. Vorwiegend wird man sich in der Kostenrechnung nach dem *Beschaffungsmarkt* oder allgemeiner nach der Herkunft der Güter richten. (Diese Orientierung liegt auch vor, wenn man sich für die Bewertung selbsterstellter Leistungen an die Herstellkosten hält.) Die Orientierung am *Absatzmarkt* scheidet bei den ursprünglichen Kostenarten aus. Dagegen ist sie für die Bewertung von Kuppelprodukten und die Festlegung von „Verrechnungspreisen" (Betriebspreisen) für absatzfähige Zwischenerzeugnisse[51]) sowie von „kalkulatorischen Ertragspreisen" von Bedeutung

Der Betrieb ist aber bei der Bewertung seiner Kostengüter keineswegs gezwungen, sich an die Marktpreise zu halten, er kann vielmehr auch vom Marktpreis mehr oder weniger unabhängige Betriebspreise oder sogenannte „Verrechnungspreise" festsetzen[51]), und zwar entweder „feste Verrechnungspreise" oder „veränderliche Verrechnungspreise".

Feste Verrechnungspreise werden über längere Zeit unverändert gehalten und sind deshalb für die Kontrolle des Mengenverbrauchs der Güter und für die Bestandskontrolle vorteilhaft. Als Lenkungspreise sind sie nur geeignet, solange die Marktpreise nicht sehr davon abweichen.

Veränderliche Verrechnungspreise sind dagegen vorzuziehen, wenn die Kostenrechnung in erster Linie Wirtschaftlichkeitsvergleichen für die Betriebsdisposition oder für eine pretiale Lenkung dienen soll.

---

[50]) Nach Schäfer, E.: Die Unternehmung, Köln und Opladen 1956, S. 319 ff.

[51]) Vgl. hierzu insbesondere Schmalenbach, E.: Kostenrechnung und Preispolitik, S. 126-262 und Lehmann, M. R.: Industriekalkulation, 4. Aufl. Stuttgart 1951, S. 155-210.

Die Bewertung in der Kostenrechnung hat zwei Funktionen auszuüben:

1. verschiedenartige Kostengüter vergleichbar und addierbar zu machen;
2. Maßstäbe für wirtschaftliche Entscheidungen zu liefern.

b) *Kostenstellenrechnung*

ba) B e g r i f f

Kostenstellen sind Orte der Kostenentstehung und der Leistungserstellung. Ihre Bildung erfolgt nach Gesichtspunkten der Zweckmäßigkeit. In Betracht kommen

> räumliche,
> funktionale,
> verantwortungsabgrenzende und
> rechnungstechnische Erwägungen.

Kostenstellen werden entsprechend den Grundfunktionen des Industriebetriebes zu Kostenstellengruppen oder Kostenbereichen (Material-, Fertigungs-, Forschungs-, Verwaltungs- und Vertriebsbereich) zusammengefaßt.

Die *Kostenstellenrechnung* ist der nach Kostenarten gegliederte Ausweis der auf den einzelnen Kostenstellen verbrauchten Güter und in Anspruch genommenen Dienste eines Zeitabschnittes für die Zwecke der Zurechnung auf die Leistungen und gegebenenfalls auch auf andere Kostenstellen sowie der Kontrolle der Kostenstellen bzw. Kostenbereiche.

bb) A u f g a b e n   d e r   K o s t e n s t e l l e n r e c h n u n g [52])

In der Kostenstellenrechnung werden die Kostenarten nach dem Verursachungsprinzip erfaßt und ausgewiesen. Es wird die Zurechnung der Stellenkosten auf Leistungen bzw. auf andere Kostenstellen ermöglicht und die Kostenträgerrechnung vorbereitet. Ferner liefert die Kostenstellenrechnung Unterlagen für die Betriebsergebnisrechnung und für die Bewertung der Erzeugnisse. Von mindestens gleicher Bedeutung ist, daß durch sie die Kontrolle der Betriebsgebarung ermöglicht wird und Unterlagen für Disposition und Planung geschaffen werden.

bc) B i l d u n g   u n d   G l i e d e r u n g   d e r   K o s t e n s t e l l e n

Begriff und Aufgaben lassen die für die Bildung und Gliederung der Kostenstellen maßgebenden Gesichtspunkte erkennen. Besonders zu beachten ist der Einfluß, den Betriebsablauf, Betriebsorganisation und jeweiliger Zweck der Kostenrechnung auf Gliederungsprinzip und -tiefe der Kostenstellen ausüben. So kann man nach dem Betriebsablauf in Hilfs-, Neben- und Hauptkosten-

---

[52]) Siehe Mellerowicz, K.: a.a.O., Bd. II, 1., S. 337 ff.;
Schmalenbach, E.: a.a.O., S. 348 ff.

stellen unterscheiden, während man nach Gesichtspunkten der Abrechnungstechnik in Vor- und Endkostenstellen unterteilen kann.

Beim Aufbau der Rangordnung von Kostenstellen kann der Gliederungsgesichtspunkt von Stufe zu Stufe gewechselt werden. Im Gegensatz zur Kostenartenbildung ist es nicht notwendig, auf den jeweiligen Stufen einheitliche Gliederungsprinzipien einzuhalten. Die Kostenstellen innerhalb der verschiedenen Bereiche können vielmehr nach den jeweils dort zweckmäßigen Gesichtspunkten abgegrenzt werden (z. B. in der Produktion nach räumlichen Gesichtspunkten, im Vertrieb nach funktionalen).

bd) **Erfassung und Zurechnung von Kostenarten auf die Kostenstellen**

Es gibt Kostenarten, die nicht den Kostenstellen zugerechnet, sondern direkt in die Kostenträgerrechnung übernommen werden (z. B. Stoffeinsatz). Die übrigen Kostenarten werden entweder bei den Kostenstellen direkt erfaßt (Stelleneinzelkosten) oder mit Hilfe von Schlüsseln den Kostenstellen zugerechnet (Stellengemeinkosten).

Bei der direkten Zurechnung ist zu beachten, daß ein Teil der Stelleneinzelkosten zwar direkt für die Kostenstelle, nicht aber für die jeweilige Periode unmittelbar erfaßt werden kann (z. B. Abschreibungen).

Lassen sich Stellengemeinkosten mehreren Kostenstellen direkt zurechnen, empfiehlt es sich, besondere Kostenstellen zu bilden, auf denen diese Kosten zusammengefaßt werden (z. B. Kostenstelle Fabrikgebäude, wenn in diesem Gebäude mehrere Kostenstellen sind). Auf diese Weise gelingt es, durch zusätzliche Kostenstellen Gemeinkosten in Stelleneinzelkosten umzuwandeln. Dadurch werden Planung und Kontrolle dieser Kostenarten erleichtert. Zugleich bleibt das Kostenbild der zugehörigen Kostenstellen von unzuverlässig aufgeschlüsselten Kostenarten ungetrübt[53]).

Auch für die Kostenstellenrechnung gilt der Grundsatz, daß man möglichst viele Kosten direkt erfassen soll, falls nicht Wirtschaftlichkeitsgründe dagegenstehen.

c) *Innerbetriebliche Leistungsrechnung*

Selbsterstellte Leistungen, die der Betrieb für den Eigenverbrauch bestimmt, bezeichnet man als innerbetriebliche Leistungen. Es kann sich hierbei um Leistungen von Vorkostenstellen (z. B. Material-, Energie-, Personal-, Werkstatt- oder Verkehrsstellen) oder von Endkostenstellen (etwa Fabrikations-, Forschungs-, Verwaltungs- oder Vertriebsstellen) handeln.

Innerbetriebliche Leistungen können meßbar (etwa die Leistungen der Energiebetriebe) oder nicht meßbar (etwa Teile der Verwaltungskosten) sein. Die

---

[53]) Vgl. Kosiol, E.: a.a.O., S. 285.

Zurechnung der meßbaren Leistungen gibt keine Probleme auf. Dagegen hängt die Genauigkeit der Zurechnung nicht meßbarer Leistungen oder solcher, auf deren Messung verzichtet wird, von der Wahl der Schlüsselgröße ab. Läßt sich ein dem Verursachungs- und Proportionalitätsprinzip entsprechender Schlüssel nicht finden, sollte man auf eine Umlage verzichten und die betreffenden Kosten unmittelbar in die Betriebsergebnisrechnung übernehmen.

Für die beschleunigte Abrechnung innerbetrieblicher Leistungen wird empfohlen, nicht mit Istkosten, sondern mit Verrechnungspreisen zu arbeiten. Dies gilt vor allem auch für Kostenstellen, die in wechselseitigen Beziehungen zueinander stehen.

d) Kostenträgerrechnung

da) B e g r i f f

Kostenträger sind die Leistungen des Betriebes (Marktleistungen und innerbetriebliche Leistungen).

Die *Kostenträgerrechnung* ist die nach Kostenträgern bzw. Kostenträger-Gruppen und Kostenarten gegliederte Zusammenstellung der Kosten der betrieblichen Leistungen. Werden die Kosten eines Zeitabschnittes zusammengestellt, spricht man von Kostenträger-Zeitrechnung (oder Kostenträger-Periodenrechnung); werden die Kosten der Einzelleistung ermittelt, spricht man von Kostenträgereinheit-Rechnung (Kostenträger-Stückrechnung oder Kalkulation).

db) A u f g a b e n d e r K o s t e n t r ä g e r r e c h n u n g

Die *Kostenträger-Zeitrechnung* dient vor allem

> der Vorbereitung der Betriebsergebnisrechnung (Umsatzkostenverfahren),

> der Ermittlung der Bestandsveränderungen an Halb- und Fertigerzeugnissen, einschließlich der noch nicht aktivierten selbsterstellten Anlagen,

> der Vorbereitung der Kostenträgereinheit-Rechnung (Kalkulation) und

> der Kontrolle der Kostenträger-Einzelkosten.

Die *Kostenträgereinheit-Rechnung* dient im wesentlichen

> der Preiskalkulation (Vorkalkulation, insbesondere Ermittlung der Preisuntergrenze),

> der Kontrolle der Betriebsgebarung,

> der Betriebsdisposition (Kosten-Preisvergleich, Kostenveränderungen bei Betriebserweiterungen, bei Veränderungen des Beschäftigungsgrades, bei wechselnden Losgrößen; bei Wirtschaftlichkeitsvergleichen, etwa zwischen Selbstherstellung und Bezug),

> der Festsetzung von Verrechnungspreisen,

> der Bewertung von Halb- und Fertigfabrikaten.

dc) Gliederung der Kostenträger

Nach der Bedeutung der Kostenträger unterscheidet man zwischen *Hauptkostenträgern* (Haupterzeugnissen) und *Nebenkostenträgern* (Nebenerzeugnissen). Innerbetriebliche Leistungen, die in Haupt- und Nebenkostenträger eingehen, nennt man hingegen *Hilfskostenträger*.

Nach dem Reifegrad der Erzeugnisse kann man Fertig- und Halbfabrikate unterscheiden. Bei mehreren in sich abgeschlossenen, hintereinander geschalteten Produktionsstufen kennt man zusätzlich sogenannte Zwischenerzeugnisse, die eine eigene Verkehrsbezeichnung haben und öfter auch absatzfähig sind. Soweit sie verkauft werden, sind sie als Fertigerzeugnisse anzusehen. Die innerbetrieblichen Leistungen werden im allgemeinen als besondere Gruppe behandelt. Dies empfiehlt sich für Kontrolle, Planung und Disposition in den nicht unmittelbar mit der Fertigung verbundenen Abteilungen.

In Betrieben mit einer großen Zahl von Leistungen wird man Kostenträger-Gruppen bilden, in denen entweder absatzverwandte (etwa Holzlacke, Rostschutzlacke) oder produktionsverwandte (etwa Standardprodukte und Sonderanfertigungen) oder rohstoffverwandte (z. B. Öllacke, Nitrolacke) Leistungen zusammengefaßt werden.

dd) Verfahren der Kostenträgerrechnung und ihre Problematik

Die Kosten je Kostenträgereinheit (Erzeugniseinheit) lassen sich mit Hilfe der

 Divisionskalkulation

oder der

 Verrechnungssatzkalkulation

ermitteln.

Für die Wahl des Kalkulationsverfahrens sind

 Produktionsprozeß und
 Erzeugnisprogramm

maßgebend. Deshalb treten in den Betrieben und auch innerhalb der einzelnen Fertigungsstufen oft diese Kalkulationsverfahren nebeneinander auf.

Zur *Divisionskalkulation* zählen die einfache Divisionsrechnung und die Äquivalenzziffernrechnung. Bei der *einfachen Divisionskalkulation* werden die Kosten einer Periode durch die in der gleichen Zeit erzeugten Einheiten dividiert. Dieses Verfahren setzt einen einheitlichen Kostenträger voraus und ist für die Massenfertigung typisch.

Für die Abrechnung verwandter Erzeugnisse, deren Kosten in einem bestimmten Verhältnis zueinander stehen und auf einer Kostenstelle gemeinsam nachgewiesen werden, bietet sich die *Divisionskalkulation mit Äquivalenzziffern* an. Durch diese Ziffern wird anstelle einer uneinheitlichen Bezugsgrundlage durch Umrechnung eine einheitliche Bezugsgröße geschaffen (addierbare Lei-

4 *

stungen). Hierbei können Einzelkosten dem Kostenträger unmittelbar und die Gemeinkosten nach der dargestellten Methode zugerechnet werden. Bei Kuppelprodukten werden die Äquivalenzziffern nicht nur von technischen Daten, sondern auch von den Marktpreisen abgeleitet. Gelegentlich läßt sich in diesen Fällen die sogenannte *Restwertrechnung* anwenden, wobei die Erlöse der Nebenprodukte (evtl. vermindert um angefallene Vertriebskosten) von den Gesamtkosten der übrigen Kuppelprodukte abgezogen werden[54]).

Die *Verrechnungssatzkalkulation* (oft auch als Zuschlagskalkulation bezeichnet) ermöglicht eine Kostenzurechnung auf ungleichartige Erzeugnisse. Hierbei werden die Einzelkosten unmittelbar und die Gemeinkosten nach Verrechnungssätzen mit absoluten Beträgen (z. B. x DM je Apparatestunde) oder nach möglichst verursachungsgerechten prozentualen Zuschlagssätzen den Kostenträgern zugerechnet.

Als Einzelkosten sollten auch alle unechten Gemeinkosten[55]) erfaßt werden. Bei der Verrechnung der echten Gemeinkosten kommt der zweckentsprechenden Verteilung besondere Bedeutung zu. Dieser Umstand muß bei Wirtschaftlichkeitsvergleichen, Kontrollen und Dispositionen beachtet werden.

Der Vergleich der Kosten eines Produktes mit dem durchschnittlich erzielten Marktpreis sagt wenig darüber aus, ob ein Produkt rentabel ist oder besser aus dem Programm gestrichen würde. Liegt nämlich der Preis unter den Vollkosten, so trägt das Produkt dennoch so lange zur Deckung von fixen Kosten und Gemeinkosten bei, als der Preis die zusätzlich mit Erzeugung und Vertrieb dieses Produktes entstehenden Kosten übersteigt. Würde ein solches Produkt aus dem Programm genommen, ohne daß ein anderes, das mindestens ebensoviel zur Deckung der fixen Kosten und Gemeinkosten beiträgt, an seine Stelle tritt, müßte der bisherige Beitrag des gestrichenen Produktes zur Deckung der fixen Kosten und Gemeinkosten auf andere Produkte umgelegt werden. Dadurch würden deren Durchschnittskosten sich erhöhen[56]).

Für die Auswertung der Kostenrechnung in Form der Kostenträgereinheit-Rechnung ist es zweckmäßig, *Kalkulationsschemata* aufzustellen. Diese sollen sich in ihrer Grundgliederung nach den Hauptfunktionen bzw. nach den Kostenbereichen des Industriebetriebes ausrichten.

Die Gemeinschaftsrichtlinien für Kosten- und Leistungsrechnung (GRK) sehen die folgenden fünf Bereiche in ihrem Kalkulations-Grundschema vor:

> Stoff-,
> Fertigungs-,
> Entwicklungs-,
> Verwaltungs- und
> Vertriebsbereich.

---

[54]) Vgl. Teil I, C 2 c.
[55]) Vgl. Teil I, B 2 b.
[56]) Zur Problematik der Kostenträgerrechnung vergleiche insbesondere: Rummel, K.: a.a.O., S. 192–216.

In den fünf Bereichen folgen jeweils auf die Einzelkosten die zugehörigen Gemeinkosten.

Diese Schemata erleichtern die Kalkulation und ermöglichen die Bewertung. Für Kontrollen und Dispositionen sowie für die Ermittlung der Preisuntergrenze haben sie zuwenig Aussagefähigkeit, da die unterschiedlichen Kostenkategorien (z. B. fixe, variable, mit laufenden Ausgaben verbundene, nicht mit laufenden Ausgaben verbundene) in dieser Zusammenstellung nicht erkennbar sind. Diese Aufgaben erfordern Kalkulationsschemata, in denen die jeweils interessierenden Kostenkategorien zusammengefaßt ausgewiesen werden.

Will man einen Überblick über den Genauigkeitsgrad der Kostenträgerrechnung gewinnen, wird man die Einzelkosten und die Gemeinkosten der einzelnen Bereiche jeweils für sich zusammenfassen. Für die Ermittlung der Preisuntergrenze auf kurze Sicht empfiehlt sich eine Aufteilung in fixe und variable Kosten. Stehen finanzwirtschaftliche Überlegungen oder die Bestimmung der Preisuntergrenze auf längere Sicht im Vordergrund, wird man die Aufteilung danach vornehmen, ob die Kosten mit laufenden Ausgaben oder nicht mit laufenden Ausgaben verbunden sind.

e) Betriebsergebnisrechnung

ea) Begriff

Das *Betriebsergebnis* ist die Differenz zwischen betrieblichem Ertrag (Erlös) und betrieblichem Aufwand (Kosten) einer Periode.

Die *Betriebsergebnisrechnung* ist die nach Leistungen oder Leistungsgruppen gegliederte Gegenüberstellung von Erlösen und Kosten. Sie wird normalerweise monatlich oder vierteljährlich aufgestellt. Wegen ihrer großen Aussagefähigkeit ist sie ein wertvolles Instrument für die Betriebsführung.

Fügt man dem Betriebsergebnis das „neutrale Ergebnis" hinzu, erhält man das „Unternehmensergebnis".

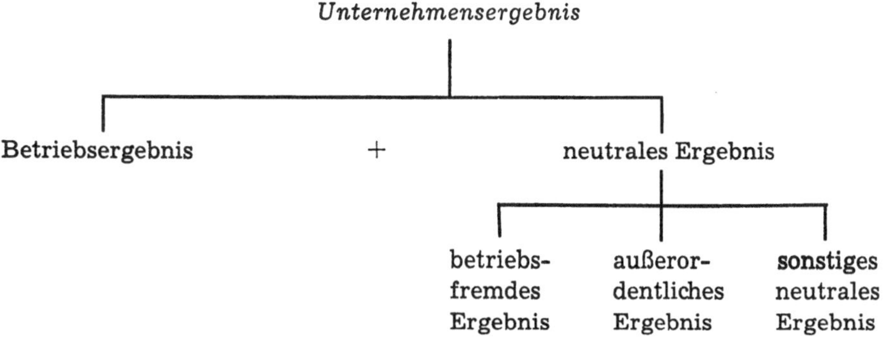

eb) Aufgaben der Betriebsergebnisrechnung

Als Instrument der Unternehmensführung hat die Betriebsergebnisrechnung kurzfristig die Analyse und Beurteilung des Erfolges des Betriebes und seiner Abteilungen sowie der Erzeugnisse bzw. Erzeugnisgruppen zu ermöglichen, so daß die Dispositionen danach ausgerichtet werden können. Durch die kurzfristige Ergebnisrechnung ist das Jahresergebnis frühzeitig bekannt und kann somit bereits in langfristige Dispositionen einbezogen werden. Gelegentlich wird sie auch für die Bestimmung von Betriebstantiemen und Prämienlöhnen herangezogen.

ec) Probleme und Verfahren der Betriebsergebnisrechnung

Die Aussagefähigkeit der Betriebsergebnisrechnung hängt wesentlich von den vorangegangenen Stufen der Kostenrechnung (Kostenarten-, Kostenstellen-, Kostenträgerrechnung) und damit von der sach- und periodengerechten Abgrenzung der Kosten und Leistungen ab.

Für die Erstellung der Betriebsergebnisrechnung, die nicht an gesetzliche Vorschriften gebunden ist, stehen das Gesamtkosten- und das Umsatzkostenverfahren zur Verfügung[57].

Wenn auch beide Verfahren zum gleichen Ergebnis kommen, wird doch die Wahl des jeweiligen Verfahrens im Einzelfall von den besonderen Bedingungen des Betriebes abhängen.

ed) Gliederung der Betriebsergebnisrechnung

Die Betriebsergebnisrechnung kann je nach den Erfordernissen aufgegliedert werden, und zwar

> nach Leistungen und Leistungsgruppen,
> nach Absatzgebieten oder Kundengruppen,
> nach Verantwortungsbereichen.

Für Betriebe, die verschiedenartige Erzeugnisse herstellen, ist zumindest eine Aufteilung nach Kostenträgergruppen durchzuführen. Sie ist beim Umsatzkostenverfahren leichter als beim Gesamtkostenverfahren möglich. Bei unterschiedlichen Absatzbedingungen kann es – vor allem für gleichartige Erzeugnisse – aufschlußreich sein, die Betriebsergebnisse nach Absatzgebieten oder Kundengruppen aufzuteilen. Dabei wird man vom Umsatzkostenverfahren ausgehen. Eine Aufgliederung nach Verantwortungsbereichen ist der Rechnungslegung der Verantwortlichen gleichzusetzen.

---

[57] Vgl. Teil II, E.

5. Grenzen der Kostenrechnung

Die Kostenrechnung soll richtig und genau sein; sie soll aber auch wirtschaftlich sein, d. h. die Aufwendungen für die Kostenrechnung sollen in einem möglichst günstigen Verhältnis zu ihrem Erkenntniswert stehen. Größere Genauigkeit ist jedoch vielfach mit einem höheren Aufwand für die Erfassung und Verrechnung der Kosten verbunden, ohne daß der Erkenntniswert im gleichen Maße ansteigt. Es gilt daher, ein Optimum zwischen der Genauigkeit und dem Aufwand für die Kostenrechnung einerseits und ihrem Erkenntniswert andererseits zu finden[58]).

a) Richtigkeit und Genauigkeit der Kostenrechnung

Die Kostenrechnung ist richtig, wenn sich in ihr die Höhe und die Struktur der Kosten entsprechend den tatsächlichen Beziehungen zwischen Ursache und Wirkung sowie zwischen Mitteln und Zwecken hinreichend genau niederschlagen. Die Richtigkeit der Kostenrechnung kann jedoch nicht an absoluten Maßstäben gemessen werden; sie ist vielmehr relativ und vor allem von den Zwecken der Kostenrechnung abhängig[59]). Daß die Kostenrechnung zweckbedingt ist, kommt in der Wahl des Bewertungsprinzips, d. h. in der Wahl zwischen Anschaffungspreis, Tageswert, künftigem Beschaffungspreis u. a. zum Ausdruck[60]). Grad der Vollständigkeit und Art der Gliederung werden ebenfalls von der Zweckmäßigkeit bestimmt[61]). Grenzen für die Richtigkeit der Kostenrechnung ergeben sich für die Aufschlüsselung echter Gemeinkosten unter Proportionalisierung fixer Kosten in der Kostenüberwälzungsrechnung. Dennoch wird man zu bestimmten Zwecken echte Gemeinkosten aufteilen und fixe Kosten verrechnen. Es ist z. B. für bestimmte Fragen richtig, den einzelnen Perioden Abschreibungen als Äquivalent für die Anlagenentwertung zuzurechnen, obwohl es nicht möglich ist, die Höhe der Abschreibungen exakt zu ermitteln. Sie kann nur unter bestimmten Annahmen und Erwartungen errechnet werden. Treffen diese Annahmen nicht zu, so entspricht die Abschreibung nicht der tatsächlichen Entwicklung.

Das Problem der Genauigkeit ist in der Kostenrechnung unter anderen Gesichtspunkten zu sehen als in der Geschäftsbuchhaltung[62]). Zum Beispiel: In

---

[58]) Zum Problem der Genauigkeit und Wirtschaftlichkeit der Kostenrechnung vgl. insbesondere
Mellerowicz, K.: a.a.O., Bd. II, 2, S. 377-400;
Nowak, P.: a.a.O., S. 40/41;
Rodenstock, R.: Die Genauigkeit der Kostenrechnung industrieller Betriebe, München 1950;
Schmalenbach, E.: a.a.O., S. 23-25;
Witthoff, J.: Der kalkulatorische Verfahrensvergleich, München 1956, S. 67-69.

[59]) Vgl. hierzu insbesondere
Rummel, K.: a.a.O., S. 195 ff.

[60]) Vgl. Mellerowicz, K.: a.a.O., Bd. II, 1, S. 437-439.

[61]) Vgl. hierzu:
Lehmann, M. R.: a.a.O., S. 15;
Mellerowicz, K.: a.a.O., Bd. II, 1, S. 61 f.;
Schmalenbach, E.: a.a.O., S. 15 ff., insbesondere S. 17.

[62]) Vgl. hierzu außer der obengenannten Literatur:
Morgenstern, O.: Über die Genauigkeit wirtschaftlicher Beobachtungen. Einzelschriften der Deutsch. Statist. Ges. Nr. 4, München 1952.

der Buchhaltung werden die Lieferantenrechnungen für das Hilfsmaterial auf den Pfennig genau verbucht und die Konten auf die gleiche Genauigkeit untereinander abgestimmt; dagegen kann man in der Kostenrechnung viel freier vorgehen und mit angenäherten bzw. abgerundeten Werten rechnen, z. B. mit Durchschnittssätzen für Artikelgruppen nach dem Zonenpreisverfahren, ohne daß die Richtigkeit der Kostenrechnung beeinträchtigt wird. Die Genauigkeit braucht nicht die höchst erreichbare zu sein. Es genügt, wenn sie zweckentsprechend ist. Ihr sind aber Grenzen gesetzt. Diese rühren aus der Natur der einzelnen Kosten sowie aus der Eigenart der betrieblichen Leistungen und des Leistungsprozesses her und machen eine genaue Erfassung und Zurechnung auf Zeitabschnitt, Kostenstellen und Kostenträger teilweise unmöglich. Daneben gibt es erhebliche Ungenauigkeiten, die in manchen Fällen in der Praxis nicht ganz vermieden werden können. Ein Teil wird aus wirtschaftlichen Erwägungen bewußt in Kauf genommen. Soweit es sich jedoch um organisatorische und personelle Mängel handelt, sollten sie vermieden werden.

Auf eine *Grenze der Genauigkeit* stößt man, wo der Verbrauch eines Gutes oder die Inanspruchnahme eines Dienstes nicht gemessen werden kann, z. B. Abnutzung der Anlagen, Aufteilung echter Gemeinkosten auf Kostenstellen bzw. Kostenträger und Zurechnung fixer Kosten.

Die *aus Gründen der Wirtschaftlichkeit in Kauf genommenen Ungenauigkei-ten* zeigen sich bei

> der Differenzierung der Kostenarten, Kostenstellen und Kostenträger,
> der Erfassung des Mengenverbrauchs,
> der Bewertung der Güter und Dienste sowie
> der Verrechnung der Kosten.

Nur bedeutsame Güter oder Dienste haben eine eigene Kostenart. Andere sind zu Kostenarten zusammengefaßt, z. B. „Kleinmaterial", „Fremdreparaturen". Gleiches gilt für Kostenstellen und Kostenträger. Die Genauigkeit der Mengenerfassung hängt von den Geräten, den Erfassungsarten und von der Zuverlässigkeit der Erfassenden ab. Die Messung durch Registriergeräte ist teuer, aber genau; Schätzungen, theoretische Berechnungen und Stichproben sind billiger, aber ungenauer. Bei der Bewertung der Güter und Dienste wird man davon ausgehen müssen, daß der Tagespreis (Marktpreis) am Verbrauchstage der richtige Wert ist. In der Praxis jedoch stößt eine solche Bewertung auf Schwierigkeiten. Bei häufigen Preisschwankungen wird man deshalb Verrechnungspreise einsetzen, die erst nach gewisser Zeit oder bei größeren Preisveränderungen korrigiert werden. Im Hinblick auf eine vertretbare Wirtschaftlichkeit der Kostenrechnung müssen auch Ungenauigkeiten bei der Verrechnung der unechten Gemeinkosten hingenommen werden. Hierbei muß man sich bewußt sein, daß die Aufschlüsselung nie die Ergebnisse einer Messung erreichen kann.

Ungenauigkeiten aufgrund organisatorischer oder menschlicher Mängel treten vor allem bei der Kostenerfassung auf. Beim Zählen, Aufschreiben und Rechnen treten Zähl-, Schreib-, Kontierungs- und Rechenfehler auf. Besonders unangenehm sind Kontierungsfehler, weil sie sich immer auf zwei Kostenarten, Kostenstellen oder Kostenträger – einmal erhöhend und einmal vermindernd – auswirken. Häufen sich die Fehler in einer einzelnen Periode, bei der einzelnen Kostenstelle oder beim einzelnen Kostenträger, so können auch sie erheblich ins Gewicht fallen. Fehler dagegen, die durch organisatorische Mängel bedingt sind, und solche, die durch absichtliche Fehlaufschreibungen zustande kommen, wirken sich häufig in einer Richtung und somit kumulativ aus. Hinzu kommt, daß die wirtschaftlichen Grenzen betriebssubjektiv sind und sich je nach der Situation sowie nach der Art der Fragestellung ändern können. Man kann diese Fehler durch Kontrollen, gut geordnetes Belegwesen, durch bessere Meßinstrumente (anstelle von manuellen Uraufschreibungen), durch Schulung der Arbeitskräfte und durch den Einsatz qualifizierter Mitarbeiter erheblich einschränken.

Bei diesen Überlegungen ist die Wirtschaftlichkeit des Rechnungswesens auf lange Sicht richtungweisend.

b) *Wirtschaftlichkeit der Kostenrechnung*

Bessere Erkenntnismöglichkeiten in der Kostenrechnung sind Voraussetzung für größere Wirtschaftlichkeit des Betriebes. Hierzu ist notwendig, daß die Kostenrechnung intensiv ausgewertet wird, ihre Ergebnisse der Unternehmensleitung kurzfristig sowie in verständlicher Form vorgelegt werden und diese sie zur Grundlage ihrer Dispositionen macht.

Da sich bessere Erkenntnismöglichkeiten oft nur mit höheren Kosten erzielen lassen, ist es erforderlich, sich in der Gestaltung und Aufgabenstellung der Kostenrechnung auf Fragen zu beschränken, die für die Führung des Unternehmens wichtig sind. Die Aufstellung eines für das Rechnungswesen verbindlichen Aufgaben-Katalogs mit Rang- und Zeitfolge ist zu empfehlen. Ein solcher Katalog gibt nicht nur eine systematische Übersicht über das zu erarbeitende bzw. zu erwartende Orientierungs- und Dispositionsmaterial, sondern ermöglicht auch einen Wirtschaftlichkeitsvergleich der Kostenrechnung an sich.

6. Betriebsmerkmale als Gestaltungsfaktor der Kostenrechnung

Man kann die methodischen und organisatorischen Einzelheiten nicht für sämtliche Betriebe einheitlich festlegen. Die Bestrebungen, die Kostenrechnung zu vereinheitlichen – sei es innerhalb der Industrie, eines Wirtschaftszweiges oder sogar eines Unternehmens –, sind bisher auf Grenzen gestoßen, die durch die Eigenarten der Industriezweige, der Unternehmen bzw. einzelner Betriebsteile jedem Einheitsschema gesetzt sind. Dennoch zeigt die Erfahrung, daß methodische und organisatorische Einzelheiten unter bestimmten Voraussetzungen von einem Betrieb auf den anderen Betrieb übertragen werden können.

Die Betriebswirtschaftslehre hat schon seit langem erkannt, daß nicht die Branchenunterschiede, sondern die Betriebsmerkmale und Merkmalskombinationen die verschiedenartige Gestaltung der Kostenrechnung, insbesondere der Kalkulationsverfahren, veranlaßt haben[63]). Die gleichen Merkmale können in verschiedenartigen Branchen auftreten, wenn auch einige von ihnen in einzelnen Wirtschaftszweigen, wie z.B. die Kuppelproduktion in der Chemischen Industrie, besonderes Gewicht haben. Dagegen können nicht nur innerhalb des gleichen Industriezweiges, sondern auch innerhalb des gleichen Unternehmens unterschiedliche Betriebsmerkmale vorhanden sein.

Da in der Chemischen Industrie verschiedenartige Betriebsmerkmale (Betriebstypen) nebeneinander laufen bzw. während eines Produktionsprozesses zu finden sind, müssen diese Gegebenheiten bei der Ausgestaltung der Kostenrechnung ausreichend beachtet werden.

---

[63]) Vgl. hierzu insbesondere die Untersuchungen von:
Heber, A. und Nowak, P.: Betriebstyp und Abrechnungstechnik in der Industrie, in: Festschrift für Eugen Schmalenbach, Leipzig 1933. —
Heber, A.: Die Abrechnung wechselnder Massenerzeugnisse in Rohstoff-, Halbfertig-, Fertig- und Teilerzeugnis-Betrieben. ZfhF 1937, S. 1 ff.;
Nowak, P.: Betriebstyp und Kalkulationsverfahren. Wuppertal-Elberfeld 1936.

C. Eigenarten der Chemischen Industrie und ihre Auswirkungen auf die Kostenrechnung

1. Struktur der Chemischen Industrie

Die Chemische Industrie hat eine sehr heterogene Struktur, die von der Herstellung chemischer Ausgangsstoffe bis zur Konsumgüterproduktion reicht, von der kontinuierlichen Herstellung von Massenerzeugnissen bis zur auftragsweisen Herstellung im Labormaßstab, von der Herstellung vielseitig verwendbarer Ausgangsprodukte bis zur Herstellung von Spezialerzeugnissen. Eine ähnliche Mannigfaltigkeit zeigt die Produktionstechnik der Chemischen Industrie. Wir finden den diskontinuierlichen (Chargen- oder Satz-) Betrieb neben dem kontinuierlichen Betrieb[64]), automatische Großapparaturen neben einfachsten Anlagen. Sparten, die ganz auf wissenschaftlichen Erkenntnissen fußen, stehen Zweige gegenüber, die noch weitgehend auf der Empirie aufbauen. Dasselbe Erzeugnis kann, von sehr unterschiedlichen Rohstoffgrundlagen ausgehend (etwa Kohlenwasserstoffe auf der Basis Kohle, Erdöl oder Erdgas), mit Hilfe sehr verschiedenartiger Verfahren (etwa Schwefelsäureherstellung im Bleikammerverfahren und im Kontaktverfahren) hergestellt werden, wobei es in vielen Fällen mit anderen Produkten verbunden sein kann. Welche Verfahren und Rohstoffe angewandt werden, hängt oft von Vorstufen ab. So kann es z. B. möglich sein, daß in einem Unternehmen ein gewünschtes Produkt sowohl aus einem im Unternehmen selbst an anderer Stelle anfallenden Stoff als auch aus einem fremdbezogenen Material hergestellt wird.

2. Beispiele für Eigenarten der Chemischen Industrie und ihre Auswirkungen auf die Kostenrechnung

Da die Eigenarten der Chemischen Industrie sehr zahlreich sind, kann nur an einzelnen Merkmalen bzw. Merkmalskombinationen beispielhaft gezeigt werden, welche Auswirkungen sie auf die Gestaltung der Kostenrechnung haben[65]).

Die Beispiele sind dem Fertigungs-, dem Transport- und dem Absatzbereich entnommen. Das bedeutet aber nicht, daß die Chemische Industrie nicht noch innerhalb anderer Betriebsfunktionen, vor allem im Forschungsbereich und bei der Lagerung, Eigenarten haben kann, die kostenrechnerisch von Belang sind.

a) Eigenarten auf dem Gebiet der Einsatzstoffe und Erzeugnisse

Die Beschaffenheit und das Verhalten der Einsatzstoffe und Produkte gegenüber Formänderungen sind für die Kostenrechnung wichtige Merkmale. Die chemischen Produktionsverfahren führen meist zu Gasen, Flüssigkeiten,

---

[64]) Vgl. hierzu: Winnacker, K. und Küchler, L.: Chemische Technologie, Bd. 1, Anorganische Technologie I, München 1958, S. 268 ff.

[65]) Zu den Eigenarten vgl. auch Riebel, P.: Mechanisch-technologische und chemisch-technologische Industrien in ihren betriebswirtschaftlichen Eigenarten, ZfhF 1954, S. 413, ferner Weblus, B.: Produktionseigenarten der chemischen Industrie, ihr Einfluß auf Kalkulation und Programmgestaltung, Berlin 1958.

Schüttgütern oder Erzeugnissen in endloser Form (Fäden, Folien). Von ähnlicher Beschaffenheit sind weitgehend auch die Rohstoffe.

Die Erfassung der verbrauchten und erzeugten Mengen führt zu einer Fülle von Problemen, z. B. Schätzen von Halden, Ermittlung von Flüssigkeits- und Gasmengen bei Flüssigkeiten und Gasen mit temperaturabhängigen Volumen, Erfassung von Verdampfungs- und Verdunstungsverlusten, von Rückständen in den Rohrleitungen und Gefäßen. Oft erfordert die Erfassung kostspielige Zähl- und Meßgeräte, z. B. Brückenwaagen zur laufenden Abwiegung gleicher Mengen, Förderbandwaagen zum Abwiegen bei kontinuierlichen Prozessen, Kippmesser für Flüssigkeiten; ferner Rotamesser, Stauscheiben oder Venturirohre. Häufig muß durch chemische Analyse der Gehalt an bestimmten Stoffkomponenten ermittelt werden.

Für den Transport der Rohstoffe und Erzeugnisse innerhalb und außerhalb des Unternehmens werden aufgrund von Form und Eigenschaften der Erzeugnisse besondere Behälter (Fässer, Stahlflaschen, Topfwagen, Kesselwagen oder Rohrleitungen) notwendig, die gegenüber den Einflüssen der beförderten Produkte auf das Material der Behälter jeweils die notwendige Widerstandsfähigkeit haben müssen. Hier hat die Kostenrechnung die Häufigkeit der Benutzung und die Lebensdauer bei unterschiedlichen Einflüssen (etwa wechselnder Konzentration) zu ermitteln, damit die Verteilung der Kosten auf die einzelnen Perioden festgelegt werden kann. Die Verrechnung der Kosten wird erschwert, wenn es sich um Mehrwegemballagen handelt und noch hinzu kommt, daß derselbe Behälter für den Transport innerhalb der Produktionsabteilungen als auch für den Versand an den Abnehmer benutzt werden kann. Die Bereitstellung, Überwachung und Rücksendung der Verpackungsmittel bedingt umfangreiche Arbeiten in der Kostenrechnung. In vielen chemischen Betrieben führt dies zur organisatorischen Verselbständigung der Packmittel-Abrechnung.

Oftmals werden die Behälter-Kosten der einzelnen Portionen (innere Verpackung, etwa Tuben, Dosen, Flaschen) nicht als Verpackungskosten in den Vertriebskosten erfaßt, sondern bereits als Kosten der Erzeugnisart verrechnet. Als Verpackung in den Vertriebskosten werden dann nur die Kartons und Kisten ausgewiesen, in denen Einzelabpackungen und Einzelabfüllungen zum Versand gebracht werden (äußere Verpackung). Werden die Verpackungen, wie es oft geschieht, als Werbeträger benutzt, erscheinen in den Verpackungskosten auch Werbekosten.

Eine weitere Eigenart der chemischen Betriebe ist es, daß die Einteilung in Hauptprodukte, Nebenprodukte und Abfälle (z. B. bei Kuppelprodukten) nicht absolut festliegt. Kriterium ist die Produktionsabsicht des Betriebes. Hauptprodukt ist danach das Produkt, auf dessen Produktion der Betrieb abgestellt ist, Nebenprodukt das Erzeugnis, das nicht dem eigentlichen Produktionszweck entspricht, sondern neben dem Hauptprodukt entsteht. So gibt es Betriebe, die Schwefelsäure als Hauptprodukt herstellen, bei anderen fällt die Schwefelsäure als Nebenprodukt an, wie bei der Kupfergewinnung aus den Röstgasen des Schwefelkiesabbrandes.

Die Einteilung in Haupt- und Nebenprodukte hat nicht nur rein theoretischen Wert; sie ist vielmehr entscheidend für die Auswahl des Kalkulations- oder Abrechnungssystems.

Bei der chemischen Erzeugung werden die Produktionsmittel meist von flüssigen oder gasförmigen (endlosen) Substanzen durchlaufen. Eine Kapazitätserweiterung läßt sich daher oft durch Vergrößerung der Apparaturen herbeiführen[66]). Falls eine Kapazitätserhöhung erforderlich ist, wird man oftmals in dieser Weise vorgehen können, um die damit verbundene Größendegression auszunutzen, es sei denn, daß einer solchen Entscheidung Gesichtspunkte der Verfahrenstechnik oder der Sicherheit entgegenstehen. Die Kostenrechnung muß für solche Entscheidungen in Einzelauswertungen die Unterlagen schaffen.

b) *Eigenarten auf dem Gebiet der Produktionsanlagen*

Vielfach sind die Anlagen in der Chemischen Industrie auf die Durchführung bestimmter Reaktionen spezialisiert. Sie lassen sich nur schwer auf andere Erzeugnisse umstellen, weil die Apparaturen für einen bestimmten Temperatur- und Druckbereich, für bestimmte Beheizungsmethoden konstruiert und gebaut sind, besondere Vorrichtungen für Meßgeräte, Rührwerke usw. haben und außerdem das Material der Apparaturen nur gegenüber bestimmten chemischen Einflüssen widerstandsfähig ist. So ist Steinzeug unbeständig gegen Flußsäure und konzentrierte Alkalilaugen, aber beständig gegen Salzsäure und Salpetersäure. Daraus ergibt sich, daß man durch die Wahl des Prozesses und der Apparatur auf lange Sicht festgelegt ist. Folglich ist die langfristige Investitionsplanung in der Chemischen Industrie von großer Bedeutung.

Die Entscheidung darüber, ob die Produktion bei rückläufigem Absatz gedrosselt oder eingestellt werden soll, ist dadurch erschwert, daß die Stillegung und Wiederingangsetzung chemischer Produktionsanlagen vielfach mit hohen Kosten verbunden sind, besonders bei kontinuierlichen Prozessen mit hohen Temperaturen. Die Kostenrechnung muß durch Erfassung der Abstell- und Anfahrkosten geeignete Dispositionsunterlagen schaffen.

Die meisten chemischen Betriebe sind anlagenintensiv. Dem Apparatewesen kommt daher besondere Bedeutung zu. Alle mit den Anlagen in Verbindung stehenden Kosten sind folglich für die Betriebsführung wichtige Dispositionsgrößen. Vor allem muß der Reparatur- und Erhaltungsaufwand ständig kontrolliert werden. Die laufende Überwachung der Produktionsanlagen ist Aufgabe der Werkstätten, die in der Chemischen Industrie – wegen der Anlagenintensität – einen relativ großen Anteil haben. Sie sind für den jederzeit betriebsfähigen Zustand der Anlagen verantwortlich. Betriebsunterbrechungen, die oft mit hohen Kosten verbunden sind, müssen schnellstens beseitigt werden. Ferner erfordert die Überwachung besonders geschultes Personal, das in

---

[66]) Vgl. zum Problem der Apparategrößen Riebel, P.: Kostengestaltung bei chargenweiser Produktion in: Der Industriebetrieb und sein Rechnungswesen, Festschrift für M. R. Lehmann, Wiesbaden 1956.

den eigenen Werkstätten ausgebildet werden muß. Zum Zwecke der besseren Ausnutzung, der Geheimhaltung von Verfahren oder der Entwicklung geeigneter Apparaturen für neue Produktionen erstellen die Werkstätten auch neue Anlagen.

Die Werkstätten gehören zur ausgesprochen mechanischen Fertigung. Ihr Umfang bedingt, daß die Kostenrechnung vieler chemischer Betriebe die Eigenarten der mechanischen Fertigung ebenso berücksichtigen muß wie die der chemischen Fertigung. Die Kalkulation der in der Chemischen Industrie zahlreichen innerbetrieblichen Aufträge für Instandsetzungen, Instandhaltungen und Neuanlagen gleicht daher weitgehend der Kalkulation der mechanischen Fertigung. Die eigentlichen Probleme der chemischen Fertigung dagegen wirken sich bei der Kalkulation der Erzeugnisse aus.

c) *Eigenarten auf dem Gebiet der Produktionsverfahren und Verfahrensbedingungen*

ca) Kontinuierliche und diskontinuierliche (chargenweise) Produktion

Die Produktionsverfahren der Chemischen Industrie lassen sich in zwei charakteristische Gruppen einteilen, in

kontinuierliche Produktion und
diskontinuierliche (chargenweise) Produktion.

Bei *kontinuierlicher* Fertigung werden der Apparatur (z. B. Strömungsrohren, Durchfluß-Rührkesseln, Reaktionstürmen, Drehrohren, Kontaktöfen) ununterbrochen die Einsatzstoffe zugeführt. An bestimmten Stellen oder in bestimmten Zonen findet fortlaufend die Reaktion statt, und am Ende verlassen die fertigen Erzeugnisse in ununterbrochenem Fluß die Apparatur. Kontinuierliche Prozesse laufen oft Monate hindurch bei Tag und Nacht, an Werk- und Sonntagen. Beispiele für kontinuierliche Prozesse sind die Erdölverarbeitung sowie die Ammoniaksynthese und Ammoniakverbrennung.

Bei *diskontinuierlicher* (chargenweiser) Fertigung wird die Apparatur – meist geschlossene Gefäße, wie Kessel, Tanks, Bottiche und Autoklaven – mit einer bestimmten Menge der Reaktionspartner gefüllt. Der gesamte Ansatz wird auf die Reaktionsbedingungen gebracht. Nach Ablauf der Reaktion wird die Apparatur wieder entleert. Als Beispiele können genannt werden die Herstellung von Firnissen, Farben, Lacken, Seifen, Düngemitteln, Putz- und Pflegemitteln (Waschpulver, Schuhcreme, Fleckwasser).

Zwischen diesen charakteristischen reinen Verfahrenstypen gibt es Übergänge (Teil-Fließbetrieb[67]). Die Apparatur wird diskontinuierlich mit Einsatzstoffen beschickt, die Reaktion findet fortlaufend statt, die Erzeugnisse verlassen die

---

[67]) Vgl. zu dem Begriff Winnacker, K. und Küchler, L.: a.a.O., S. 271.

Apparatur unentwegt strömend (Beispiel: der Vorgang im Röstofen bei Schwefelsäureherstellung und Veresterungsreaktionen). Auch die umgekehrte Reihenfolge kommt vor: kontinuierlicher Einsatz und diskontinuierliche Ausbringung der Erzeugnisse (etwa Herstellung von Azopigmenten und Polymerisation).

Wird ein Erzeugnis in mehreren Stufen hergestellt, so kann es vorkommen, daß auf chargenweise Produktionsprozesse kontinuierliche folgen, z.B. chargenweise Vorbereitung (Extrahieren, Brechen), kontinuierliche Reaktion. Auch die umgekehrte Reihenfolge ist anzutreffen, etwa kontinuierliches Reaktionsverfahren, diskontinuierliche Nachbehandlung (Filtern, Sublimieren).

Diese Merkmale kennzeichnen nicht nur technische Eigenarten. Sie sind auch kalkulatorisch bedeutsam und beeinflussen die Gestaltung der Kostenrechnung hinsichtlich der Erfassung von Material- und Energieverbrauch, der Bildung von Kostenstellen und Kostenplätzen usw. Vielfach ist es möglich, daß ein Produkt sowohl kontinuierlich als auch chargenweise hergestellt werden kann (Emaille), und mitunter werden beide Verfahren in einem Unternehmen gleichzeitig angewandt. Jedes Erzeugnis wird im Labor zunächst einmal in einzelnen Ansätzen (chargenweise) hergestellt. Bei der Übertragung der Produktion aus der Laborfertigung in die großtechnische Fertigung wird man nach Möglichkeit versuchen, den Prozeß kontinuierlich zu gestalten, weil mit der kontinuierlichen Produktion Rationalisierungsvorteile verbunden sind. Als besonders wichtig sind zu nennen: die gleichmäßige Qualität der Erzeugnisse, der geringe Personal- und Raumbedarf aufgrund kleinerer Anlagen sowie die größere Sicherheit.

Wie dargestellt wurde, hat es die Chemische Industrie meist mit Gasen und Flüssigkeiten zu tun. Sie eignen sich gut für den kontinuierlichen Transport, der wiederum eine wichtige Voraussetzung für die kontinuierliche Produktion ist. Die enge Verbindung von Transport und Produktion bei kontinuierlichen Prozessen ist meist kostengünstig. Oft fallen die Transportkosten nicht ins Gewicht und werden daher auch nicht gesondert erfaßt.

Werden die Kosten eines kontinuierlichen Prozesses mit denen eines chargenweisen Prozesses verglichen, so ist aus den dargestellten Gründen besonders auf die Transportkosten zu achten.

cb) V e r b u n d p r o d u k t i o n [68])

Eine hervorstechende Eigenart der Chemischen Industrie ist die vielfältige Verbundenheit der Produktionsstufen. Die Möglichkeiten, in denen die einzelnen Stufen verbunden sein können, lassen sich auf folgende Hauptfälle zurückführen:

---

[68]) Vgl. Anhang 7.

1. Hintereinandergeschaltete Prozesse,
   etwa Karbidherstellung, Perlonherstellung
   aus Phenol
   (Reihenprozesse)

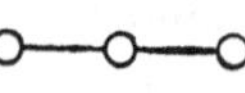

2. Auseinanderlaufende verbundene   a) einstufig
   Prozesse, etwa Verseifung oder
   Teerdestillation
   (divergierende Prozesse)   b) mehrstufig

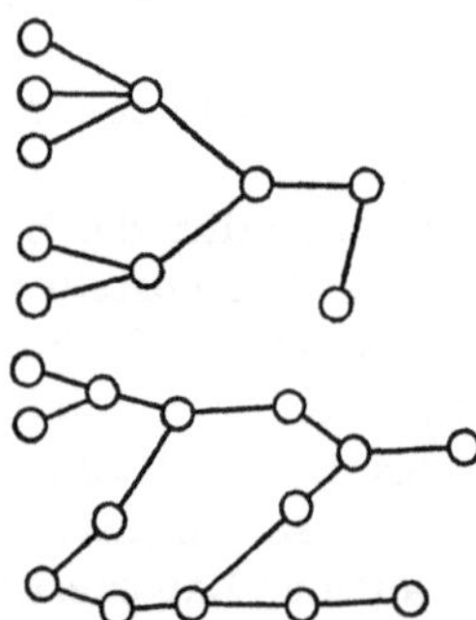

3. Zusammenlaufende verbundene Prozesse,
   etwa Mischung und Herstellung von Farben
   (Zwischenprodukt – Farbenfabrikware –
   Handelstyp)
   (konvergierende Prozesse)

4. *Verflochtene Prozesse* (siehe Abbildung)[68]
   (Kombination der Typen 1., 2. und 3.)

Es kommt vor, daß in einem Unternehmen mehrere der vier Systeme nebeneinander bestehen; daraus erwachsen aber keine kostenrechnerisch bedeutsamen Aspekte.

In Reihe hintereinandergeschaltete Prozesse und konvergierende Produktionen geben in der Regel keine speziellen Schwierigkeiten für die Kostenrechnung auf. Bei der divergierenden Produktion handelt es sich in der Chemischen Industrie oft um Kuppelproduktion, deren kostenrechnerische Behandlung dargestellt ist. Die verflochtene Produktion zeigt, soweit Kuppelprozesse eingeschaltet sind, dieselben Probleme wie die divergierende.

Die in einem Unternehmen bestehende Produktionsverbundenheit der einzelnen Betriebsabteilungen kann gleichbleiben oder wechseln. Wechselnde Verknüpfung, die sich wiederholen kann, muß in der Kostenrechnung gut beachtet werden.

In der Kreislaufproduktion verlaufen nicht alle Reaktionen vollständig (etwa bei der Ammoniaksynthese). Ein Teil der Einsatzstoffe wird bei der Reaktion nicht umgesetzt und muß vom Reaktionsprodukt getrennt werden. Falls es sich nicht um unbedeutende, geringwertige Mengen handelt, werden diese Stoffe wieder aufbereitet und erneut eingesetzt. Ähnliches gilt für die Katalysatoren bei manchen chemischen Prozessen (z. B. beim Kracken mit Schwebekontakt; der Katalysator wird durch Aufbrennen mit Luft regeneriert und erneut eingesetzt). Die Kostenrechnung muß in diesen Fällen die Aufbereitungs-

---

[68] Vgl. Anhang 1.

oder Regenerationskosten erfassen. Besonders bei schlecht beherrschbaren Prozessen (z. B. bei Einführung neuer großtechnischer Verfahren, wie Polyäthylerzeugung) müssen diese Kosten ständig beobachtet werden, da sie bei Abweichungen von den optimalen Verfahrensbedingungen der Reaktion in weiten Grenzen schwanken können. Bei gut beherrschbaren Prozessen hingegen können die Kosten der Aufbereitung oder Regeneration mit den Kosten des Prozesses zusammengefaßt werden.

Bei manchen chemischen Reaktionen müssen die Reaktionsbedingungen durch Zufuhr von Energie aufrechterhalten werden (endotherme Reaktionen). Die hierfür erforderlichen, oft erheblichen Kosten müssen ständig überwacht werden, weil sie von verschiedenen äußeren Bedingungen abhängen (z. B. Wärmeleitung, Druck, Außentemperatur, Katalysatormenge) und stark schwanken können. Bei anderen Reaktionen wird Energie frei (exotherme Reaktionen). Reicht diese Energie gerade aus, die Reaktion in Gang zu halten, spricht man von einer selbstgängigen Reaktion, etwa bei der Herstellung von Salpetersäure durch Verbrennung von Ammoniak am Platinkontakt. Bei stärker exothermen Prozessen muß durch Wärmeableitung (Kühlung) verhindert werden, daß der Prozeß ausreißt, d. h. daß die für die Reaktion erforderliche Temperatur überschritten wird. Zu hohe Temperaturen können dazu führen, daß das gewünschte Erzeugnis nicht entsteht oder daß unbeabsichtigte Nebenreaktionen auftreten. Bei den stärker exothermen Prozessen läßt sich mit der Reaktion eine Energiegewinnung verbinden (etwa beim Wirbelschichtverfahren zur Schwefelkiesröstung). Durch die Energiegewinnung wird die Wärmeableitung nutzbar gemacht; deren Kosten reduzieren sich dadurch entsprechend. Produkt und Energie werden zu Kuppelprodukten.

In der Chemischen Industrie erlangt die *Verbundproduktion* – und bei dieser vor allem der Sonderfall der *Kuppelproduktion* – besondere Bedeutung. (In der Literatur werden die beiden Begriffe allerdings auch gelegentlich gleichgesetzt.[69]) „Verbundene Produktion" ist als der umfassende Begriff für die parallele, wechselnde und gekoppelte Erzeugung anzusehen.

Für die Kostenrechnungsprobleme sind zwei Fälle der verbundenen Produktion besonders wichtig:

a) Bei einem Arbeitsvorgang werden aus wirtschaftlichen Gründen nebeneinander oder in der gleichen Abrechnungsperiode nacheinander Erzeugnisse mit hohem Grad innerer Verwandtschaft hergestellt.

b) Bei einem Arbeitsvorgang fallen zwangsläufig Erzeugnisse verschiedener Art an.

Als Erzeugnisse mit *hohem Grad innerer Verwandtschaft* werden solche Produkte bezeichnet, die durch Bearbeitung aus demselben Rohstoff oder Zwischenprodukt gefertigt werden und in ihrer stofflichen Zusammensetzung übereinstimmen. Ihre Verschiedenartigkeit beruht nur auf äußeren Merk-

---

[69]) Riebel, P.: Die Kuppelproduktion, Köln und Opladen 1955.

malen, wie Größe, Form, Dichte, Grädigkeit und ähnlichen. Als Beispiel sei die gleichzeitige Fertigung chemischer Fasern verschiedener Titer in einer Apparatur erwähnt. Der Ausgangsstoff für alle Fäden ist die Spinnlösung. Die verschiedenen Abmessungen der Fäden kommen dadurch zustande, daß die Spinnlösung durch verschieden große Düsen gepreßt wird. Der Fällvorgang ist für alle Fäden gleich, die erzeugten Mengen sind aber verschieden groß, da das Fällen gleicher Mengen durch verschieden große Düsen unterschiedliche Zeiten beansprucht. In gleichen Zeiteinheiten ergibt die Fabrikation von Fäden stärkerer Abmessungen größere Gewichtsmengen als die kleineren Abmessungen. Bei dieser Art der Verbundproduktion steht es dem Produzenten weitgehend frei, ob und wie viele verschiedene Erzeugnisse er gleichzeitig herstellen will. Er kann wahlweise von Periode zu Periode die Zusammensetzung ändern oder auch nur ein einziges Produkt fertigen; die Variationen werden lediglich begrenzt durch die Kapazität und die Konstruktion der Anlagen.

Den *zwangsläufigen Anfall mehrerer Produkte* bei einem Prozeß, sei es bei einem mechanischen oder physikalischen Trennvorgang (etwa Destillieren, Zentrifugieren) oder bei einer Reaktion (etwa Kracken, Gaserzeugung), bezeichnen wir als Kuppelproduktion. Die Erzeugung eines einzigen Produktes löst den Anfall weiterer Produkte aus, z. B. führt die Nitrierung von Toluol mit Salpetersäure zu den drei Nitrotoluol-Isomeren und Schwefelsäure als Kuppelprodukte. Das Mengenverhältnis, in dem die Produkte entstehen, hängt von chemischen und physikalischen Gesetzen ab.

Bei gleichen Einsatzstoffen und gleichen Verfahrensbedingungen ist das Mengenverhältnis der einzelnen Produkte zueinander immer gleich. Eine Variierung des Mengenverhältnisses ist nur möglich durch Änderung des Mengenverhältnisses der Einsatzstoffe und der Verfahrensbedingungen (etwa Temperatur, Druck).

Grundsätzlich gilt für jede Art der Kuppelproduktion, daß sich ihre Kosten nicht direkt einzelnen Erzeugnisarten zuordnen lassen, sondern nur der Produktengruppe insgesamt. Ob aufgrund dieser Tatsache eine Kostenverteilung unterbleibt oder aber mit Hilfe von Schlüsselgrößen vorgenommen wird, und vor allen Dingen, wie sie durchgeführt wird, hängt nur von den Fragestellungen und Rechnungszwecken ab.

Für Zwecke der Betriebskontrolle und Betriebsdisposition ist eine Kostenaufteilung für die einzelnen Kuppelprodukte nicht erforderlich. Die notwendigen Erkenntnisse lassen sich bereits aus einem Zeitvergleich der Gesamtkosten des Kuppelprozesses gewinnen oder aber an Hand von Grenzkostenüberlegungen[70]), die auf besondere Fragestellungen abgestellt sind.

Im Zusammenhang mit den Grenzkostenüberlegungen ist die Einteilung der Verbundproduktion in

---

[70]) Vgl. Müller, A.: a.a.O., S. 332 ff.

Produkte mit innerer Verwandtschaft und frei variierbarem Mengenverhältnis sowie

Produkte verschiedener Art und nicht frei variierbarem Mengenverhältnis (Kuppelproduktion)

kostenrechnerisch zweckmäßig, weil die Fragestellungen und Überlegungen
bei den beiden Gruppen verschieden sind.

Für die erste Gruppe – Produkte mit innerer Verwandtschaft und frei variierbarem Mengenverhältnis – kann z. B. die Frage auftreten, wie es sich kostenmäßig auswirkt, wenn ein Produkt oder mehrere fortfallen. Eine andere
Frage kann sein, wie sich Kosten und Erlöse verhalten, wenn die Mengenrela-
tionen innerhalb der Gesamtausbringung verändert werden.

Um diese Fragen beantworten zu können, genügt es, alle aufgrund der Umstellung hinzukommenden und wegfallenden Leistungen, Erlöse und Kosten
zu erfassen. Solange bei einer Umstellung die Ertragszunahme größer ist als
die Kostenzunahme oder die Ertragsabnahme kleiner als die Kostenabnahme,
ist die Umstellung günstig und stellt eine Verbesserung dar. Eine Verteilung
der Kosten auf einzelne Erzeugnisarten ist nicht nötig.

Bei der zweiten Gruppe der Verbundproduktion (Kuppelproduktion) sind die
Zusammenhänge komplizierter. Sehr viele Fragestellungen laufen auf die Abhängigkeit der Kosten von zahlreichen Verfahrensbedingungen hinaus, etwa:
Wie ändert sich die Ausbringung der Produktionsmengen von A und B bei
erhöhtem Druck und verminderter Katalysatorenmenge und welche Kosten-
und Erlösänderungen sind damit verbunden? Wie ändern sich Kosten und
Leistungen bzw. Erlöse, wenn die Ausbringung des Hauptproduktes A im Monat um 10 % gesteigert werden soll, bei gleicher Apparatur durch Verkürzung
der Verweilzeit und Verringerung der Ausbeute?

Solche Kostenuntersuchungen setzen eine gute Kenntnis der technischen Zusammenhänge voraus. Sie unterscheiden sich von sonstigen, auf dem Gebiet
der Verbundproduktion vorkommenden Untersuchungen dadurch, daß sie
weitaus höhere Anforderungen an die Kostenerfassung und Kostenauswertung stellen[71]). Im Prinzip allerdings handelt es sich auch hier um Grenzkostenüberlegungen.

Für Zwecke der *Preiskontrolle* genügt es, die Gesamtkosten und die Gesamt-
erlöse der Kuppelprodukte zu vergleichen, denn letzten Endes kommt es darauf
an, einen Überschuß über die Gesamtheit der Kosten zu erzielen.

Für die *Bewertung* kann eine Kostenverteilung auf die einzelnen Erzeugnisarten erforderlich werden. Die Verteilung der Kosten eines Kuppelprozesses
wirft die gleichen Probleme auf, die bei der Aufschlüsselung der Gemeinkosten

---

[71]) Vgl. zu den Fragen der Kostenabhängigkeit von Verfahrensbedingungen Riebel, P.: Kosten-
und Ertragsverläufe bei Prozessen mit verweilzeitabhängiger Ausbeute, in ZfhF 1957, S. 217 ff.
und Riebel, P.: Der Einfluß der zeitlichen Unterbeschäftigung auf die Kosten- und Ertragsverläufe bei Prozessen mit verweilzeitabhängiger Ausbeute, in ZfhF 1957, S. 473 ff.

in der Einzelfertigung gegeben sind. Für die Zurechnung der Kuppelproduktionskosten stehen zur Verfügung

Restwertrechnung sowie
Schlüsselverfahren und Äquivalenzziffernrechnung auf der Grundlage von
Marktpreisen,
Gewichten, Molekulargewichten und
anderen technischen Maßstäben.

Jede der Methoden ist aufgrund des Sachverhaltes bei der Kuppelproduktion willkürlich. Es kann folglich niemals die Frage erhoben werden, welche der Methoden die richtige ist. Allenfalls kann man fragen, welche Methode für eine bestimmte Fragestellung am zweckmäßigsten ist.

Um Zahlengrößen zu errechnen, die aus der Natur der Sache heraus nur grobe Anhaltspunkte sein können, darf kein großer Aufwand entstehen. Ferner ist grundsätzlich davon auszugehen, daß die am Markt abgesetzten Erzeugnisse die Kosten tragen müssen. Auf keinen Fall dürfen Kosten des Kuppelprozesses auf zu vernichtende Abfallprodukte (z. B. Abgase oder Abwässer) verteilt werden. Im Gegenteil, auch die bei der Unschädlichmachung anfallenden Kosten müssen den anderen marktfähigen Erzeugnissen zugerechnet werden.

Die Gesamtkosten sollten möglichst nach Marktpreisen, d. h. nach den Erlösen je Erzeugnisart auf die einzelnen Kuppelprodukte verteilt werden. Die Bewertung in der Bilanz hat ohnehin eine enge Beziehung zu den Marktpreisen (Niederstwertprinzip: Herstellkosten oder niedriger Marktpreis). Für die meisten Kuppelprozesse ergeben sich bei dieser Methode brauchbare Ergebnisse.

Wenn es sich um ein Hauptprodukt und ein oder mehrere Nebenprodukte bzw. gelegentlich marktfähige Abfallprodukte handelt, ist auch die *Restwertrechnung* für die Ermittlung von Wertansätzen brauchbar. Die Erlöse der Nebenprodukte und Abfallprodukte werden (nach Abzug eventueller Weiterverarbeitungskosten sowie der Vertriebskosten) von den Gesamtkosten des Prozesses subtrahiert. Der verbleibende Rest der Kosten wird durch Division auf die Einheiten des Hauptproduktes verteilt. Diese Methode bringt nur dann vernünftige Ergebnisse, wenn die Erlöse der Neben- und Abfallprodukte im Verhältnis zu den Kosten des Kuppelprozesses geringfügig sind. Ihre Mengen und/oder Preise müssen also unbedeutend sein. Zum Beispiel: Hauptprodukt ist Nitrotoluol oder Nitrobenzol, das Nebenprodukt Abfallsäure. Sobald die Neben- oder Abfallprodukte in einem Umfang anfallen, die ihre selbständige Bewertung erforderlich machen, ist die Restwertrechnung nicht mehr anwendbar.

Bei Preisbildungsüberlegungen geht man vorteilhafterweise von der erwarteten Kostentragfähigkeit eines Kuppelproduktes aus, um zu sehen, welche Folgen diese Erwartung für das andere Produkt oder für die anderen Produkte hat. Eine günstige Preisrelation zwischen den einzelnen Kuppelprodukten erhält man nur durch mehrmaliges Probieren mit verschiedenen Erwartungen (evtl. Anwendung der Differentialrechnung).

Unter den Schlüsseln, die auf pysikalischen oder chemischen Merkmalen beruhen, ist das *Gewicht* der Kuppelprodukte für *Kontrollzwecke* geeignet, wenn die Mengenverhältnisse der Kuppelprodukte konstant sind oder konstant gehalten werden. Im Grunde genommen wird nämlich dabei der Kuppelprozeß als einheitliches Ganzes betrachtet, und es werden die Gesamtkosten des Prozesses lediglich nach Art der Divisionskalkulation auf die gewichtsmäßigen Leistungseinheiten bezogen, wobei von den Unterschieden zwischen den einzelnen Produkten völlig abgesehen wird. Zum gleichen Ergebnis kommt man auch, wenn der Divisionskalkulation als Bezugsgröße die Gewichtseinheit des zu zerlegenden Einsatzstoffes oder Stoffgemisches – vorausgesetzt, daß dessen *Zusammensetzung konstant ist* – zugrunde gelegt wird oder wenn man die Kosten auf eine fiktive Leistungseinheit bezieht, die man sich als ein „Warenkörbchen" oder ein „Produktpäckchen" vorstellen muß, die aus allen Kuppelprodukten dieses Prozesses im Mengenverhältnis ihres Anfalles bestehen.

Sonstige physikalische oder chemische Schlüssel, wie die *Molekulargewichte* oder die Heizwerte, sind für die Kostenrechnung ungeeignet, weil diese Schlüssel weder der Kostenverursachung noch der Inanspruchnahme der Produktionsmittel noch dem wirtschaftlichen Wert der Erzeugnisse entsprechen. Deshalb führt die Verteilung nach derartigen Schlüsseln zu einer Verzerrung des Kostenbildes, das mit Sicherheit zu Fehlinterpretationen bei Kostenkontrollen und zu falschen Entscheidungen aufgrund von Wirtschaftlichkeitsrechnungen führen muß.

Äquivalenzziffern (auf der Basis der Kostenverursachung) lassen sich nur dann bilden, wenn es sich um Erzeugnisse handelt, die sowohl einzeln als auch gemeinsam hergestellt werden können (Erzeugnisse mit hohem Grad innerer Verwandtschaft und frei variierbarem Mengenverhältnis). Die bei alternativer Herstellung gewonnenen Äquivalenzziffern lassen sich für die gemeinsame Herstellung aber nur verwenden, wenn die Produktionsbedingungen bei gemeinsamer Herstellung nur unwesentlich von denen bei alternativer Herstellung abweichen. Wesentlich geänderte Produktionsbedingungen (z.B. Einschaltung einer teuren Sortieranlage mit Bedienung durch mehrere Arbeitskräfte in den Produktionsgang) ergeben ein anderes Kostenbild und mindern den Wert der Äquivalenzziffernrechnung. In solchen Fällen muß eine andere der vorstehend genannten Verteilungsmethoden herangezogen werden.

Teil II

Durchführung der Kostenrechnung

A. Grundzüge der Kostenrechnung

Die Kostenrechnung umfaßt in der Regel einen mehrstufigen Abrechnungsgang[1]). Die Kostenarten (z. B. Löhne, Abschreibungen) werden nach bestimmten Gesichtspunkten erfaßt und gegliedert. Anschließend werden die Kostenarten, die einzelnen Kostenträgern direkt zurechenbar sind (Kostenträger-Einzelkosten; z. B. Einsatzstoffe, Fertigungslöhne), diesen Trägern zugerechnet. Die übrigen Kostenarten (etwa Raumkosten, Hilfs- und Betriebsstoffe) werden auf den Kostenstellen, von denen sie verursacht worden sind, erfaßt. Soweit es sich um Hauptkostenstellen handelt (etwa Fertigung, Vertrieb), erfolgt die Zurechnung auf die Kostenträger unmittelbar; dagegen werden die Kosten von Vorkostenstellen (z. B. Werkstätten, Energieverteilung) zuerst auf die Hauptkostenstellen verteilt, von denen sie dann auf die Kostenträger weitergerechnet werden.

Die Kosten werden grundsätzlich nach der Leistung verrechnet, soweit sie meßbar ist. Sollte dies nicht der Fall sein, muß ein geeigneter Schlüssel gefunden werden.

Die *Kostenträgerrechnung (Kalkulation)* dient der Erfassung der direkten und indirekten Kosten des einzelnen Produktes.

Die Geschlossenheit der Kostenrechnung erfordert als weitere Stufe den Einbau der *Ergebnisrechnung.* Während die Erlöse für die Ergebnisrechnung in der Geschäftsbuchhaltung anfallen, ergeben sich die Kosten im Abrechnungsgang der Kostenrechnung. Durch die Gegenüberstellung von Kosten und Erlösen (bzw. Leistungen) zeigt die Ergebnisrechnung den Erfolg.

Die Kostenrechnung kann buchhalterisch oder statistisch durchgeführt werden.

In der Folge werden die Gesichtspunkte der einzelnen Abrechnungsstufen isoliert dargestellt, um die Schwerpunkte besser hervorheben zu können. Aus diesem Grunde werden auch nicht die Bewertungsfragen an gesonderter Stelle geschlossen erörtert, sondern im Zusammenhang mit der Besprechung der einzelnen Stufen der Kosten- und Leistungsrechnung behandelt.

---

[1]) Vgl. Teil I, B 4.

B. Kostenartenrechnung

Die Kostenartenrechnung hat ihre Grundlage in der Geschäftsbuchführung und stellt die Verbindung her zwischen dieser und der Kostenrechnung.

1. Gliederung der Kostenarten

Die Kostenartenrechnung beginnt mit der Aufstellung des auf die besonderen Bedürfnisse des einzelnen Unternehmens zugeschnittenen Kostenartenplanes. Dieser ist Bestandteil des auf dem Kontenrahmen aufgebauten Kontenplanes und damit der Buchführung. Im Kontenrahmen ist für die Kostenartenrechnung die Klasse 4 vorgesehen.

In dieser Kontenklasse werden nur ursprüngliche Kostenarten geführt. Sie werden zweckmäßigerweise nach ihrer Verkehrsbezeichnung gegliedert, soweit nicht andere Gesichtspunkte maßgebend sind. Der Kostenartenplan wird zunächst nach Kostenartengruppen aufgestellt, die bei Bedarf in Untergruppen unterteilt werden. Diese ermöglichen ihrerseits eine weitgehende Unterteilung nach Kostenarten.

Aufgrund langjähriger Erfahrungen werden in der Chemischen Industrie vielfach folgende Kostenartengruppen gewählt:

40 Stoffverbrauch (Roh-, Hilfs- und Betriebsstoffe, Handelswaren)
41 Personalkosten
      Löhne und Gehälter
      Gesetzliche soziale Aufwendungen
      Zusätzliche soziale Aufwendungen
42 Energiebezüge
43 Lieferungen und Leistungen für Neuanlagen und Reparaturen
44 Gebühren, Beiträge, Spenden und Versicherungsprämien
45 Steuern
46 Kalkulatorische Kosten
47 Fremdleistungen für Werbung und Vertrieb
48 Andere Fremdleistungen

Im Kostenartenplan ist die Bezeichnung der Kostenartengruppen, -untergruppen und der einzelnen Kostenarten so eindeutig und erschöpfend festzulegen, daß bei der Kontierung keine Zweifel entstehen. Die einmal für eine Kostenart gewählte Kennzeichnung sollte grundsätzlich sowohl in der Geschäftsbuchführung als auch in der Kosten- und Leistungsrechnung gleichmäßig angewandt werden. Für die Kennzeichnung und Systematisierung bietet sich das im Kontenrahmen bereits angewandte dekadische System an, das eine sehr weite Untergliederung ermöglicht. Außerdem hat es besondere Vorteile, wenn der Buchungsstoff mechanisch verarbeitet wird. Es ist jedoch darauf zu achten, daß die gewählte numerische Ordnung in die des Gesamtkontenrahmens paßt.

Am Beispiel der Kostenartengruppe 41 sei die Gliederungsmöglichkeit gezeigt:

41   *Personalkosten*
410   *Löhne*
410 0 *Facharbeiterlöhne*
410 00 Tarif-Arbeitslöhne
     01 Tarif-Urlaubslöhne
     02 Tarif-Feiertagslöhne
     03 Tarif-Krankengeld
     04 Außertarifliche Zulagen
     05 Leistungsprämien und Akkord-Zuschläge
     06 Sonn- und Feiertags-Zuschläge
     07 Überstunden-Zuschläge
     08
     09 Jahresprämien

410 1 *Hilfsarbeiterlöhne*
410 10 Tarif-Arbeitslöhne
     11 Tarif-Urlaubslöhne
     12 Tarif-Feiertagslöhne
     13 Tarif-Krankengeld
     14 Außertarifliche Zulagen
     15 Leistungsprämien und Akkord-Zuschläge
     16 Sonn- und Feiertags-Zuschläge
     17 Überstunden-Zuschläge
     18
     19 Jahresprämien

410 2 *Lehrlingslöhne*
410 20 Tarif-Arbeitslöhne
         (Weitere Gliederung nach Bedarf)

411   *Gehälter*

411 0 *Gehälter Chemiker*
411 00 Monatsgehälter
     01
     02
     03
     04
     05 Jahresprämien

411 1 *Gehälter Ingenieure*
411 10 Monatsgehälter
     11
     12
     13
     14
     15 Jahresprämien

411 2   *Gehälter Kaufleute*
411 20 Monatsgehälter
   21
   22
   23
   24
   25 Jahresprämien

415   *Gesetzliche soziale Aufwendungen – Löhne*[2])
415 00 Arbeitgeberanteil zur Krankenversicherung
   01 Arbeitgeberanteil zur Invalidenversicherung
   02 Arbeitgeberanteil zur Arbeitslosenversicherung

416   *Gesetzliche soziale Aufwendungen – Gehälter*[2])
     (Untergliederung nach Bedarf)

418   *Zusätzliche soziale Aufwendungen – Löhne*
     (Untergliederung nach Bedarf)

419   *Zusätzliche soziale Aufwendungen – Gehälter*
     (Untergliederung nach Bedarf)

Eine weitere Untergliederung bzw. Zusammenfassung der Kostenarten nach Kostenstellen oder Kostenträgern – z. B. die Unterteilung der Gehälter und Reisekosten der Verkaufsorganisationen nach Stammhaus und Außenstellen – ist Aufgabe der Kostenstellen- bzw. Kostenträgerrechnung.

Nachfolgend werden die Kostenarten erläutert, wobei unterstellt ist, daß die Bestandsführung der Roh-, Hilfs- und Betriebsstoffe sowie der Handelswaren in der Klasse 3 vorgenommen wird, wie es der Kontenrahmen der Chemischen Industrie vorsieht. (Gelegentlich wird diese Bestandsführung auch in Klasse 7 durchgeführt.)

40 *Stoffverbrauch*

Hier wird der Verbrauch an Stoffen nachgewiesen, die unmittelbar als Einsatzstoffe in die Kostenträgerrechnung eingehen oder als Gemeinkosten verrechnet werden. Es handelt sich um die Kostenarten Roh-, Hilfs- und Betriebsstoffe sowie Handelswaren. In Klasse 4 werden diese Materialien nicht – wie in Klasse 3 – nach technologischen Gesichtspunkten, sondern nach kostenrechnerischen Erwägungen, vor allem nach dem Verwendungszweck, gegliedert.

Rohstoffe sind von Fremden bezogene Materialien. Werden sie als Stoffeinsatz im Fertigungsprozeß verwendet und gehen sie direkt in die Kostenträgerrechnung ein, so spricht man von *Einsatzstoffen*, oft auch nur von Rohstoffen.

Die beim Fertigungsprozeß, in Laboratorien und anderen Hilfsbetrieben zusätzlich gebrauchten Materialien, die als Gemeinkosten verrechnet wer-

---

[2]) Lt. § 132 AktG „soziale Abgaben".

den, bezeichnet man als *Hilfs- und Betriebsstoffe.* Zu ihnen können auch Rohstoffe gehören, die nicht als Einsatzstoffe behandelt und auch nicht als Reparaturmaterial verwendet werden. Im einzelnen fallen unter die Hilfs- und Betriebsstoffe:

Brenn- und Treibstoffe,
Technische Materialien,
Edelmetalle,
Packmittel.

Brenn- und Treibstoffe werden zur Energieerzeugung, zu Heiz- und Antriebszwecken verwendet.

Zu den *Technischen Materialien* zählen:

Öle, Fette, Chemikalien, Reinigungsmittel;
Arbeitskleidung;
Glaswaren;
Werkzeuge, Geräte, Modelle, Formen, Lehren, Meßuhren, Vorrichtungen, Halterungen u. dgl.;
Filter und Preßtücher;
Reparatur- und Kleinmaterial (Schrauben, Dichtungs- und Isoliermaterial, Rohrteile, Niete, Stifte, Drähte u. dgl.);
Büromaterial usw.

Edelmetalle werden in der Chemischen Industrie häufig als Einsatzstoffe verwendet. In diesen Fällen sind sie unter „Rohstoffe" auszuweisen. Sie werden aber auch oft als Hilfs- und Betriebsstoffe gebraucht, z. B. als Kontaktmasse und zur Auskleidung von Apparaten. Wegen ihres relativ hohen Wertes ist ihr Ausweis als besondere Kostenart zu empfehlen.

Bei den *Packmitteln* wird folgende Gliederung empfohlen:

Packmittel, die im Herstellungsgang zur Abpackung verwendet werden und mit dem Erzeugnis verbunden sind (Verbundverpackung), wozu auch die innere Verpackung zählt;

Packmittel, die nur dem Versand der Erzeugnisse dienen;

Verpackungskleinmaterial (z. B. Holzwolle, Packpapier, Klebestreifen, Bindfaden), das in der Regel auf Kostenstellen als Gemeinkostenmaterial verrechnet wird.

In dieser Position wird auch der Verschleiß für Mehrweg-Verpackung, die einer Aussendung als Umschließung leihweise beigestellt wird, erfaßt.

Bei allen vorgenannten Materialarten kann nach

Verbrauch ab Lager und
Direktverbrauch

unterteilt werden.

Handelswaren sind von Fremden bezogene Stoffe, die im eigenen Betrieb weder be- noch verarbeitet werden. Häufig werden auch Rohstoffe verkauft. Zum Zeitpunkt der Veräußerung empfiehlt sich deren Umkontierung in Handelswaren.

41 *Personalkosten*

Löhne und Gehälter werden von den gesetzlichen und zusätzlichen Sozialaufwendungen getrennt erfaßt und ausgewiesen. (Aufwendungen für Arbeiter und Angestellte fremder Firmen in betriebseigener Regie gehören zu den Fremdleistungen.)

Zu den *Löhnen und Gehältern* gehören die Arbeitsentgelte einschließlich der Entgelte für Urlaub, Feiertage und sonstige Freizeit, die Zuschläge für Überstunden, Prämien, Familienzulagen usw. Es empfiehlt sich, nach der Art des Entgelts getrennte Kostenarten zu führen. Bei Urlaubslöhnen und sonstigen unregelmäßig anfallenden Vergütungen ist es zweckmäßig, diese gleichmäßig auf das Jahr zu verteilen.

Die *zusätzlichen sozialen Aufwendungen* fallen neben den tariflichen und Verordnungen dem Arbeitgeber auferlegten Sozialleistungen. Zu ihnen gehören:

Arbeitgeberanteile zur Arbeiterrenten- und Angestelltenversicherung,
Arbeitgeberanteile zur Arbeitslosenversicherung,
Arbeitgeberanteile zur Krankenversicherung,
Berufsgenossenschaftsbeiträge,
Familienausgleichskassenbeiträge,
Schwerbeschädigtenablösung.

Eine weitere Aufgliederung der Sozialaufwendungen nach Arbeitern und Angestellten ist zu empfehlen.

Die *zusätzlichen sozialen Aufwendungen* fallen neben den tariflichen und außertariflichen Arbeitsentgelten sowie den darauf entfallenden gesetzlichen Sozialaufwendungen an, wie

Aufwendungen für betriebliche Altersversorgung,
Unterstützungen (Notstandsbeihilfen),
Geschenke aus besonderem Anlaß (Jubiläum, Hochzeit, Geburt),
Trennungsgelder,
Zuschüsse zu Erholungsaufenthalten,
Zuschüsse zu kulturellen Veranstaltungen,
Zuschüsse zur Berufsausbildung,
Mietzuschüsse,
außertarifliche Lohn- und Gehaltsfortzahlungen.

42 *Energiebezüge*

Hier ist der Fremdbezug von Strom, Dampf, Wasser, Gas usw. einschließlich Nebenkosten (z. B. Anschlußgebühren und Netzkosten) zu erfassen. Je nach Bedarf können die einzelnen Energiearten in sich unterteilt werden, etwa Dampf in Hoch- und Niederdruckdampf, Wasser in Betriebs- und Trinkwasser usw.

43 *Lieferungen und Leistungen für Neuanlagen und Reparaturen*

Unter dieser Position werden alle Lieferungen und Leistungen einschließlich der Materialentnahmen vom Lager, die für die Erstellung von Neuanlagen und für Reparaturen benötigt werden, getrennt erfaßt.

44 *Gebühren, Beiträge, Spenden und Versicherungsprämien*

Hier sind aufzuführen:

> Patent-, Gebrauchsmuster-, Warenzeichen-, Notariats-, Handelsregister-, Prozeß-, Baupolizei-, Gewerbepolizei-, städt. Grundstücksgebühren usw.;

> freiwillige Beiträge zu Kammern, Berufsschulen, Wirtschafts- und Fachvereinigungen sowie sonstigen Vereinen;

> Pflichtbeiträge zur Industrie- und Handelskammer;

> Spenden, zweckmäßig mit Untergliederung nach der steuerlichen Behandlung;

> Prämien für Versicherungen
> von Kraftfahrzeugen,
> von Gebäuden, Vorratslägern und Maschinen (gegen Feuer, Einbruchdiebstahl, Wasser, Sturm),
> gegen die Folgen von Betriebsunterbrechungen und gegen Schadenersatzforderungen.

> Die Unterteilung ist jeweils nach Bedarf zu wählen.

45 *Steuern*

In dieser Gruppe werden die Betriebsteuern erfaßt; das sind in der Hauptsache:

> Vermögensteuer,
> Grundsteuer,
> Gewerbekapital- und Lohnsummensteuer,
> Verkehrsteuern (Umsatz-, Kfz-, Beförderung- und Wechselsteuer),
> Verbrauchsteuern, Zölle.

Neben der Gewerbekapital- und Lohnsummensteuer wird gelegentlich auch die Gewerbeertragsteuer als Betriebsteuer behandelt.

In diesem Falle sollte sie als besondere Kostenart ausgewiesen werden. Ferner wird oft die Lastenausgleichsvermögensabgabe in die Kostenrechnung eingeführt; ihr Kostencharakter ist jedoch strittig.

Da die endgültig zu entrichtenden Steuerbeträge häufig erst später feststehen, empfiehlt es sich, zunächst geschätzte Beträge anzusetzen.

46 *Kalkulatorische Kosten*

Die kalkulatorischen Kosten umfassen:

> kalkulatorische Abschreibungen ,
> kalkulatorische Zinsen,
> kalkulatorische Wagnisse,
> kalkulatorischen Unternehmerlohn.

Kalkulatorische Abschreibungen sind in der Regel mit den bilanzmäßigen Abschreibungen nicht identisch, da sie auf anderen Überlegungen beruhen. Sie umfassen den betriebsbedingten Wertverzehr der Werksanlagen unter Berücksichtigung der wirtschaftlichen oder technischen Entwertung und können sich von den bilanziellen Abschreibungen sowohl im Wertansatz als auch in den Abschreibungsmethoden unterscheiden[3]).

Für die Bereitstellung des betriebsbedingten Kapitals (betriebsbedingtes Vermögen nach Kürzung des Abzugskapitals) können *kalkulatorische Zinsen* als Kosten verrechnet werden. Der effektive Zinsaufwand wird in der Kontenklasse 2 ausgewiesen.

Wagnis ist der wertmäßige Ausdruck der Verlustgefahr, die sich aus der betrieblichen Tätigkeit ergibt. Es ist nicht zweckmäßig, unregelmäßig auftretende größere Verluste im Anfallzeitraum zu verrechnen. An ihre Stelle können Wagnis-Verrechnungssätze treten. Dies gilt jedoch nur für Einzelwagnisse, zu denen vornehmlich gehören:

> Bestände-Wagnis,
> Ausschuß-Wagnis,
> Gewährleistungs-Wagnis,
> Zahlungs-Wagnis (wenn Ausfälle nicht als Erlösschmälerungen behandelt werden).

Wagnisse, die das Unternehmen als Ganzes berühren, bilden das Unternehmer-Wagnis. Dies kann nicht als Kosten verrechnet werden; es findet vielmehr seine Abgeltung im Gewinn.

In Kapitalgesellschaften üben leitende Angestellte die Unternehmerfunktion aus. Ihre Bezüge sind Kosten. Arbeiten in Einzelfirmen und Personengesellschaften der oder die Inhaber ohne feste Entlohnung mit, so kann man in diesen Fällen einen *kalkulatorischen Unternehmerlohn* als Kosten verrechnen, der den Bezügen von leitenden Angestellten in ähnlicher Positionen entspricht.

---

[3]) Vgl. hierzu Mellerowicz, K.: Abschreibungen in Erfolgs- und Kostenrechnung, Heidelberg 1957, S. 61 ff.;
Schmalenbach, E.: Dynamische Bilanz, 11. Aufl., Köln und Opladen 1953, Kostenrechnung und Preispolitik, 7. Aufl., Köln und Opladen 1956.

47 *Fremdleistungen für Werbung und Vertrieb*

Hierzu gehören in erster Linie

Werbekosten:

    Zeichnungen, Entwürfe, Druckstöcke,
Verkaufsschriften, Drucksachen,
Werbeanzeigen, Beilagegebühren,
Laden-, Schaufenster-, Außenwerbung,
Kino-, Rundfunk- und Fernsehwerbung,
Ausstellungen und Messen,
Muster-, Geschenk- und Werbeartikel,
Gratisabgaben;

Vertriebskosten:

    Vertreter-Provisionen,
Bürokostenzuschüsse,
Vertreter-Reisekosten,
Ausgangsfrachten.

Preisnachlässe, Zahlungsausfälle, Rabatte, Boni und Skonti haben keinen Kostencharakter und sind daher als Erlösschmälerungen zu behandeln; der Ausweis erfolgt in der Klasse 9. Ausfuhrvergütungen werden oft als Zusatzerlöse behandelt.

48 *Andere Fremdleistungen*

In dieser Kostenartengruppe werden folgende Kosten erfaßt:

Lizenzabgaben

    Laufende Lizenzabgaben (ggf. Trennung in Hersteller- und Vertriebslizenzen);

Mieten, Pachten, Raumkosten u. dgl.

    Mieten und Pachten für Grundstücke und Gebäude,
Mieten und Pachten für maschinelle Einrichtungen,
Mieten und Pachten für Transportfahrzeuge,
Raumkosten (Heizung, Beleuchtung, Reinigung u. dgl.);

Fremdlaborleistungen

    Entwicklung und Versuche,
Analysen, Stoffprüfung;

Frachten, Postgebühren, Reisekosten u. dgl.

    Frachten, soweit sie nicht mit den Lagerbezügen bzw. mit dem Erzeugnisse-Ausgang in Verbindung stehen,
Brief- und Paketporti,
Fernsprech-, Fernschreib- und Telegrammgebühren,
Reisekosten,
Repräsentations- und Bewirtungskosten;

Bücher und Zeitschriften

> Bücher, Zeitungen, Zeitschriften,
> Patentliteratur,
> Vervielfältigungen, Fotokopien u. dgl.;

Mitarbeitervergütungen

> Honorare für Prüfungen, Gutachten und sonstige Beratungen.

2. Erfassung der Kosten

Kostenerfassung bedeutet primäre Aufschreibung, d. h. unmittelbares Festhalten der Kosten für eine bestimmte Kostenstelle oder für einen bestimmten Kostenträger mittels Belegen.

Bei der Erfassung der Kosten sind die tatsächlich verbrauchten Mengen durch Wiegen, Zählen, Messen usw. festzustellen. Die Aufschreibung der erfaßten Mengen (und Zeiten) stellt das Mengen- (bzw. Zeiten-) Gerüst dar, das der Kostenrechnung zugrunde zu legen ist. Die ermittelten Mengen werden bewertet. Das Produkt aus Menge und Preis ergibt die Kosten. Soweit es nicht möglich ist, die Mengen (und Zeiten) laufend durch Wiegen, Zählen, Messen usw. zu erfassen, muß bei Anwendung anderer Methoden sichergestellt sein, daß die Abweichungen gegenüber einer genauen Ist-Erfassung unerheblich sind und summarisch überwacht werden können.

Sofern die Erfassung nur wertmäßig möglich ist, gilt hierfür das Vorstehende sinngemäß.

Eine Sonderheit ergibt sich für die abgeleiteten Kostenarten. Während ursprüngliche Kostenarten aufgrund von Eingangsrechnungen, Zahlungsbelegen, Verbrauchsaufzeichnungen u. dgl. erfaßt werden, entstehen abgeleitete Kostenarten hingegen bei der innerbetrieblichen Leistungsrechnung, wo verschiedene ursprüngliche Kostenarten zusammengefaßt und alsdann zu einer einzigen abgeleiteten Kostenart umgewandelt und verrechnet werden.

Für die ordnungsgemäße Erfassung der Kosten ist Voraussetzung, daß die erfassenden Stellen den Verbrauch gewissenhaft und sorgfältig registrieren. Wenn es sich bei den erfassenden Stellen um außerhalb des Rechnungswesens stehende Büros handelt, sind sie der Abteilung Rechnungswesen entweder organisatorisch zu unterstellen, oder es muß auf andere Weise für Überwachungsmöglichkeiten gesorgt werden.

Zu einer ordnungsgemäßen Kostenrechnung gehört Belegzwang. Zu unterscheiden sind Fremdbelege (vornehmlich Eingangsrechnungen) und Eigenbelege, etwa Verbrauchsmeldungen, Stundenaufschreibungen. Eigenbelege sind soweit wie möglich von den Stellen auszufertigen, die den Verbrauch erfassen können. Ist der Verbrauch nicht meßbar (z. B. bei Abschreibungen), wird er geschätzt; in diesem Falle empfiehlt es sich, Dauerbelege zu erstellen (z. B. Abschreibungspläne).

a) Stoffverbrauch

Bei den in der Kontenklasse 4 zu erfassenden und verrechnenden Werten handelt es sich grundsätzlich nur um den Stoff*verbrauch*. Wenn man in manchen Fällen statt des Verbrauches den Zugang als Verbrauch verrechnet, ist das nur ein Notbehelf.

Während für die Verrechnung die Unterscheidung in Einsatzstoffe (die direkt in die Kostenträgerrechnung eingehen) und Gemeinkostenmaterial (das über die Kostenstellen verrechnet wird) wichtig ist, ergeben sich für die Erfassung keine Unterschiede.

Die Stoffe können entweder beim Abgang zum Verbrauch oder notfalls beim Zugang erfaßt werden.

Die *Erfassung beim Abgang* kann entweder in der Form der Fortschreibung, der Befundrechnung oder der retrograden Verbrauchsermittlung erfolgen.

Bei der *Fortschreibung* werden die Lagerbewegungen zweckmäßigerweise in einer Kartei geführt. Für jeden Stoff wird eine Karte angelegt, aus der Zugang, Abgang und Bestand (ohne Inventur) ersichtlich sind. Um eine Übereinstimmung zwischen dem fortgeschriebenen Bestand und dem Ist-Bestand zu gewährleisten, sind Stichproben notwendig. Eventuelle Abweichungen des Solls vom Ist sind zu berücksichtigen. Dieses Verfahren ist relativ genau, erfordert jedoch eine ausgebaute Organisation, die nicht unerhebliche Kosten verursacht, da jede Entnahme belegmäßig erfaßt werden muß.

Bei der *Befundrechnung* ermittelt sich der Verbrauch nach der Formel:

Verbrauch = Anfangsbestand + Zugang ·/· Endbestand.

Einem mittels Bestandsaufnahme festgestellten Anfangsbestand werden die einzelnen Zugänge zugeschrieben. Die Abgänge (Verbrauch) bleiben in ihrer Zusammensetzung unbekannt; sie werden nur global ermittelt. Daher ist dieses Verfahren dort nicht anwendbar, wo der Verbrauch nach Einzelposten erfaßt werden soll. Die Methode ist billiger und einfacher, aber auch ungenauer als die Fortschreibung.

Die *retrograde Verbrauchsermittlung* geht vom Endprodukt aus. Sie ermittelt über Erfahrungsziffern (z.B. Rezepturen) den Anteil eines Einsatzstoffes am Endprodukt. Diese Methode steht und fällt mit der Richtigkeit der Erfahrungsziffern. Einer exakten ins einzelne gehenden Verbrauchsermittlung wird sie nicht genügen, da sie auf Schätzungen beruht.

Notfalls kann auch der *Zugang* als Verbrauch erfaßt werden. Da die Methode ungenau ist, sollte sie nur dort angewandt werden, wo die Stoffwerte relativ unbedeutend sind, etwa beim Büromaterial, Reinigungsmaterial und bei Drucksachen.

b) Personalkosten

Hierzu gehören die Bruttobeträge für Löhne und Gehälter sowie die sozialen Aufwendungen.

Die vom Arbeitnehmer zu tragenden Abzüge für Lohnsteuer, Sozialversicherung usw. berühren die Kostenrechnung nicht. Die vom Arbeitgeber zu zahlenden Anteile für Beiträge zur Sozialversicherung werden als gesetzliche soziale Aufwendungen gesondert erfaßt. Im übrigen ist es empfehlenswert, nur die Beträge als Lohn oder Gehalt anzusehen, die in der Lohn- bzw. Gehaltsliste erscheinen, da andernfalls Abstimmungsschwierigkeiten entstehen.

Bei der Erfassung der für ein bestimmtes Erzeugnis oder eine Leistung aufgewendeten *Löhne* ist zwischen Zeitlohn und Akkordlohn (Geldakkord und Zeitakkord) zu unterscheiden.

Die Erfassung des *Zeitlohnes* bietet keine besonderen Probleme. Die Zeit der Anwesenheit wird registriert und mit dem Stundenlohnsatz bewertet. Wenn der Zeitlöhner eine bestimmte Arbeit ausführen soll, kann die darauf verwendete Zeit festgehalten werden durch ihn selbst, durch den unmittelbaren Vorgesetzten oder durch die Arbeitsvorbereitung, die dann Lohnzettel ausschreibt und kommissioniert.

Beim *Akkordlohn* werden die Vorgaben durch Arbeitsvorbereitungsbüros aufgrund von Arbeitszeitstudien für die Leistungseinheit festgelegt. Die Löhne (Zeitakkorde, Geldakkorde oder Prämienakkorde) ergeben sich aus den Akkordscheinen.

Der unterschiedlichen Verrechnung der Löhne – je nachdem es sich um Fertigungslöhne oder Gemeinkostenlöhne handelt – ist bereits bei der Lohnerfassung Rechnung zu tragen. Den Lohnzetteln bzw. Arbeitsscheinen muß daher entnommen werden können, für welche Kostenträger bzw. Kostenstellen die Löhne angefallen sind.

Die *Gehälter* ergeben sich aus der Gehaltsliste. Da sie den verursachenden Kostenstellen (in Ausnahmefällen auch den Kostenträgern) zugerechnet werden müssen, ist es vorteilhaft, wenn die Zurechnung bereits aus der Gehaltsliste ersichtlich ist.

Als *soziale Aufwendungen* (gesetzliche und zusätzliche) werden die abgeführten und die sonstigen für die soziale Sicherung verwandten Beträge, soweit es sich um Personalaufwendungen handelt, erfaßt.

c) Energiekosten

Hier werden nur fremdbezogene Energien aufgrund der Fremdbelege als ursprüngliche Kostenarten ausgewiesen. Es ist zweckmäßig, den Energiebezug am Verbrauchsort durch Meßinstrumente zu erfassen.

Eigenerstellte Energien dagegen werden in Klasse 6 erfaßt. In Klasse 4 werden nur die zur Energieerzeugung benötigten Primärkosten (etwa Kohle, Wasser, Kapitaldienst, Personalkosten) verbucht.

d) Lieferungen und Leistungen für Neuanlagen und Reparaturen

Für die unterschiedliche Erfassung der Fremdleistungen und der Eigenleistungen gelten die unter Position c) „Energiekosten" gemachten Ausführungen sinngemäß.

e) Gebühren, Beiträge, Spenden und Versicherungsprämien

Ihre Erfassung zeigt keine Besonderheiten. In der Regel liegen Einzelbelege vor, von denen ausgegangen werden kann.

f) Steuern

Die endgültige Belastung ergibt sich aus den Steuerbescheiden. Da sie jedoch in der Regel zu spät erscheinen oder nur vorläufigen Charakter haben, ist die Steuerbelastung zu schätzen und zeitraumgerecht zu erfassen.

g) Kalkulatorische Kosten

Voraussetzung für die Erfassung der *kalkulatorischen Abschreibungen* ist eine zweckentsprechend eingerichtete und ordnungsgemäß geführte Anlagenkartei. Diese Kartei sollte für jedes Aggregat enthalten: genaue Bezeichnung des Gegenstandes, Lieferant, Anschaffungs- bzw. Herstellkosten, Bezugsjahr, Nutzungsdauer, Kostenstelle, technische Daten.

In der Kostenermittlung sollten marktwirtschaftliche Ausgangswerte für Abschreibungen von Anlagen berücksichtigt werden. Das führt grundsätzlich zum Ansatz von Wiederbeschaffungswerten[4]). Soweit der Anschaffungswert bzw. die Herstellkosten einer Anlage nur unbedeutend von dem Wiederbeschaffungswert abweichen, können auch diese Werte verwendet werden.

Der Abschreibungsbetrag ist so zu ermitteln, daß er dem Wertverzehr der Anlage entspricht. Hierbei sind technischer und wirtschaftlicher Fortschritt sowie Bedarfsverschiebungen zu berücksichtigen. Da die Leistungsmenge als Hauptkomponente des Wertverzehrs anzusehen ist, dürfte die Abschreibung nach Leistungseinheiten (Maschinen-, Apparatestunden, Kilogramm u. dgl.) in der Regel angebracht sein. Aus Zweckmäßigkeitsgründen bezieht man jedoch in der Praxis die Abschreibung meistens auf die Kalenderzeit. Der Abschreibungsbetrag ergibt sich aus der Division des Abschreibungswertes durch die Gesamtleistungsmenge bzw. Gesamtnutzungsdauer der Anlage.

Wird erkennbar, daß die geschätzten Leistungseinheiten oder die Nutzungsdauer nicht mit der tatsächlichen übereinstimmt, sind die Abschreibungsbeträge entsprechend zu ändern.

Bezieht man *kalkulatorische Zinsen* in die Kostenrechnung ein, ist vom betriebsbedingten Kapital auszugehen, das sich errechnet als Differenz aus be-

---

⁴) Vgl. Mellerowicz, K.: Abschreibungen in Erfolgs- und Kostenrechnung, Heidelberg 1957, S. 11 ff.

triebsbedingtem Vermögen – das ist der Teil des Vermögens, der dem Betriebszweck dient – und dem Abzugskapital, das zinslose Lieferantenkredite und
Anzahlungen von Kunden umfaßt. Bei der Ermittlung des Wertansatzes wird
man in der Regel von der Handelsbilanz ausgehen können; doch ist bei den
Anlagen zu beachten, daß die kalkulatorischen Werte angesetzt werden. Ferner ist zu berücksichtigen, daß die durchschnittlich gebundenen Beträge ermittelt werden müssen. Der kalkulatorische Zinsfuß kann in Anlehnung an den
landesüblichen Zinsfuß für langfristige Kapitalanlagen bestimmt werden.

Rechnet man mit *kalkulatorischen Wagnissen,* wird man von den Erfahrungen
einer längeren Periode ausgehen müssen. In die Praxis der Chemischen Industrie hat diese Rechnungsart noch wenig Eingang gefunden. Dies mag an
der oft nur unsicheren Bemessungsbasis liegen. In einzelnen Industriezweigen
(etwa Lack- und Farbenindustrie) sollten diese Erfordernisse jedoch gebührend
beachtet werden.

Die Erfassung des *kalkulatorischen Unternehmerlohnes* bereitet keine Schwierigkeiten. Man wird in der Regel von den Bezügen vergleichbarer leitender
Angestellter ausgehen können.

h) Fremdleistungen für Werbung und Vertrieb

und

i) Andere Fremdleistungen

Sieht man von der unterschiedlichen Behandlung der Fremdleistungen und
Eigenleistungen in der Kostenrechnung ab, so bietet die Erfassung auch dieser
Fremdleistungen keine grundsätzlichen Probleme. Es wird auf die Ausführungen in Position c) „Energiekosten" verwiesen.

Soweit es sich bei den Fremdleistungen um vorgelegte Ausgangsfrachten handelt, die dem Abnehmer gesondert in Rechnung gestellt werden, ist die separate Erfassung dieser Beträge zu empfehlen, da sie nicht der Umsatzbesteuerung unterliegen.

3. Bewertung in der Kostenartenrechnung

Nachdem die Kosten-Mengen erfaßt sind, müssen sie für die weitere Verrechnung bewertet werden. Die Bewertung richtet sich nach dem Zweck der Kostenrechnung. Steht die Kontrolle der Betriebsgebarung im Vordergrund, hat
sich die Bewertung nach dem Prinzip der Stetigkeit zu richten. Demgegenüber steht das Prinzip der Gegenwartsnähe, das angewandt wird, wenn andere
Zwecke (Vorbereitung betrieblicher Entscheidungen, Preispolitik, Bestandsbewertung) mit der Kostenrechnung verfolgt werden.

Die einzelnen Möglichkeiten der Bewertung sind in Teil I, B 3 e „Istkosten-,
Normalkosten-, Plankosten-Rechnung" behandelt worden. Im Rahmen der

Durchführung der Kostenartenrechnung sollen lediglich die für die praktische Handhabung bedeutsamen Bewertungsmöglichkeiten besprochen werden. Es handelt sich hierbei – wie stets – um einen Kompromiß zwischen einfacher Durchführbarkeit und genügender Aussagefähigkeit.

In der Regel werden die angeschafften oder selbsterstellten Güter zu Ist-Kosten bewertet. Hierbei wird es sich entweder um den Anschaffungs- bzw. Herstellwert oder um einen fortgeschriebenen Durchschnittswert handeln.

Die Bewertung zu Herstellkosten wird in Zusammenhang mit der Kostenträgerrechnung behandelt[5]).

Die Anschaffungskosten (auch als Einstandswerte bezeichnet) setzen sich zusammen aus dem Warenwert und den Bezugskosten. Zu den Bezugskosten gehören u. a. Eingangsfrachten und -zölle und Transportversicherungsprämien. Die Anschaffungskosten sind zu vermindern um Rabatte und um Skonti bzw. Vorzinsen. Vorteilhaft ist die leichte Ermittlung der Anschaffungswerte und die Sicherheit der Rechnung, die Willkür bei der Bewertung ausschließt. Nachteilig wirkt sich aus, daß besonders bei stärkeren Preisschwankungen einer schnellen Preisanpassung die kostenrechnerische Basis fehlt.

Die Ermittlung von *Durchschnittswerten* ergibt sich aus folgendem Beispiel[6]):

	Menge kg	Einzelpreis DM	Gesamtpreis DM
Anfangsbestand 1. 1.	10	60,–	600,–
Zugang	30	100,–	3000,–
	40	90,–	3600,–
Abgang	25	90,–	2250,–
Endbestand 31. 3.	15	90,–	1350,–

Dividiert man die Werte der Anfangsbestände und Zugänge durch die entsprechenden Mengen, erhält man Durchschnittspreise, mit denen die Abgänge und Endbestände bewertet werden. Diese Handhabung ist verhältnismäßig einfach. Sie setzt allerdings die Führung einer Bestandskartei mit Mengen und Werten voraus.

Ergibt die praktische Handhabung, daß die Verwendung von Ist-Kosten zu aufwendig ist, kann man zur Vereinfachung und Beschleunigung *Verrechnungspreise* verwenden. Hierdurch werden Marktpreisschwankungen, die kurzfristiger und zufälliger Natur sind, aufgefangen; die Forderung nach Stetigkeit wird erfüllt. Um ein größeres Abweichen von der Wirklichkeit und dadurch hervorgerufene Fehldispositionen zu vermeiden, ist es notwendig, die Verrechnungspreise in gewissen Abständen an die Ist-Kosten anzupassen.

---

[5]) Vgl. Teil II, D 2.

[6]) Die verschiedenen Möglichkeiten der Durchschnittspreisbewertung sind in der Archivmitteilung Nr. 14/1959 der OFD Hamburg dargestellt; abgedruckt u. a. in: Neue Betriebswirtschaft Nr. 2/60, S. 38.

4. Abgrenzung der Kosten

Auf die grundsätzlichen Unterschiede zwischen Aufwand und Kosten und in diesem Zusammenhang auch auf die Einteilung in sachliche Abgrenzung (Aufwandteile, die überhaupt nicht als Kosten verrechnet werden) und in zeitliche Abgrenzung (Aufwand, der grundsätzlich als Kosten verrechnet wird, nur nicht zu den Kosten der Rechnungsperiode gehört) ist in Teil I, B 4a „Kostenartenrechnung" eingegangen worden.

Für die Aufwandsabgrenzung steht die Klasse 2 zur Verfügung. Aufwand, der in sachlicher Hinsicht abzugrenzen ist, verbleibt in Klasse 2 und wird von dort in die Ergebnisrechnung (neutrales Ergebnis) eingestellt. Der betriebliche Aufwand wird periodengerecht von Klasse 2 in Klasse 4 übernommen (Abgrenzung in zeitlicher Hinsicht). Sofern im Zuge der innerbetrieblichen Leistungsverrechnung Abgrenzungen notwendig werden (z. B. Leistung einer Werkstätte, die erst in einer späteren Periode Kosten eines Fertigungsbetriebes wird), ist hierfür die Klasse 7 zu benutzen.

Während die Abgrenzung in sachlicher Hinsicht in jedem Falle genau durchzuführen ist, braucht bei der Abgrenzung in zeitlicher Hinsicht (Verteilung der Kosten auf die einzelnen Abrechnungszeiträume) nicht kleinlich verfahren zu werden. Die Abgrenzung ist nur dann vorzunehmen, wenn das Periodenergebnis durch die Höhe der Beträge beeinflußt wird.

C. Kostenstellenrechnung

1. Allgemeines

Voraussetzung für eine aussagefähige Kostenstellenrechnung ist die zweckentsprechende Bildung der Kostenstellen und eine möglichst verursachungsgerechte Erfassung der Kostenarten.

a) Bildung von Kostenstellen und Kostenbereichen

Im Kontenrahmen ist für die Kostenstellenrechnung die Klasse 6 vorgesehen. Die Kostenstellenrechnung[7]) beginnt mit der Aufstellung des auf die Bedürfnisse des jeweiligen Unternehmens zugeschnittenen Kostenstellenplanes. Der Kostenstellenplan wird nach Kostenbereichen gegliedert; das sind Gruppen von zusammengehörigen Kostenstellen.

Auf die Bildung von Kostenstellen haben die betrieblichen Eigenarten, insbesondere der Betriebsablauf und die Betriebsorganisation sowie der jeweils im Vordergrund stehende Zweck der Kostenrechnung erheblichen Einfluß. Durch sie werden auch Prinzip und Tiefe der Gliederung bestimmt.

Die Möglichkeit, die Kosten und ebenso die Leistungen von Betriebsteil zu Betriebsteil abzugrenzen, ist als allgemeine Voraussetzung für die Bildung von Kostenstellen anzusehen.

Bei der Bildung der Kostenstellen können folgende *Gliederungsgesichtspunkte* im Widerstreit stehen:

Gliederung nach Funktionen (Funktionskreisen, gleichartigen Arbeitsverrichtungen),

Gliederung nach Verantwortungsbereichen (nach der betrieblichen Organisation),

Gliederung nach räumlichen Bereichen.

Die *Gliederung nach Funktionen* ist vor allem für die Bildung der Kostenbereiche zweckmäßig, da zumindest die Kosten der Grundfunktionen gesondert erfaßt werden sollten und zum Teil auch für die Bewertung bedeutsam sind (Ausklammerung der Verwaltungs- und Vertriebskosten bei der Bestandsbewertung). Die Funktionsgliederung kann insbesondere die Erfassung und Verrechnung der Personalkosten, der Lohngemeinkosten und der Materialgemeinkosten erleichtern. Sie ist vor allem dann wichtig, wenn von den Arbeitskräften verschiedene Funktionen gleichzeitig und im Wechsel ausgeübt werden.

Die *Gliederung nach Verantwortungsbereichen* ist besonders dann zweckmäßig, wenn eine wirksame Kontrolle der Betriebsgebarung im Vordergrund steht. Jedem Geschäftsbereich, mit dem Vollmachten und Verantwortung verbunden sind, sollte eine Kostenstelle oder eine Gruppe von Kostenstellen entsprechen.

---

[7]) Vgl. Teil I, B 4 b.

Die *Gliederung nach räumlichen Einheiten* erlaubt es, die „raumgebundenen Kosten" direkt zu erfassen, etwa Abschreibung und Verzinsung der Gebäude, Wasser- und Energieverbrauch.

Unproblematisch ist die Kostenstellengliederung dort, wo die Verantwortungsbereiche nach funktionalen Gesichtspunkten gegeben sind und zugleich räumlich abgegrenzte Einheiten darstellen. Bei Überschneidungen muß zwischen den verschiedenen Gliederungsgesichtspunkten gewählt werden. Der Gliederungsgesichtspunkt kann bei den einzelnen Kostenbereichen gewechselt werden (z. B. in der Produktion nach räumlichen Gesichtspunkten, im Vertrieb nach funktionalen).

Unabhängig von der jeweiligen Art der Fertigung kann man grundsätzlich folgende *Kostenbereiche* unterscheiden:

> Materialbeschaffung und -lagerung,
> Fertigung,
> Hilfsbetriebe der Fertigung,
> Allgemeiner Bereich,
> soziale Einrichtungen,
> Forschung, Entwicklung und Anwendungstechnik,
> Fertigerzeugnislager und -versand,
> Vertrieb,
> Verwaltung.

b) *Erfassung der Kostenarten auf den Kostenstellen*

Neben den Kostenarten der Klasse 4 (Primärkostenarten), die grundsätzlich unverändert in die Kostenstellenrechnung zu übernehmen sind, entstehen in dieser durch die innerbetriebliche Leistungsverrechnung abgeleitete Kostenarten (Sekundärkostenarten). Die Frage, welches die zweckmäßigste Gliederung der primären und sekundären Kostenarten nach Kostengruppen ist, muß von Fall zu Fall entschieden werden. Die Gliederung wird sich nach der Bedeutung richten, die die einzelnen Kostenarten im jeweiligen Unternehmen haben. Danach können sich z. B. folgende Kostenartengruppen ergeben, die gegebenenfalls in primäre und sekundäre Kostenarten zu unterteilen sind[8]):

> Personalkosten,
> Energiekosten,
> Reparaturkosten,
> Betriebsmaterial,
> Transport- und Reisekosten,
> kalkulatorische Kosten,
> Steuern,
> verschiedene **Kosten.**

---

[8]) Ausführliche Darstellung siehe Norden, H.: Der Betriebsabrechnungsbogen, 7. Aufl., Stuttgart 1958, Forkel-Verlag.

Eine weitere Gliederungsmöglichkeit besteht in der Unterscheidung nach fixen und variablen Kosten. Ferner kann es zweckmäßig sein, für Kontroll- und Dispositionszwecke die Kostenarten, die vom jeweiligen Kostenstellenleiter beeinflußt und somit verantwortet werden können, gesondert zu erfassen.

Der für die Kostenrechnung allgemein geltende Grundsatz, wonach die Kosten möglichst direkt zugerechnet werden sollten, kann dazu führen, daß die Kostenarten, die einem Kostenträger unmittelbar zugerechnet werden können, ohne Berührung der Kostenstellen in die Kostenträgerrechnung übernommen werden. Gelegentlich wird es jedoch zweckmäßig sein, auch die dem Kostenträger direkt zurechenbaren Kosten über die Kostenstellenrechnung zu führen.

c) *Verrechnung der Kosten und Leistungen der Kostenstellen*

Die Kostenstellenkosten werden entweder auf andere Kostenstellen oder auf die Kostenträger verrechnet. Die Art der Verrechnung ist von der Leistung der Kostenstelle abhängig.

Ist die Leistung meßbar, bildet sie die Verrechnungsbasis. Dies wird besonders bei den Hilfsbetrieben der Fertigung (etwa Werkstätten, Energieerzeugung) der Fall sein.

Ist die Leistung nicht meßbar, muß ein geeigneter (d. h. ein möglichst der Verursachung entsprechender) Schlüssel gefunden werden.

2. Die einzelnen Kostenstellen und Kostenbereiche

Im Anschluß an die im Abschnitt 1a empfohlene Aufteilung in Kostenbereiche werden die einzelnen Kostenstellen im Hinblick auf Erfassung und Verrechnung der Kosten besprochen.

a) *Materialbeschaffung und -lagerung*

Zum Kostenbereich Materialbeschaffung und -lagerung gehören alle Funktionen, die sich mit der Beschaffung, Annahme, Prüfung, Verwaltung, Lagerung und Ausgabe der Stoffe befassen, also die Kostenstellen

Einkauf,
Materialeingang und -prüfung,
Rohstofflager,
Brenn- und Treibstofflager,
Hilfs- und Betriebsstofflager,
Packmittellager,
Rechnungsprüfung.

In kleineren Betrieben kann es zu Koppelungen von Funktionen des Stoffbereiches mit solchen anderer Bereiche kommen. So werden z. B. die Kostenstellen des Einkaufs kostenrechnerisch mit denen der Verwaltung zusammengefaßt. Die Rechnungsprüfung sollte allerdings in jedem Falle der Verwaltung zugeordnet werden.

Für Stoffe mit sehr unterschiedlichen Lagerkosten und -bedingungen ist es empfehlenswert, getrennte Kostenstellen innerhalb des Materialbereichs einzurichten.

Die Kosten dieses Bereichs werden im allgemeinen durch einen Lagergemeinkostensatz weiterverrechnet. Verwaltungskosten (z.B. Kosten des Einkaufs und der Rechnungsprüfung) sollten hier nicht eingeschlossen werden.

Zu beachten ist vor allem, daß im Kostenbereich Materialbeschaffung und -lagerung nur das Packmaterial erfaßt wird, das Gemeinkostencharakter hat, etwa Kisten, Kartons, Packpapier, Bindfaden, Leim, Klebestreifen. Es zählen hierzu jedoch nicht die Packmittel, die dem Produktionswert zuzurechnen und deshalb in diesem zu aktivieren sind (innere Verpackung; z.B. Röhren, Ampullen, Flaschen, Etiketten, Cellophan, Verschlüsse), ebenfalls solche nicht, die zum Anlagevermögen gehören und deshalb selbständig aktiviert werden. Über die Zurechnung entscheidet im Einzelfall die Branchenüblichkeit.

Soweit das Packmaterial mit Gemeinkostencharakter auf der Kostenstelle Rohstofflager anfällt, wird es durch den Gemeinkostenzuschlag des Rohstofflagers in die Kostenträgerrechnung übernommen. Das auf der Kostenstelle Hilfs- und Betriebsstoffe gesammelte Gemeinkosten-Packmaterial wird zweckmäßigerweise durch einen gesonderten Zuschlag den Kostenträgern zugerechnet. Die Schlüsselbasis hängt von den einzelnen Kostenträgergruppen ab. Innerhalb der jeweiligen Gruppe wird das Packmaterial mit einem prozentualen Zuschlag auf den Wert der Einsatzstoffe verrechnet. In einfacheren Fällen kann der gesonderte Zuschlag entfallen und mit einem einheitlichen Zuschlag (ebenfalls auf den Wert der Einsatzstoffe) gerechnet werden.

b) Fertigung

Der Fertigungsbereich umfaßt:

> Produktionsstätten einschließlich Abfüll- und Verpackungsbetriebe,
> Betriebsbüros einschließlich Produktionsleitung,
> Betriebslaboratorien, die der Überwachung der Fertigung dienen.

Für die Kostenstellenbildung werden neben Umfang und Art der Fertigung vorwiegend rechnungstechnische Erwägungen bestimmend sein.

Auch bei einfachen Produktionsverhältnissen dürfte die Einrichtung getrennter Kostenstellen für die einzelnen Produktionsstufen zweckmäßig sein, falls sich unterschiedliche Zuschlagssätze bei der Zurechnung der Gemeinkosten auf die Kostenträger ergeben würden. Zum Beispiel wird man selbst bei einer kleinen Formulierungsanlage eine Kostenstelle für die eigentliche Formulierung und eine zweite für die Abpackung bilden; denn der Verrechnungssatz der Kostenstelle Formulierung wird sich im allgemeinen von dem der Kostenstelle Abpackung unterscheiden, weil schon die technische Ausstattung in beiden

Kostenstellen verschieden ist. Bei größerer Verschiedenartigkeit der Produktionsprozesse dürfte eine weitergehende Gliederung nicht zu vermeiden sein. Dabei können außer den bereits erwähnten rechnungstechnischen Gesichtspunkten auch räumliche und verantwortungsabgrenzende Merkmale die Kostenstellenbildung beeinflussen.

Die Kosten der Abfüllung und Verpackung (Konfektionierung) sollten grundsätzlich im Fertigungsbereich erfaßt werden (Fertigungskosten). Es kann aber Gründe geben, die eine Erfassung im Fertigerzeugnislager und Verpackungsbereich rechtfertigen (Vertriebskosten).

Oft werden die Kostenstellen der Betriebsbüros auch im Kostenbereich der Verwaltung, die Kostenstellen der Betriebslaboratorien im Kostenbereich der Forschung, Entwicklung und Anwendungstechnik geführt. Diese Kosten sind jeweils in den Fertigungsbereich zu übertragen. Als Schlüsselgröße bietet sich die Inanspruchnahme an.

Soweit Kosten für eine Gruppe von Fertigungskostenstellen anfallen (etwa Kosten der Produktionsleitung), sollten sie auf einer gesonderten Kostenstelle, evtl. Betriebsbüro, gesammelt und auf die Hauptkostenstellen der Fertigung geschlüsselt werden. Grundlage hierfür kann die Summe der Fertigungskosten unter Einschluß der Fertigungslöhne und -gehälter der Kostenstelle sein.

c) *Hilfsbetriebe der Fertigung*

Zu den Hilfsbetrieben der Fertigung werden z. B. gezählt

Energiebetriebe,
Werkstätten,
Verkehrsbetriebe,
sonstige Hilfsbetriebe (z. B. Schneiderei, Wäscherei, Glasbläserei).

Es wird zweckmäßig sein, im *Energiebereich* getrennte Kostenstellen für die Erfassung der Kosten des Bezugs, der eigenen Erzeugung und der Verteilung einzurichten.

Der fremdbezogene Strom wird mit unterschiedlichen Preisen berechnet, die von der Belastung des Versorgungsnetzes zu bestimmten Tarifzeiten abhängen. Er wird auf der Kostenstelle „Fremdstrombezug" erfaßt und in einer einzigen Summe auf die Kostenstelle Strom-Verteilung übertragen.

Auf einer gesonderten Kostenstelle „Strom-Erzeugung" werden die Kosten für die bezogene Wärme aus der Dampferzeugung, die Personal- und Sachkosten sowie Umlagen von Hilfsbetrieben, die von der Kostenstelle „Strom-Erzeugung" verursacht worden sind, gesammelt. Die Verrechnung auf die Kostenstelle Strom-Verteilung erfolgt ebenfalls in einer einzigen Summe.

Aus den Kosten dieser beiden Kostenstellen und aus den Stromverteilungskosten (Netzkosten) wird ein einheitlicher Verrechnungssatz gebildet. Mit diesem werden die Stromverbraucher belastet, wobei aus Vereinfachungsgründen davon abgesehen werden kann, für die Nachtbetriebe Sondersätze zu bilden. Die Verteilung sollte nach dem Ist-Verbrauch erfolgen. Ersatzweise kann nach installierten kW oder durch Schätzung verteilt werden.

In chemischen Betrieben, in denen die Energie eine überragende Bedeutung hat, kann eine Abwandlung der oben dargestellten Verrechnungsweise angebracht sein. Es dürfte zweckmäßig sein, dann die Verrechnung getrennt über einen Bereitschafts- und einen Arbeitspreis vorzunehmen. Im Bereitschaftspreis werden alle fixen Kosten der Energieerzeugung und -verteilung abgegolten. Diese Kosten werden mit einem Verrechnungssatz, der auf den installierten kW der verbrauchenden Stellen basiert, den Verbrauchern belastet. Der Arbeitspreis hingegen umfaßt die variablen Kosten. Sie werden nach dem Verbrauch verteilt.

Für die Energieart *Dampf* gelten die Ausführungen sinngemäß.

Soweit der Verbrauch für Raumheizung nicht effektiv ermittelt werden kann, ist er durch Schätzung festzustellen und vorab auf die betreffenden Kostenstellen nach einem brauchbaren Schlüssel (Heizfläche, Rauminhalt) umzulegen. Der Dampfverbrauch für die Produktion ist – soweit er nicht gemessen wird – nach dem Soll-Verbrauch der einzelnen Apparate, ersatzweise durch Schätzung des Betriebsleiters, für die verbrauchenden Kostenstellen weiter zu verrechnen.

Wird Strom aus eigenem Dampf gewonnen und gleichzeitig Dampf direkt für einzelne Kostenstellen verbraucht, treten die mit der Kuppelproduktion zusammenhängenden kostenrechnerischen Probleme auf[9]). Grundsätzlich kann sowohl das thermische (kalorische) als auch das thermodynamische Prinzip angewandt werden.

Das thermische Prinzip beruht darauf, daß man die für die Stromerzeugung aufgewandten Dampfeinheiten von der gesamten Dampfproduktion absetzt und die Verrechnungssätze nach den aufgewendeten Kalorien festlegt. Die Verdampfungsenergie wird hierbei ausschließlich von der Dampfproduktion getragen. Hohe Dampfverrechnungspreise haben in diesem Falle relativ niedrige Strompreise zur Folge.

Bei Höchstdruckkraftwerken, die eine besonders hohe Stromausbeute haben, kann hier für die Mehrkosten des Kapitaldienstes für höheren Druck eine Umbuchung erfolgen. Diese Art der Abrechnung wird meist bei Gegendruckturbinen angewendet.

Das thermodynamische Prinzip geht davon aus, daß der Dampf nur so viel wert ist, wie man Strom aus ihm erzeugen kann. Dem Kraftwerk werden diejenigen kWh verrechnet, die der Dampf bei voll ausgenutzten Maschinen erzeugt hätte. Die Produktionsleistung wird also nur noch in kWh ausgedrückt

---

[9]) Vgl. Teil I, C 2cb.

und nicht mehr in Dampf- und elektrische Energieeinheiten aufgeteilt. Der Strompreis muß die Verdampfungskosten voll decken. Hier steht einem relativ hohen Strompreis ein sehr günstiger Dampfpreis gegenüber. Diesem Abrechnungsverfahren gibt man meistens bei Kondensationskraftwerken den Vorzug.

Für die Anzahl der im *Werkstättenbereich* einzurichtenden Kostenstellen (z. B. Schlosserei und Schreinerei) werden Umfang und Ort der Arbeiten bestimmend sein.

An Materialkosten sollten hier zweckmäßigerweise nur die Kosten für Kleinmaterialien (Gemeinkostenmaterial) erfaßt werden. Das bestimmten Aufträgen direkt zurechenbare Material dagegen sollte den auftraggebenden Kostenstellen belastet werden. Die sonstigen Kosten werden nach Handwerkerstunden verteilt. Falls (bei kleinen Werkstätten) die Kosten der Handwerker verschiedener Berufe in einer Kostenstelle gesammelt werden, kann die Verteilung mit unterschiedlichen Stundensätzen, die durch gelegentliche Erhebung ermittelt werden, erfolgen.

Es kann zweckmäßig sein, den Kostenanfall bei der Erstellung von Neuanlagen, bei (aktivierungspflichtigen) Großreparaturen und bei Leistungen an Dritte (einschl. Belegschaftsmitglieder) kommissionsweise (auftragsweise) zusammenzufassen und nach Fertigstellung den Hauptkostenträgern bzw. Anlage- oder sonstigen Konten zu belasten.

Die *Verkehrsbetriebe* umfassen (gegebenenfalls gegliedert in einzelne Transporteinrichtungen) Bahnbetriebe, Kräne, Stapler, Lkw, Pkw, Elektrokarren, Wasserfahrzeuge, Förderbänder usw. Oft wird man beim Bahnbetrieb besondere Kostenstellen für die Unterhaltung des Bahnkörpers und für den Fahrzeugbetrieb einrichten.

Es kann zweckmäßig sein, die einzelnen Kostenarten – gelegentlich oder regelmäßig – mit Hilfe eines gesonderten Bogens nach Kraftfahrzeugarten getrennt zu erfassen und zu verteilen, da die Kraftfahrzeuge zuweilen für mehrere Kostenträgergruppen und für unterschiedliche Zwecke (z. B. für Eingänge oder Ausgänge) eingesetzt werden. So sind Transportkosten für die Anlieferung von Stoffen in den Bezugskosten, für die Anfuhr von Maschinen und Aggregaten in den Anschaffungskosten zu aktivieren; Transportkosten für Warenauslieferung gehören zu den Vertriebskosten.

Die Kosten dieser Kostenstelle sind grundsätzlich nach der Leistung (bei Pkw gefahrene km, bei Lkw tkm) den Verbrauchern zu belasten. Wird die Zurechnung regelmäßig auf einem Sonderbogen vorgenommen, sind die für die einzelnen Kostenstellen ermittelten Kostenanteile bei der Umlage der Hilfskostenstelle Kraftfahrzeuge zu berücksichtigen. Falls die Zurechnung aufgrund von gelegentlichen Erhebungen erfolgt, werden die im Berichtszeitraum effektiv anfallenden Kosten nach den so ermittelten Verhältniszahlen auf die beanspruchenden Kostenstellen verteilt.

d) *Allgemeiner Bereich*

Zum Allgemeinen Bereich gehören Einrichtungen, die allen Bereichen dienen. Aus dieser Zweckbestimmung ergibt sich, daß diese Kosten grundsätzlich *nicht* zu den Herstellkosten gehören.

Wie tief die Untergliederung dieses Bereichs im Einzelfall sein wird, hängt von der Bedeutung ab, die den einzelnen Funktionen beigemessen wird. Hierbei kann es sich beispielsweise handeln um

> Ambulanz,
> Bewachung (soweit nicht direkt zurechenbar),
> Duschräume (soweit nicht bestimmten Kostenstellen zurechenbar),
> Erholungsheime,
> Feuerschutz,
> Kantine,
> Kindergarten,
> Leihbücherei,
> Sportanlagen,
> Umzäunung,
> Werkswohnungen,
> Werksveranstaltungen.

Es kann zweckmäßig sein, die Aufwendungen mit sozialem Charakter gesondert festzuhalten. Dies wird jedoch oft auf Schwierigkeiten stoßen, da z. B. die Ambulanz sowohl Leistungen allgemeiner Art als auch mit sozialem Charakter erbringen wird. Das gleiche kann u. a. bei den Kostenstellen Duschräume, Kantine, Kindergarten, Sportanlagen, Werkswohnungen der Fall sein.

Diese Kosten werden – soweit sie nicht im Ausnahmefall einzelnen Endkostenstellen direkt zurechenbar sind – in der Ergebnisrechnung unter Position „Verwaltungskosten" eingestellt. (Für die Verrechnung der Feuerschutzkosten werden in der Regel die Feuerversicherungswerte geeignete Verteilungsschlüssel sein.)

e) *Forschung, Entwicklung und Anwendungstechnik*

Der Bereich Forschung, Entwicklung und Anwendungstechnik umfaßt die Kostenstellen, die sowohl der Grundlagen- und Zweckforschung als auch der Weiterentwicklung bestehender Verfahren dienen.

Die Kosten der laufenden Betriebsüberwachung gehören zu den Herstellkosten und werden auch auf Kostenstellen des Fertigungsbereichs verrechnet.

Die Kosten der Anwendungstechnik sind dem Vertriebsbereich zuzuordnen.

Die Kosten der Grundlagen- und Zweckforschung werden als gesonderte Position direkt in die Ergebnisrechnung eingesetzt.

f) Fertigerzeugnislager und -versand

Werden die Fertigerzeugnislager und der Erzeugnisversand in einem gesonderten Bereich zusammengefaßt, sind die auf diesen Kostenstellen angefallenen Kosten in der Ergebnisrechnung den entsprechenden Produkten (zusammen mit den Vertriebskosten) zu belasten.

Lager für Zwischenprodukte, die auch abgesetzt werden, gehören ebenfalls zu
diesem Bereich.

g) Vertrieb

Zum Vertriebsbereich gehören u. a.:

> Verkaufsabteilungen,
> Außenbüros,
> Fakturierung,
> Anwendungstechnik,
> Marktforschung und -beobachtung,
> Werbeabteilung.

Gesichtspunkte für eine weitergehende Gliederung der Kostenstellen innerhalb des Vertriebsbereiches können sein: Fabrikationszweige, Erzeugnisgruppen, Absatzgebiete, Kundenbranchen u. a. Die Vertreterprovisionen und andere
Vertreterkosten können entweder einer Kostenstelle des Vertriebsbereiches
oder als Einzelkosten des Vertriebs direkt den Kostenträgern zugerechnet
werden.

Für die Verteilung von Vertriebskosten auf die Erzeugnisse bzw. Erzeugnisgruppen können folgende Überlegungen von Bedeutung sein:

Für die *Werbung* werden in der Regel Etats eingerichtet werden, nach denen
die angefallenen Kosten auf die Produkte verteilt werden können. Zu beachten
ist hierbei besonders, daß zu den Kosten der Werbung nicht nur die Fremdleistungen, sondern auch sämtliche anderen auf dieser Kostenstelle angefallenen Kosten (z. B. Personalkosten, Reisekosten) gehören. Die Fremdleistungen
für Werbung werden jedoch auch häufig den Kostenträgern direkt zugerechnet.

Zu den Kosten der *Anwendungstechnik* sind die Beträge zu rechnen, die mit
der Beratung der Kunden über Einsatz- und Anwendungsmöglichkeiten sowie
Untersuchung von Reklamationsfällen im Zusammenhang stehen. Von besonderer Bedeutung können hier die Reisekosten sein. Diese Kosten können in
der Regel nach der Inanspruchnahme verteilt werden.

h) Verwaltung

Zur Erfassung der Verwaltungskosten sollten, sofern nicht eine abweichende
Gliederung zweckmäßig erscheint, folgende Kostenstellen eingerichtet werden:

> Personalwesen,
> Rechnungswesen,
> Allgemeine Verwaltung.

Im einzelnen sind u. a. zuzurechnen:

zu der Kostenstelle Personalwesen die Kosten der verwaltungsmäßigen Personalbetreuung (etwa Einstellungen, Lohn- und Gehaltsabrechnungen, Urlaube, Krankheitsfälle, Entlassungen);

zur Stelle Rechnungswesen die Kosten der Buchhaltung (Haupt-, Kontokorrent- und Betriebsbuchhaltung), der Finanzdisposition und der finanziellen Geschäftsabwicklung einschließlich der Kassenführung und der Statistik;

zur Allgemeinen Verwaltung die Kosten der Geschäftsleitung und der Fernsprechzentrale einschl. Fernschreiber (letztere ohne die direkt zurechenbaren Postgebühren).

Es werden sämtliche Primärkostenarten sowie – gegebenenfalls – anteilige Umlagen von anderen Hilfskostenstellen berücksichtigt. U. a. sind der Kostenstelle Rechnungswesen die Gebühren der Wirtschaftsprüfer und Steuerberater zu belasten. Der Allgemeinen Verwaltung werden auch Spenden, Beiträge, Gebühren allgemeiner Art (etwa für karitative und kulturelle Zwecke) und Repräsentationskosten zugerechnet, sofern sie nicht unmittelbar einer Produktionsgruppe belastet werden können. Falls Patent- und sonstige Rechtsangelegenheiten durch Betriebsangehörige bearbeitet werden, wird empfohlen, die Kosten hierfür ebenfalls der Allgemeinen Verwaltung zuzurechnen.

Es ist üblich, die Kosten des *Personalwesens* anteilig auf die Kostenstellen der Verwaltung, der Fabrikation und des Vertriebs zu verteilen. Die Verteilung erfolgt zweckmäßiger nach der Lohn- und Gehaltssumme. Für die Bemessungsgrundlage sind dabei die Gesamtlöhne und -gehälter oder die Anzahl der Beschäftigten heranzuziehen.

Die Kosten der *Verwaltungsabteilungen* (Kosten des Rechnungswesens und der Allgemeinen Verwaltung sowie die unverteilten Kosten des Personalwesens) können direkt in die Ergebnisrechnung übernommen und dort als besondere Position „Verwaltungskosten" ausgewiesen werden.

Für Rentabilitätsüberlegungen wird man sie auf Produktgruppen bzw. Produkte verteilen. Als Verteilungsgrundlage bieten sich die Herstellkosten bzw. die Selbstkosten unter Ausschluß der Verwaltungskosten an. Will man nach dem Deckungsbeitragsprinzip[10]) vorgehen, verteilt man die Blockkosten nach der Tragfähigkeit.

Falls – bei kleineren Gesellschaften – nur eine einzige Kostenstelle für das Rechnungswesen und die Allgemeine Verwaltung geführt wird und eine unmittelbare Umlage der *gesamten* Kostenstelle in der Ergebnisrechnung durch Leistungseinschätzung nicht möglich ist, wird folgendes Verfahren empfohlen: Umlage der Gehälter und Löhne nach der Inanspruchnahme auf die Produktgruppen (gegebenenfalls Schätzung); Verteilung der restlichen Verwaltungskosten nach der so gewonnenen Grundlage.

Auch hier kann gegebenenfalls nach der Tragfähigkeit vorgegangen werden.

---

[10]) Vgl. Riebel, P.: Das Rechnen mit Einzelkosten und Deckungsbeiträgen, ZfhF, 1959, S. 213-238.

D. Kostenträgerrechnung

1. Arten

Die Grundgliederung des Kalkulationsschemas soll sich nach den jeweiligen Kostenbereichen richten (die ihrerseits nach den Hauptfunktionen gebildet wurden):

Stoffkosten
Fertigungskosten } Herstellkosten
Forschungskosten
Verwaltungskosten } Selbstkosten
Vertriebskosten
Sonderkosten

Aus den Aufgaben der Kostenträgerrechnung ergibt sich ihre Gestaltung. Grundsätzlich kann sie als Vor- und Nachrechnung geführt werden.

a) Nachkalkulation

Die Nachkalkulation wird regelmäßig – vierteljährig, unter Umständen auch monatlich – mit tatsächlich angefallenen Kosten durchgeführt. Die ermittelten Werte werden für Bilanz und Ergebnisrechnung verwandt. In der Regel ist die Abrechnung einer einzelnen Partie oder eines einzelnen Auftrages nicht notwendig; es genügt, wenn die Nachkalkulation auf die im Abrechnungszeitraum insgesamt hergestellten Erzeugnisse bzw. gekauften Handelswaren abgestellt wird.

B e i s p i e l für die Ermittlung der Herstellkosten bei Halb- und Fertigerzeugnissen:

| | Menge | | Wert | |
	kg	% der Ausbeute	Einzelpreis DM	Gesamtwert DM	je 100 kg Ausbeute DM
Stoffverbrauch					
Rohstoff A	800	26,7	8,—	6 400	2,13
Rohstoff B	1000	33,3	6,—	6 000	2,—
Rohstoff C	850	28,3	5,71	4 855	1,62
Halbfabrikat X	500	16,7	20,—	10 000	3,34
	(3150)			27 255	9,09
Stoffgemeinkosten				345	0,11
Einsatzstoffkosten				27 600	9,20
Energie				1 800	0,60
Abschreibungen				3 600	1,20
Sonstige Fertigungskosten				27 000	9,—
Fertigungskosten				32 400	10,80
Herstellkosten der Ausbeute	3000	100,—		60 000	20,—

Der mengenmäßige *Stoffverbrauch* (Rohstoffe, Halbfabrikate) wird von den Produktionsbetrieben gemeldet und dem einzelnen Kostenträger direkt zugerechnet.

Die *Stoffgemeinkosten* (vorwiegend Lagerhaltungskosten für Rohstoffe) sind als Zuschlag auf den Wert des Rohstoff-Verbrauchs verrechnet.

Von den *Fertigungskosten* sind die Energien und Abschreibungen gesondert ausgewiesen. Die Energie ist gemessen, die Abschreibungen sind plangemäß angesetzt. Die sonstigen Fertigungskosten ergeben sich aus der Kostenstellenrechnung.

Die *Herstellkosten je Produkteinheit* sind mittels Division der Gesamtherstellkosten durch die Menge der Ausbeute, die vom Fabrikationsbetrieb angegeben worden ist, ermittelt worden.

Will man über die Herstellkosten hinaus auch die *Selbstkosten* errechnen, sind Forschungs-, Vertriebs- und Verwaltungskosten zusätzlich zu berücksichtigen.

Die Richtigkeit der Kostenträgerrechnung hängt wesentlich davon ab, daß die im Abrechnungszeitraum angefallenen Kosten vollständig übernommen werden. So muß z. B. der errechnete Gesamtwert aller hergestellten Erzeugnisse mit der Summe der Herstellkosten der betreffenden Periode übereinstimmen.

b) Vorkalkulation

Die Vorkalkulation wird von Fall zu Fall mit voraussichtlichen (geschätzten) Werten vorgenommen. Sie bezweckt die Ermittlung von Verkaufspreisen. Deshalb rechnet sie grundsätzlich mit Wiederbeschaffungspreisen und muß – im Gegensatz zur Nachkalkulation – über die Ermittlung der Einstandspreise bzw. Selbstkosten bis zu den Verkaufspreisen hinaus ausgedehnt werden.

Hierbei kann folgendes Schema zugrunde gelegt werden:

Erzeugnisse	*Handelswaren*
Stoffverbrauch	Warenwert
+ Stoffgemeinkosten	+ Bezugskosten
+ Fertigungskosten	·/· Rabatte und Skonti
Herstellkosten	**Anschaffungskosten**

+ Forschungskosten
+ Vertriebskosten
+ Werbekosten
+ Verwaltungskosten

Zwischensumme I

+ Erlösschmälerungen

Zwischensumme II

+ Gewinnzuschlag

kalkulierter Verkaufspreis

Der Stoffverbrauch bzw. der Warenwert ist mit dem Wiederbeschaffungspreis anzusetzen. Dies ist bei den *Bezugskosten* vor allem im Hinblick auf vorhersehbare Preisänderungen von Bedeutung.

Beim Ansatz der *Fertigungskosten* ist insbesondere zu beachten, daß einzelne Kostenarten sich mit der Kapazitätsausnutzung ändern können.

Für die Bemessung der *Vertriebs-, Werbe- und Verwaltungskosten* kann von den Erfahrungszahlen früherer Perioden (ersichtlich aus den früheren Ergebnisrechnungen) ausgegangen werden.

Auch für den Ansatz der *Erlösschmälerungen* können Durchschnittssätze aus den letzten Ergebnisrechnungen zur Anwendung kommen, sofern keine besonderen Verhältnisse vorliegen. Hierbei ist zu beachten, daß der kalkulierte Verkaufspreis der Brutto-Verkaufspreis ist. Deshalb kann die Höhe der Erlösschmälerungen nur dann unverändert berücksichtigt werden, wenn in der Ergebnisrechnung auch der Brutto-(Waren-)wert als Roherlös ausgewiesen worden ist. Wurde dagegen von einem Nettowert ausgegangen, sind Rabatte u. dgl., die bereits beim Ansatz des Nettowertes berücksichtigt worden sind, zu den Erlösschmälerungen in der Vorkalkulation noch hinzuzurechnen.

Der *Gewinnzuschlag* ist in der üblichen Höhe anzusetzen. Wenn ausnahmsweise die Stoff- und Fertigungskosten nicht mit den Wiederbeschaffungspreisen bewertet wurden, kann der Unterschied auch im Gewinnzuschlag berücksichtigt werden.

Der sich aufgrund der Vorkalkulation ergebende *kalkulierte Verkaufspreis* wird meist nur Richtpreis und Hilfsmittel für die Festlegung des effektiven Verkaufspreises sein.

c) Kostenträgereinheit- und Kostenträgerzeitrechnung

Die Aufgaben der Kostenträger*einheit*-Rechnung (Kalkulation) sind bereits im Teil I, B 4 d, beschrieben worden. Beispiele hierfür enthalten sowohl der vorangegangene als auch der folgende Teil. Die Kostenträgereinheit-Rechnung wird sich je nach der Zweckbestimmung bis zu den Herstellkosten, bis zu den Selbstkosten oder bis zum Erlös erstrecken[11].

Die Grundzüge der Kostenträger*zeit*-Rechnung sind ebenfalls in Teil I, B 4 d, dargelegt worden. Je nach ihrer Zweckbestimmung werden entweder die gesamten in einer Periode angefallenen Kosten oder die Kosten der umgesetzten Erzeugnisse dieser Periode erfaßt. Die Zeitrechnung dient somit der Ergebnisrechnung nach dem Gesamtkosten- und auch nach dem Umsatzkosten-Verfahren[12]. Zentralproblem im Rahmen der Kostenträgerzeit-Rechnung ist die Bewertung der Bestände.

---

[11] Näheres siehe Teil II, **E.**
[12] Vgl. Teil II, **B 3.**

2. Bewertungsfragen in der Kostenträgerrechnung

In der Kostenträgerrechnung werden die Leistungen bewertet. Dies kann zu

> Herstell- bzw. Anschaffungskosten oder
> Verrechnungspreisen

geschehen.

Beim Ansatz der *Herstell- bzw. Anschaffungskosten* kann es sich um die Kosten der jeweiligen Periode bzw. Partie, der letzten Ausbringung oder um Durchschnittspreise handeln. Es können reine Ist-Kosten oder auch gemischte Kosten (bei Verwendung kalkulatorischer Kosten bzw. bei Mitverwendung von Verrechnungspreisen) sein. Für die Abrechnung ergibt die Verwendung von Ist-Herstellkosten den Nachteil, daß für die Ermittlung der effektiv angefallenen Kosten auch der letzte Beleg herangezogen und deshalb abgewartet werden muß. Hinzu kommt noch, daß bei diesem Wertansatz der Kostenanfall von nacheinander geschalteten Produktionsstufen übernommen wird, so daß etwaige Unwirtschaftlichkeiten weitergewälzt werden.

Die Abrechnung kann – vor allem bei tiefgegliederter Produktion – wesentlich vereinfacht und beschleunigt werden, wenn man statt mit Ist-Herstellkosten, die naturgemäß erst nach Abschluß eines Zeitabschnittes vorliegen, mit *Verrechnungspreisen* bewertet; denn die Mengen und Zeiten, die bewertet werden müssen, stehen relativ früh zur Verfügung. Verrechnungspreise erleichtern auch die Verbrauchskontrolle, da Preiseinflüsse weitgehend ausgeschaltet sind. Um Fehldispositionen zu vermeiden, dürfen sie jedoch nicht zu stark von den tatsächlichen Kosten abweichen.

Die Art der Bewertung der Kostenträger gewinnt im Zusammenhang mit der *Bestandsbewertung für die Jahresbilanz* an Bedeutung.

Nach Handelsrecht ist das Umlaufvermögen in der Bilanz höchstens zu den Herstell- bzw. Anschaffungskosten zu bewerten. Nach § 133 Ziff. 3 Aktiengesetz *ist* ein eventuell vorhandener niedrigerer Börsen- oder Marktpreis am Abschlußstichtag oder – falls ein Börsen- oder Marktpreis nicht festzustellen ist – der Wert, „der den Gegenständen am Abschlußstichtag beizulegen ist", anzusetzen. Der Wert, der den Gegenständen am Abschlußstichtag beizulegen ist, kann sowohl der Verkaufswert abzgl. der noch ausstehenden Aufwendungen als auch der Wiederbeschaffungs- bzw. Reproduktionskostenwert sein.

Nach Steuerrecht (§ 6, Absatz 2, Ziff. 2, EStG) *kann* der niedrigere Teilwert angesetzt werden.

Es sind nicht nur bis zum Bilanzstichtag bereits eingetretene, sondern auch bereits erkennbare Preisänderungen bei der Bewertung zu berücksichtigen. Der Bundesfinanzhof hat, der „Rechtsprechung des Reichsfinanzhofes im Grundsatz folgend, bei Waren, deren Preise stark schwanken, insbesondere bei Importwaren, zugelassen, daß die Preisentwicklung an den internationalen

Märkten etwa 4–6 Wochen vor und nach dem Bilanzstichtag berücksichtigt werden darf[13])".

Es können jedoch nur solche Preisänderungen berücksichtigt werden, die nachhaltig sind. „Zeigen die Preise nicht nur vor und nach dem Stichtag, sondern auch sonst regelmäßig starke Schwankungen, und läßt sich nicht erkennen, ob der Preis am Stichtag ungewöhnlich ist, so wird man im allgemeinen annehmen können, daß sich die Schwankungen ausgleichen. Ein Abschlag ist dann nicht gerechtfertigt[13])."

Wird der Teilwert aus den Wiederherstellkosten abgeleitet, sind zusätzlich die Produktionsbedingungen zu berücksichtigen. Hierbei sind nur die Kosten zugrunde zu legen, die für die Herstellung notwendig sind und mit ihr in unmittelbarem Zusammenhang stehen. „Wird ein Betrieb infolge teilweiser Stillegung oder mangelnder Aufträge nicht voll ausgenutzt, so sind die dadurch verursachten Kosten bei der Berechnung der Herstellungskosten nicht zu berücksichtigen[14])." Hieraus ergibt sich im einzelnen:

Bei *Unterbeschäftigung* sind nur die Fertigungskosten anzusetzen, die bei normaler Kapazitätsausnutzung entstanden wären.

Stillstandskosten gehören nicht zu den Herstellkosten. Allerdings sind die Kosten, die bei nur vorübergehendem Stillstand entstanden sind, nicht aus den Herstellkosten auszusondern.

Eine besondere Untersuchung bedingen die *Anlaufkosten*. Soweit sie noch zu den Entwicklungskosten gehören, ist durch getrennte Buchung sichergestellt, daß sie nicht in die Herstellkosten einbezogen werden.

Hierbei ist schließlich noch zu beachten, daß die handelsrechtlichen Vorschriften es nicht gestatten, alle kalkulatorischen Kosten im Wertansatz der Herstellkosten zu berücksichtigen. So sind kalkulatorische Zinsen, kalkulatorische Wagnisse und der Unternehmerlohn bei der Bestandsbewertung zu eliminieren. Diese Forderung exakt zu erfüllen wird bei tiefgegliederter Produktion sehr schwierig, wenn nicht gar unmöglich sein. Die Entscheidung, ob man kalkulatorische Zinsen und Steuern über Kostenstellen und Kostenträger verrechnen sollte oder nicht, wird auch durch diese Überlegung beeinflußt werden[15]).

3. Verfahren

Der Schwerpunkt der Kostenträgerrechnung liegt in der Ermittlung der Herstellkosten eines Kostenträgers bzw. einer Kostenträgergruppe. Dafür stehen die folgenden Verfahren zur Verfügung:

---

[13]) BFH-Urteil v. 17. 7. 56, I 292/55 U, BStBl. 1956 III S. 379.
[14]) EStR 1961 Abschnitt 33.
[15]) Vgl. auch Teil IV, E 4.

Die Verteilung der Stellenkosten auf die Kostenträger (Betriebsleistungen) kann auf dem Wege der *Divisionskalkulation* oder mit Hilfe des *Verrechnungssatzverfahrens* erfolgen. In der Chemischen Industrie wird vorwiegend die Divisionskalkulation angewandt – oft erst nach Durchführung von Zwischenrechnungen (Äquivalenzziffernrechnungen). Der Verrechnungssatz kommt vor bei der Abrechnung der Werkstattaufträge (selbsterstellte Anlagen, Instandhaltungsaufträge). Das Verrechnungssatzverfahren findet außerdem Anwendung, wenn auf einer Kostenstelle ungleichartige Erzeugnisse erstellt werden. Man bezeichnet es auch als Zuschlagskalkulation.

Bei der Divisionskalkulation werden die Herstellkosten je nach Leistung (Erzeugnis) dadurch ermittelt, daß die in der Abrechnungsperiode auf der leistenden Stelle angefallenen Kosten durch die Summe der erstellten Leistungen dividiert werden.

Eine Abart der üblichen Divisionskalkulation ist die Äquivalenzziffernrechnung. Sie findet Anwendung, wo es möglich ist, verschiedenartige Leistungen einer Kostenstelle durch Umrechnung auf einen einheitlichen Nenner zu bringen, so daß die Leistungen addiert werden können und ihre Summe, wie bei der reinen Divisionskalkulation, als Divisor benutzt werden kann.

Bei dem Verrechnungssatzverfahren werden die Einzelkosten gesondert festgestellt und die Gemeinkosten auf die Einzelleistungen verteilt. Grundlage für die Verrechnung der Gemeinkosten können die Fertigungslöhne, die Einsatzstoffe oder die Maschinenlaufzeiten bzw. Apparatestunden sein. Hierbei ergibt sich der Verrechnungssatz durch Division der Fertigungskosten durch die Summe der Maschinenlaufzeiten bzw. Apparatestunden. Die erstellten Leistungen erhalten ihren Fertigungskosten-Anteil durch Multiplikation des Zeitverbrauchs mit dem ermittelten Verrechnungssatz. Diese Kostenverteilungsmethode ist in den Kostenstellen erforderlich, in denen die Leistungen die Fertigungsanlagen zeitlich in relativ unterschiedlicher Weise in Anspruch nehmen.

Eine besondere Schwierigkeit ergibt sich für die Kostenträgerrechnung, wenn in einem geschlossenen Produktionsgang mehrere Produkte anfallen. Es bedarf hier besonderer Verteilungsmethoden, um die Einzelprodukte mit Herstellkosten-Anteilen zu belasten. Die Grundsätze der Kostenverteilung leiten sich hierbei von Marktpreisen und/oder technischen Größen ab[16]).

Grundlagen für die praktische Durchführung der Kostenträgerrechnung bilden die mengenmäßigen Aufschreibungen des Betriebes über den Verbrauch an Einsatzstoffen, über deren Wiedergewinnung und über die Ausbeute an Haupt- und Nebenerzeugnissen. Diese Aufschreibungen müssen mit dem Nachweis über die Vorratsbewegung im Betrieb übereinstimmen. Die Stoffabrechnung und die Zusammenstellung der Inventur an Rohstoffen, Halb- und Fertigprodukten sind daher abrechnungstechnisch und organisatorisch eng mit der Durchführung der Kostenträgerrechnung verbunden.

---

[16]) Vgl. Teil I, C 1 c.

Im folgenden werden die verschiedenen Verfahren der Divisions- und Verrechnungssatzkalkulation anhand von Beispielen erläutert.

a) Divisionskalkulation

aa) Einfache Divisionskalkulation

Werden in einem Betrieb nur ein Produkt oder mehrere eng verwandte Erzeugnisse produziert, kann die einfache Divisionskalkulation für den Gesamtbetrieb angewandt werden. Durch Division der Kosten der Kontenklasse 4 durch die erzeugte Menge ergeben sich die *Selbst*kosten je Erzeugniseinheit. Die einfache Divisionskalkulation kann in gleicher Weise auch für einzelne Kostenstellen Verwendung finden. Dann ergeben sich durch Division der Kostenstellenkosten durch die erzeugte Menge die *Herstell*kosten je Erzeugniseinheit.

Beispiel für Einprodukt-Betrieb:

In einer Periode sind folgende Kosten entstanden:

Einsatzstoff:

Einsatzstoff A	9 632 DM	
Einsatzstoff B	6 914 DM	
Einsatzstoff C	5 624 DM	
Einsatzstoff D	6 392 DM	28 562 DM
Kosten der Klasse 4		22 441 DM
Selbstkosten insgesamt		51 003 DM
Hergestellte Mengen . . . . 10 000 Einheiten		
Selbstkosten pro Einheit		5,10 DM

Dieses Verfahren ist, weil kein Unterschied zwischen Fertigungs-, Verwaltungs- und Vertriebs-Bereich gemacht wird, nur anwendbar, wenn Erzeugung und Absatz sich decken. Werden die hergestellten Produkte im gleichen Zeitraum nicht restlos verkauft, müssen wenigstens zwei Abrechnungsbereiche (Fertigung einerseits, Verwaltung und Vertrieb andererseits) geschaffen werden, weil eine Herstellkostenbewertung für die Bestände erforderlich ist. Der Fertigungsbereich umfaßt dann Material- und Fertigungskosten, der Verwaltungs- und Vertriebsbereich die übrigen Kosten.

Werden in einer Kostenstelle mehrere engverwandte Produkte hergestellt, kann man wie folgt vorgehen:

B e i s p i e l für Mehrprodukt-Betrieb bzw. -Kostenstelle:

In einer Fertigungsstelle werden in einem Monat nach demselben Produktionsverfahren sechs verschiedene Produkte hergestellt (A–F).

Die Einsatzstoffe werden für jedes Produkt gesondert erfaßt. Die Fertigungskosten (Kostenstellen-Kosten) betragen insgesamt 50 000 DM. Die Produkte
werden chargenweise hintereinander hergestellt. Sie haben unterschiedliche
Zusammensetzungen hinsichtlich ihres Stoffverbrauchs, sie haben aber grundsätzlich den gleichen Produktionsweg, d. h. sie beanspruchen die gleichen Produktionsmittel, haben die gleiche Produktionsdauer und den gleichen Lohn-
stunden-Aufwand. Die Kostenaufteilung geschieht durch Division der Stellenkosten durch die Gesamtzahl der Erzeugnis-Mengen und Multiplikation der so
gewonnenen Werte mit den einzelnen Herstellungsmengen.

Hierbei ergeben sich folgende Herstellkosten:

	Leistung	Fertig.-Kosten	Fertig.-Kosten je 100 kg	Einsatz-kosten	Herstell-kosten
	kg	DM	DM	DM/100 kg	DM/100 kg
Fertigungskosten		50 000			
Produkt A	1 000	10 000	1 000	650	1 650
B	500	5 000	1 000	400	1 400
C	100	1 000	1 000	1 040	2 040
D	2 000	20 000	1 000	750	1 750
E	1 000	10 000	1 000	210	1 210
F	400	4 000	1 000	2 040	3 040
	5 000	50 000	1 000		

ab) Ä q u i v a l e n z z i f f e r n r e c h n u n g

Obwohl in einer Kostenstelle verwandte Erzeugnisse, die in einem bestimmten
Verhältnis zueinander stehen, produziert werden, ist oft die Leistungsmenge
allein als Maßstab für die Kostenverursachung und damit auch als Basis für
die Kostenverteilung unzureichend. In diesem Falle kann versucht werden,
eine einheitliche Bezugsgrundlage für die Kostenverteilung zu schaffen (Äquivalenzziffer).

Das Verfahren soll wiederum an einem Beispiel, das eine Weiterentwicklung
des vorangegangenen darstellt, erläutert werden. Es wird angenommen, daß
bei Beibehaltung des gleichen Produktionsweges und unterschiedlicher Ein-
satzmenge nunmehr jedoch die Apparate-Inanspruchnahme (Betriebszeit) vari-
iert. Als Bezugsgröße ist deshalb neben der Menge die Betriebszeit zu berücksichtigen. Aus den spezifischen Betriebszeiten der Produkte wird eine Äqui-
valenzziffernreihe gebildet. Aus der Multiplikation dieser Äquivalenzziffern
mit den Leistungsmengen wird eine neue Bezugsgröße für die Kostenverteilung gewonnen.

B e i s p i e l :

Ermittlung einer Äquivalenzziffern-Reihe aus den spezifischen Betriebszeiten der Produkte

Produkt	Leistung kg	Betr.-Zeit h	Betr.-Zeit h/t	Äquival.- Ziffer	Bezugs- größe kg
A	1 000	50	50	1,–	1 000
B	500	20	40	–,8	400
C	100	10	100	2,–	200
D	2 000	70	35	–,7	1 400
E	1 000	60	60	1,2	1 200
F	400	20	50	1,–	400
Gesamt:	5 000	230			4 600

Kostenverteilung aufgrund der Äquivalenzziffern-Rechnung

	Bezugs- größe kg	Fertig.- Kosten DM	Leistun- gen kg	Fertig.-Kost. pro 100 kg DM	Eins.-Kost. DM/100 kg	Herst.-Kost. DM/100 kg
Fertig.-Kost.	4 600	50 000	5 000	1 000,—		
Produkt A	1 000	10 870	1 000	1 087,—	650	1 737,—
B	400	4 348	500	869,60	400	1 269,60
C	200	2 174	100	2 174,—	1 040	3 214,—
D	1 400	15 217	2 000	760,85	750	1 510,85
E	1 200	13 043	1 000	1 304,30	210	1 514,30
F	400	4 348	400	1 087,—	2 040	3 127,—

Die Fertigungskosten der einzelnen Produkte divergieren, weil die Betriebszeit, die je Tonne Herstellung benötigt wird, von Produkt zu Produkt unterschiedlich ist. Nur Produkt A und Produkt F stimmen in ihrem spezifischen Betriebszeit-Verbrauch überein und haben infolgedessen auch gleiche Fertigungskosten pro Einheit.

Es ist jedoch zu überlegen, ob man im Einzelfall nicht auch bei wechselnder Produktion verwandter Erzeugnisse anstatt Äquivalenzziffern-Rechnung zweckmäßigerweise mit Verrechnungssätzen (Apparatestunden als Bezugsgrundlagen) arbeitet.

Je nach Lage des einzelnen Falles wird die Äquivalenzziffern-Methode in abgewandelter Form angewandt werden können. Hierzu möge folgendes Beispiel dienen:

Es werden verschiedene Einzelsorten in einer Kostenstelle hintereinander hergestellt. Bekannt sind

> aus der Vorkalkulation die Stoff- und Fertigungskosten je 100 kg Ausbeute des einzelnen Produktes sowie

> die effektiv auf der Kostenstelle insgesamt angefallenen Stoff- und Fertigungskosten.

Es werden Äquivalenzziffern für Stoff- und Fertigungskosten gebildet, wobei im Beispiel die Sorte I als Basis diente. Die Multiplikation der hergestellten Menge je Sorte mit der Äquivalenzziffer ergibt die jeweilige Umrechnungsmenge, mit deren Hilfe anschließend die Gesamtstoff- bzw. Fertigungskostenmenge auf die einzelnen Sorten verteilt wird. Stoffkosten und Fertigungskosten ergeben den Herstellwert der jeweiligen Sorte, der mit großer Wahrscheinlichkeit dem Verursachungsprinzip entspricht.

Abrechnung der Stoffkosten

Sorte	Herstell-menge kg	Stoff-kosten DM/100 kg	Äquival.-Ziff. Stoffkosten	Umrechnungs-menge auf Basis Äquival.-Ziffer und Stoffkosten	Aufgeteilte Gesamt-Stoffkosten
A	250	16,—	4	1 000	42,—
B	600	32,—	8	4 800	201,60
C	450	8,—	2	900	37,80
D	1 600	20,—	5	8 000	336,—
E	700	12,—	3	2 100	88,20
F	100	16,—	4	400	16,80
G	350	52,—	13	4 550	191,10
H	400	80,—	20	8 000	336,—
I	600	4,—	1	600	25,20
J	800	24,—	6	4 800	201,60
K	100	20,—	5	500	21,—
L	200	28,—	7	1 400	58,80
M	300	36,—	9	2 700	113,40
N	1 000	40,—	10	10 000	420,—
O	1 500	16,—	4	6 000	252,—
P	150	20,—	5	750	31,50
	9 100			56 500	2 373,—

Errechnung der Fertigungskosten nach Gesamtzahlen

Sorte	Her-stell-Menge kg	Fertig.-Kosten DM/100 kg	Äquival.-Ziffer Fertig.-Kosten	Umrech-nungs-Menge a/Basis Fertig.-Kosten	Aufget. Gesamt-Aufwen-dungen Fertig.-Kosten	Aufget. Stoff-Kosten aus a)	Gesamt-Kosten der Produkte	Gesamt-Kosten je 100 kg
A	250	15,—	5	1 250	41,25	42,—	83,25	33,30
B	600	3,—	1	600	19,80	201,60	221,40	36,90
C	450	3,—	1	450	14,85	37,80	52,65	11,70
D	1 600	18,—	6	9 600	316,80	336,—	652,80	40,80
E	700	18,—	6	4 200	138,60	88,20	226,80	35,30
F	100	9,—	3	300	9,90	16,80	26,70	26,70
G	350	30,—	10	3 500	115,50	191,10	306,60	87,60
H	400	48,—	16	6 400	211,20	336,—	547,20	139,80
I	600	3,—	1	600	19,80	25,20	45,—	7,50
J	800	21,—	7	5 600	184,80	201,60	386,40	48,30
K	100	15,—	5	500	16,50	21,—	37,50	37,50
L	200	12,—	4	800	26,40	58,80	85,20	42,60
M	300	18,—	6	1 800	59,40	113,40	172,80	57,60
N	1 000	21,—	7	7 000	231,—	420,—	651,—	65,10
O	1 500	3,—	1	1 500	49,50	252,—	301,50	20,10
P	150	21,—	7	1 050	34,65	31,50	66,15	44,10
	9 100			45 150	1 489,95	2 373,—	3 862,95	

(Die Kosten je 100 kg für die einzelnen Podukte liegen um ca. 6 bis 8 % höher
als die Vorkalkulation, bedingt durch etwas höher angefallene Gesamtkosten
je Gruppe, z.B. Produkt A Vorkalkulation 16 + 15 = 31,—; Nachrechnung
33,30.)

Die Äquivalenzziffern-Rechnung ist auch auf dem Gebiet der Kuppelproduktion anwendbar. Welche Möglichkeiten hierbei im einzelnen gegeben sind, ist
bereits besprochen worden[17]).

ac) R e s t w e r t r e c h n u n g

Die Restwertrechnung ist eine Methode der Kostenzurechnung bei Kuppelproduktion[17]). Je nach der produktions- und erlösmäßigen Behandlung der
Nebenausbeuten können sich folgende Unterschiede ergeben:

Wenn die Nebenprodukte nicht weiter veredelt, sondern direkt abgesetzt
werden, wird der Nettoverkaufserlös der Nebenprodukte von den Gesamtkosten der Erzeugnisse abgesetzt. Die verbleibenden Kosten werden durch die
Gesamtmenge der Haupterzeugnisse dividiert.

---

[17]) Vgl. Teil I, C 2 c.

B e i s p i e l :

Herstellung einer Destillation			182 370 kg
Einsatzstoffe:	kg	Preis % kg	Wert DM
Stoff A	186 091	174,60	324 915,—
Stoff B	300	12,50	38,—
			324 953,—
Fertigungskosten			14 029,—
Herstellkosten insgesamt			338 982,—
Ausbeute:			
Nebenprodukt M	2 526	140,—	3 536,— (Nettoerlös)
Nebenprodukt N	7 327	100,—	7 327,— (Nettoerlös)
	9 853		·/· 10 863,—
Hauptprodukt (Herstellkosten)	172 517	190,20	328 119,—

Werden die Nebenprodukte weiter veredelt, sind die Veredlungskosten von
den Netto-Verkaufserlösen der Nebenprodukte abzusetzen. Um den verbleibenden Betrag werden die Herstellkosten der Hauptprodukte gekürzt.

Die Ermittlung der Restkosten bei laufendem Anfall und gleichbleibender
Behandlung der Nebenprodukte kann insofern vereinfacht werden, als die
Nebenprodukte mit Verrechnungspreisen bewertet und von den Gesamtkosten
der Produktion abgezogen werden. Die Verrechnungspreise für die Neben-
produkte sind von Zeit zu Zeit auf ihre Angemessenheit im Verhältnis zum
Erlös der Nebenprodukte zu überprüfen.

b) Verrechnungssatz-Verfahren

Die Verrechnungssatzkalkulation kommt entweder als Perioden- oder als
Auftragsrechnung vor. Bei der Periodenrechnung sind die hergestellten Mengen einer Erzeugnissorte die Kostenträger, bei der Auftragsrechnung der einzelne Auftrag, dessen Fertigstellung sich auch über mehrere Perioden erstrek-
ken kann.

Das Verrechnungssatz-Verfahren wird angewandt, wenn in einer Kostenstelle
eine Vielzahl ungleichartiger Erzeugnisse hergestellt wird und somit keine
addierbaren Leistungen erscheinen. Das Kennzeichen des Verrechnungssatz-
Verfahrens ist, daß die Stellenkosten auf Basis der Löhne oder der Arbeitszeit
(Lohn-, Maschinen- oder Aggregatstunde) auf die Kostenträger verrechnet
werden.

Bei lohnintensiver Fertigung bilden die Löhne die Grundlage für die Ermittlung des Verrechnungssatzes[18]). Derartige Leistungserstellungen kommen in

---

[18]) Vgl. Teil I, B 4 d.

der Chemischen Industrie etwa bei Werkstätten vor. Die Kostenträgerrechnung wird hier meist in Form der Auftragsabrechnung durchgeführt, wobei kleinere Aufträge in einer Abrechnung zusammengefaßt werden.

B e i s p i e l :

> *Auftrag Nr. 16 411*
>
> | | |
> |---|---:|
> | Fremdleistungen . . . . | 6 500 DM |
> | Leistungen anderer Kostenstellen . . . . | 750 DM |
> | Materialverbrauch . . . . | 16 800 DM |
> | + Material-Gemeinkosten-Zuschlag (15 %) . . . | 2 520 DM |
> | Eigene Lohnleistungen | |
> | 5 720 Stunden à 2,50 DM . . . . | 14 300 DM |
> | + 170 % Gemeinkosten-Zuschlag . . . . | 24 310 DM |
> | Gesamtkosten des Auftrags . . . . | 65 180 DM |

Grundlage für die Bildung der Verrechnungssätze ist der Betriebsabrechnungsbogen (Kostenstellenbogen) des Materiallagers bzw. der leistenden Werkstatt. Der Kostenstellenbogen der leistenden Werkstatt enthält beispielsweise folgende Positionen:

Werkstatt: A		*Leistungsstunden: 27 407*	
Kostenart	DM	%	DM pro Std.
Fertigungslöhne	68 200,—	100	2,50
Sozialaufwendungen Löhne	27 800,—	41	1,01
Gehälter	4 209,—	6	—,15
Sozialaufwendungen Gehälter . . .	1 315,—	2	—,05
Personalnebenkosten	4 296,—	6	—,16
Energiekosten	4 815,—	7	—,17
Hilfs- und Betriebsstoffe	2 511,—	4	—,09
Transportkosten	284,—	—	—,01
Instandhaltungskosten	5 965,—	9	—,22
Raumkosten	1 644,—	2	—,06
Steuern und Versicherungen	737,—	1	—,03
Kalkulatorische Abschreibungen . .	10 580,—	16	—,38
Kalkulatorische Zinsen	5 704,—	8	—,21
	69 860,—	102	2,54
Gemeinkosten-Umlage			
Arbeitsvorbereitung	25 600,—	38	—,93
Technische Abteilungen	1 403,—	2	—,05
Sonstige	19 394,—	28	—,71
	46 397,—	68	1,69
Gemeinkosten	116 257,—	170	4,23

Als Verrechnungssatz kommen 170 % auf den Fertigungslohn zur Anwendung.

Man kann auch die Fertigungs-Einzel- und -Gemeinkosten zu einem einzigen Verrechnungssatz zusammenfassen. Im vorliegenden Falle würde als Verrechnungssatz für eine Werkstattstunde (abgerundet) 6,70 DM festgelegt. Jede auf einen bestimmten Auftrag entfallende Lohnstunde würde damit bewertet und dem Auftrag belastet.

Je anlage- (bzw. maschinen- oder aggregat-) intensiver eine Fertigung ist, um so weniger zweckmäßig ist es, den Lohn bzw. die Lohnstunde als Basis zu verwenden. Man bildet deshalb Verrechnungssätze je Kostenstelle auf der Grundlage der Maschinen- bzw. Apparatestunden oder des Energieverbrauchs.

Bei maschinenintensiver Fertigung enthält der Verrechnungssatz also alle Kosten der Fertigungsstelle, bezogen auf die Maschinenlaufzeit. Sind die Anlagen einer Fertigungsstelle in Leistungsvermögen, Kapazitätsausnutzung und Kostenverursachung nicht gleichwertig, müssen mehrere Maschinenstundensätze gebildet werden. Dies ist nur möglich, wenn der Energieverbrauch, die Instandhaltungskosten und der Kapitaldienst nach den einzelnen Anlagenkategorien getrennt ermittelt werden können, die Raumkosten nach dem Raumanteil der Maschinen und die Personalkosten nach der tatsächlichen Arbeitsplatz-Besetzung auf die einzelnen Kategorien aufgeteilt werden können. Für die Leistung jeder einzelnen Anlagenkategorie kommt dann ein eigener Verrechnungssatz zur Anwendung.

c) Mehrstufige Kostenträgerrechnung

Die mehrstufige Kostenträgerrechnung leitet ihre Bezeichnung vom Vorhandensein mehrerer hintereinandergeschalteter Produktions- und Abrechnungsstufen im Fertigungsbereich ab. Die Fertigung vollzieht sich über eine Reihe von Fabrikationsgängen hinweg, zwischen die in der Regel Läger für die Halbfabrikate mit wechselndem Bestand eingeschaltet sind. Jedes dieser Zwischenläger muß in einer besonderen Bestandsrechnung erfaßt und abgerechnet werden, damit die Ausgangswerte für die nächste Produktionsstufe ermittelt werden können.

Auch bei kontinuierlicher Arbeitsweise über mehrere Stufen hinweg kann es aus Gründen der Betriebskontrolle angebracht sein, die Fertigungskosten der einzelnen Stufen in der Kostenträgerrechnung getrennt darzustellen. Allerdings ist dann nur eine Kostenträgerrechnung und eine Bestandsrechnung (nach der letzten Produktionsstufe) erforderlich, da Zwischenläger hierbei entfallen.

B e i s p i e l einfacher Art für eine mehrstufige Kostenträgerrechnung:

1. In der *Veresterung* werden auf 75 t Fettalkohol und 23 t organischer Säure 100 t Rohester erzeugt. 95 t Rohester werden in die Raffination gegeben, 5 t verbleiben im Bestand (Anfangsbestand 15 t, Endbestand 20 t).

2. In der *Raffination* werden aus 95 t Rohester 90 t Raffinationsprodukt und 4 t zum Beimischen in der Destillation wieder verwendbarer Soapstock erzeugt. Von den erzielten 90 t Raffinationsprodukt wurden 85 t in die Destillation gegeben. 5 t gehen in den Bestand (Anfangsbestand 4 t, Endbestand 9 t).

3. In der *Destillation* werden aus 85 t Raffinationsprodukt 60 t Fertigprodukt und 20 t Destillationsvorlauf gewonnen, der als Fettalkohol B in der ersten Stufe wieder eingesetzt werden kann. Von den 60 t Fertigprodukt werden 50 t verkauft, 10 t gehen auf Lager (Anfangsbestand 5 t, Endbestand 15 t).

4. Für die zum Versand gelangten 50 t Fertigprodukt entstehen Konfektionierungskosten.

Die Kosten und Leistungen betragen in den einzelnen Produktionsstufen einschließlich Einsatzmaterial und abzüglich Gutschriften für Nebenprodukte:

	Leistungsmenge	Herstellkosten	
		pro t	insgesamt
	t	DM	DM
1. Veresterung	100	250,—	25 000,—
2. Raffination.	90	300,—	27 000,—
3. Destillation	60	500,—	30 000,—
4. Versand	50	550,—	27 500,—

Die 3. Fertigungsstufe (Destillation) schließt mit Herstellkosten von 500 DM je t ab. In Stufe 4 kommen 50 DM als Konfektionierungskosten hinzu, so daß sich insgesamt 550 DM als Herstellkosten der verpackten und versandfertigen Ware ergeben. Die Gutschriften für die angefallenen Nebenprodukte sind innerhalb der Kalkulation jeder einzelnen Fertigungsstufe bereits abgezogen, so daß sich die angegebenen Kosten nur auf das Hauptprodukt beziehen.

Im einzelnen zeigen die Kalkulationsblätter folgendes Bild:

1. Veresterung

Einsatz	Menge	Preis/t	Wert	je t Ausbeute	
				kg	DM
Fettalkohol A	50 t	260,—	13 000,—	500	130,—
Fettalkohol B	25 t	200,—	5 000,—	250	50,—
Org. Säure	23 t	150,—	3 450,—	230	34,50
Sonstiges	....	....	....	....	....
			21 450,—	980	214,50
Energien					
H-Dampf	32 t	13,—	416,—	320	4,16
Strom	5 160 kWh	60,—	310,—	51,6 kWh	3,10
			726,—		7,26
Fertigungskosten					
Personal- und Sachkosten der Kostenstelle Veresterung einschl. anteiliger Werksgemeinkosten			2 824,—		28,24
Ausbeute					
Rohester	100 t		25 000,—		250,—/t

Die Bestandsrechnung des Zwischenlagers der Fertigungsstelle Veresterung ergibt:

Rohester

Bestand			Zugang			Abgang		
Menge t	Preis DM	Wert DM	Menge t	Preis DM	Wert DM	Menge t	Preis DM	Wert DM
15	265,—	3 975,—	100	250,—	25 000,—	95	251,95	23 935,—
20	251,95	5 040,—						

2. Raffination

Einsatz	Menge	Preis/t	Wert	je t Ausbeute kg	DM
Rohester	95,0 t	251,95	23 935,—	1 011,0	254,63
Natronlauge	1,5 t	15,—	22,—	16,0	—,23
Schwefelsäure	2,5 t	5,—	13,—	26,6	—,14
			23 970,—		255,—
Energien					
ND-Dampf	25,0 t	11,—	275,—	266,0	2,92
Strom	100 kWh	60,—	60,—	10,6 kWh	—,64
			335,—		3,56
Fertigungskosten					
Personal- und Sachkosten der Kostenstelle Raffination einschl. anteiliger Werksgemeinkosten			3 095,—		32,93
			27 400,—		291,49/t
Ausbeute					
Soapstock[19])	4,0 t	100,—	400,—		
Raffin. Produkt	90,0 t	300,—	27 000,—		
			27 400,—		

[19]) Der Soapstock wird nach mehreren Verarbeitungsstufen zur Herstellung von organischen Säuren wieder eingesetzt. Die Berechnung (100.—) richtet sich nach dem Marktpreis abzügl. der Wiederaufarbeitungskosten.

Die Bestände des Zwischenlagers Fertigungsstelle Raffination errechnen sich
wie folgt:

Raffinationsprodukt

Bestand			Zugang			Abgang		
Menge t	Preis DM	Wert DM	Menge t	Preis DM	Wert DM	Menge t	Preis DM	Wert DM
4 9	320,— 300,85	1 230,— 2 708,—	90	300,—	27 000,—	85	300,85	25 572,—

Soapstock

— 4	— 100,—	— 400,—	4	100,—	400,—	—	—	—

3. Destillation

Einsatz	Menge	Preis/t	Wert	je t Ausbeute kg	DM
Raffin. Produkt	85 t	300,85	25 572,—	1063	319,65
Energien					
HD-Dampf	60 t	13,—	780,—	750	9,75
ND-Dampf	180 t	11,—	1 980,—	2250	24,75
Strom	2400 kWh	60,—	144,—	30	1,80
			2 904,—		36,30
Fertigungskosten					
Personal- und Sachkosten der Kostenstelle Destillation einschl. anteiliger Werksgemeinkosten			5 524,—		69,05
			34 000,—		425,—
Ausbeute					
Fettalkohol B	20 t	200,—	4 000,—		
Fertigprodukt	60 t	500,—	30 000,—		
			34 000,—		

Die Bestandsrechnung für das Zwischenlager der Fertigungsstelle Destillation
zeigt:

Destillat

Bestand			Zugang			Abgang		
Menge t	Preis DM	Wert DM	Menge t	Preis DM	Wert DM	Menge t	Preis DM	Wert DM
5 15	450,— 496,15	2 250,— 7 442,—	60	500,—	30 000,—	50	496,15	24 808,—

Fettalkohol B

10 5	200,— 200,—	2 000,— 1 000,—	20	200,—	4 000,—	25	200,—	5 000,—

4. Versand

Die unter „Abgang" ausgewiesenen 50 t Fertigprodukt sind zum Versand gebracht worden. Hierfür fallen 2 692 DM Konfektionierungskosten an. Es ergibt
sich ein Endwert von 24 808 DM + 2 692 DM = 27 500 DM insgesamt, pro Tonne
Fertigprodukt also 550 DM.

E. Betriebsergebnisrechnung

Es empfiehlt sich, neben der durch das Aktienrecht vorgeschriebenen Gewinn- und Verlustrechnung eine Betriebsergebnisrechnung zu erstellen. Als Abrechnungszeitraum gilt normalerweise der Monat oder das Quartal. Es besteht die Möglichkeit, die Ergebnisrechnungen für die einzelnen Abrechnungszeiträume nacheinander aufzustellen, oder aber die vergangenen Perioden eines Wirtschaftsjahres zusammenzufassen (kumulative Ergebnisrechnung).

Für die Betriebsergebnisrechnung stehen zwei Verfahren zur Verfügung: Das Gesamtkosten- und das Umsatzkostenverfahren.

1. Gesamtkostenverfahren

Beim *Gesamtkostenverfahren* geht man von den in einem Rechnungszeitabschnitt *entstandenen* Gesamtkosten aus. Diese werden entweder nach Kostenarten oder nach Kostenbereichen gegliedert und den Betriebserlösen (einschl. der Leistungen für Neuanlagen) des gleichen Zeitabschnittes gegenübergestellt. Die Bestandsveränderungen an Halb- und Fertigerzeugnissen sowie Veränderungen der noch nicht abgerechneten innerbetrieblichen Leistungen sind entsprechend zu berücksichtigen.

Für die beiden Möglichkeiten der Darstellung des Gesamtkostenverfahrens (gegliedert nach Kostenarten oder nach Kostenbereichen) seien folgende Beispiele angeführt:

a) Gliederung des Gesamtkostenverfahrens nach Kostenarten

I. Betriebserträge

Erlöse für eigene Erzeugnisse ⎫
Erlöse für Handelswaren ⎬ Umsatzerlöse
Erlöse für Nebengeschäfte ⎭
Leistungen für Neuanlagen

(Summe: Bruttoerlöse)

Erlösschmälerungen (Preisnachlässe, Rabatte, Boni, Skonti, Zahlungsausfälle)

Zusatzerlöse (Ausfuhrvergütungen)

(Summe: Nettoerlöse)

Bestandsveränderungen an halbfertigen und fertigen Erzeugnissen der noch nicht abgerechneten innerbetrieblichen Leistungen.

(+ Bestandserhöhungen
— Bestandsminderungen)

II. Betriebsaufwendungen

Stoffverbrauch, Einstandswert der verkauften Handelswaren
Personalkosten
Energiebezüge
Lieferungen und Leistungen für Neuanlagen und Reparaturen
Gebühren, Beiträge, Spenden usw.
Steuern
Kalkulatorische Kosten
Fremdleistungen für Werbung und Vertrieb
Andere Fremdleistungen

III. Betriebsergebnis

Summe I
·/· Summe II

b) Gliederung des Gesamtkostenverfahrens nach Kostenbereichen

I. Betriebserträge

Gliederung wie unter a) gezeigt.

II. Betriebsaufwendungen

Kosten des Stoffverbrauchs
Kosten des Stoffbereichs
Kosten des Fertigungsbereichs
Kosten des Forschungsbereichs
Kosten des Verwaltungsbereichs
Kosten des Vertriebsbereichs.

Innerhalb dieser Bereiche können weitere Untergliederungen vorgenommen werden, z. B. der Fertigungsbereich nach Fertigungseinzelkosten und Fertigungsgemeinkosten.

III. Betriebsergebnis

Summe I
·/· Summe II

Für die Anwendung des Gesamtkostenverfahrens ist keine besonders weit gegliederte und verfeinerte Kostenrechnung notwendig. Die Bestandsveränderungen, d. h. der Unterschied zwischen den in der Rechnungsperiode erstellten und den noch nicht abgesetzten Leistungen, werden hierbei in der Regel zu Herstellkosten bewertet. Die Berechtigung dieser Bewertung ist jedoch nicht unbestritten.

Die Gegenüberstellung der Betriebsergebnisrechnung nach Kostenarten zu der nach Kostenbereichen zeigt, daß durch die Gliederung nach Kostenbereichen eine Verfeinerung und größere Aussagefähigkeit erreicht wird.

2. Umsatzkostenverfahren

Beim Umsatzkostenverfahren werden die Selbstkosten der *umgesetzten* Leistungen den entsprechenden Erlösen gegenübergestellt.

Dafür kann die folgende Gliederung gewählt werden:

I. *Betriebserträge*

Erlöse für eigene Erzeugnisse
Erlöse für Handelswaren
Erlöse für Nebengeschäfte
(Summe: Bruttoerlöse)

Erlösschmälerungen (Preisnachlässe, Rabatte, Boni, Skonti, Zahlungsausfälle)
Zusatzerlöse (Ausfuhrvergütungen)
(Summe: Nettoerlöse)

II. *Betriebsaufwendungen*

Herstellkosten der verkauften eigenen Erzeugnisse
Anschaffungskosten der verkauften Handelswaren
Herstell- bzw. Anschaffungskosten für Nebengeschäfte
Forschungskosten
Verwaltungskosten
Vertriebskosten
(Summe II: Selbstkosten der verkauften Erzeugnisse)

III. *Betriebsergebnis*

Summe I
·/· Summe II

Wird mit Verrechnungspreisen gearbeitet, werden etwaige Verrechnungsspitzen als gesonderte Position berücksichtigt.

Da das Umsatzkostenverfahren von den umgesetzten Leistungen (Umsätzen) ausgeht und ihnen die zugehörigen Kosten gegenüberstellt, hat es eine gut ausgebaute Kostenträgerrechnung zur Voraussetzung. Es zeigt jedoch die Produktionsleistung des Betriebes nur dann, wenn sich erzeugte und abgesetzte Mengen decken. Im allgemeinen werden sich Bestandsveränderungen ergeben. Will man in diesem Fall die Produktions- und nicht die Umsatzleistung errechnen, sind die produzierten Mengen mit den aus der Ergebnisrechnung bekannten Verkaufspreisen (aber nicht mit den Herstellpreisen) zu multiplizieren. In dieser Rechnung wird dann allerdings nichtrealisierter Gewinn ausgewiesen.

Die Betriebsergebnisrechnung nach dem Umsatzkostenverfahren läßt sich je nach den Erfordernissen weiter aufgliedern, etwa nach Kostenträgergruppen, nach Ländergruppen und Ländern, nach Abnehmerkreisen. Für Betriebe mit verschiedenartigen Erzeugnissen wird zumindest eine Aufspaltung nach Kostenträgergruppen notwendig sein.

3. Durchführung im einzelnen

Es sollte folgendes bedacht werden (das Umsatzkostenverfahren dient hierbei als Besprechungsunterlage):

Erlöse: Als Erlös kann sowohl der Warenbrutto- als auch ein Nettowert angesetzt werden. Wird der Warenpreis (Bruttowert) als Erlös ausgewiesen, erscheinen die Erlösschmälerungen als Sonderposition. Dieses Verfahren ist in der Regel vorzuziehen. Wesentlich ist vor allem, daß das einmal gewählte Verfahren stetig angewandt wird.

Erlöse für Nebengeschäfte: Je nach der Geschäftsart kann es evtl. zweckmäßig sein, diese Position weiter aufzugliedern. So wird man z.B. in den Fällen vorgehen, in denen Provisionen (aus Agenturgeschäften bzw. Kommissionsumsätzen) größere Bedeutung haben.

Erlösschmälerungen: Im Einklang mit § 132 Abs. 4 Aktiengesetz sind hierunter nur Preisnachlässe und zurückgewährte Entgelte zu erfassen (Kundenskonti, Rabatte, Boni). Hinzu kommen die Zahlungsausfälle.

Herstell- bzw. Anschaffungskosten der umgesetzten Waren: Die Gliederung dieser Position entspricht der Aufteilung der Erlöse.

Forschungskosten: Sie ergeben sich aus der Kostenstellenrechnung. Wird die Betriebsergebnisrechnung auch als Produktergebnisrechnung geführt, kann es zweckmäßig sein, die Forschungskosten nicht in das Betriebsergebnis aufzunehmen; denn die Zurechnung dieser Kosten auf einzelne Produkte kann im allgemeinen nur willkürlich vorgenommen werden. Man setzt sie am Schluß der Betriebsergebnisrechnung ab oder verrechnet sie im neutralen Ergebnis.

Verwaltungskosten: Auch diese Kosten ergeben sich aus der Umlage der Kosten des Verwaltungsbereichs. Die Zurechnung auf Produktgruppen und einzelne Produkte ist im Zusammenhang mit der Kostenstellenrechnung erörtert worden.

Vertriebskosten: Diese Kosten kommen ebenfalls aus der Kostenstellenrechnung. Es kann in Betrieben, in denen die Werbung große Bedeutung hat, zweckmäßig sein, die Werbekosten auch in der Betriebsergebnisrechnung gesondert auszuweisen. In dieser Zeile sind dann die Kosten der Kostenstelle „Werbung" aufzuführen; d.h. sowohl die Fremdleistungen für Werbung als auch die auf der Kostenstelle „Werbung" angefallenen indirekten Werbekosten.

4. Weiterführung des Betriebsergebnisses zum Unternehmensergebnis

Fügt man dem Betriebsergebnis das neutrale Ergebnis hinzu, erhält man das Unternehmensergebnis. Ob es zweckmäßig und notwendig ist, das Betriebsergebnis zum Unternehmensergebnis weiterzuführen, hängt von der Organisation und Größe des einzelnen Unternehmens ab und muß deshalb individuell entschieden werden.

Teil III

Technik der Kostenrechnung

Die Kostenrechnung kann – wie die Geschäftsbuchhaltung – nach dem System der Doppik (doppelte Buchführung) geführt werden; sie kann aber auch statistisch (tabellarisch) erfolgen. In der Praxis wird man jedoch auch bei kontenmäßiger Kostenrechnung zweckmäßigerweise an irgendeiner Stelle die Doppik verlassen und einem statistischen Verfahren den Vorzug geben. Das wichtigste statistische Hilfsmittel ist der Betriebsabrechnungsbogen (BAB).

Je nach dem Schwergewicht spricht man von einer kontenmäßigen (buchhalterischen) oder einer statistischen (tabellarischen) Kostenrechnung.

A. Kontenmäßige Kostenrechnung

Die jeweils gewählte Form der kontenmäßigen Darstellung hängt von den betriebsindividuellen Gegebenheiten ab. In der Folge werden die Zusammenhänge an einem Beispiel[1]) gezeigt.

Für die einzelnen Stufen der Kosten- und Leistungsrechnung sind folgende Kontenklassen vorgesehen:

Kontenklasse	Inhalt
5	Kostenarten-Verrechnungskonten
6	Kostenstellenkonten
7	Kostenträgerkonten
8	Selbstkostenkonten

Die Kontenklassen werden so weit in Einzelkonten unterteilt, wie es die besonderen Verhältnisse der einzelnen Unternehmen erfordern. Die Einzelkonten werden mit Soll- und Haben-Seite geführt; jede Buchung ist aufgrund von Belegen auszuführen und erfordert eine Gegenbuchung. Wird dieser Grundsatz nicht beachtet, fehlt der Kostenrechnung der zwangsläufige Nachweis ihrer rechnerischen Richtigkeit.

Als Rechnungsabschnitt, für den die Kostenrechnung erstellt werden soll, kann ein Monat, ein Vierteljahr oder ein anderer Zeitabschnitt gewählt werden. Gegebenenfalls kann die Kostenstellenrechnung monatlich, hingegen die Kostenträgerrechnung und die Betriebsergebnisrechnung vierteljährlich erstellt werden. Am Jahresende ist die Kostenrechnung abzuschließen; die Selbstkosten der Leistungen, die Bestandsveränderungen der Erzeugnisse und der selbsterstellten Anlagen sowie die Kostenabgrenzungskonten werden in die Geschäftsbuchführung übernommen.

---

[1]) Gesamtschaubild der kontenmäßigen Kostenrechnung s. Anhang 3.

1. Organisatorische Gestaltung

Je nach der kontenmäßigen Verflechtung zwischen Kostenrechnung und Geschäftsbuchführung unterscheidet man zwischen

Einkreissystem (ungeteilte Gesamtbuchführung) und

Zweikreissystem (Trennung zwischen Geschäftsbuchführung und Kostenrechnung).

Beim *Einkreissystem* besteht ein geschlossenes Konten- und Buchungssystem, bei dem die Kontenklassen der Kostenrechnung und der Geschäftsbuchführung in einem einzigen Kontenkreis – ohne Abtrennung – enthalten sind. Alle Konten sind in einem Hauptbuch vereinigt. Vielfach ist in diesem Falle keine organisatorische oder personelle Trennung vorhanden; oft erfolgt auch keine namentliche Unterscheidung von Geschäftsbuchhaltung und Kostenrechnung: das Unternehmen besitzt eine einzige Buchführung, in der alle Abschlüsse einschließlich der Kostenrechnung durchgeführt werden.

Das Einkreissystem ist im folgenden Schaubild schematisch dargestellt (*ein Buchführungssystem mit allen Kontenklassen*):

Gesamtbuchführung		
Buchungs-kreis	*Geschäftsbuchführung* *Kostenrechnung*	*Geschäfts-buchführung*
Konten-klassen	0 1 2 3 4 → 5 6 7 8 --→ 9	

Für den Buchungsablauf ist kennzeichnend, daß beim Einkreissystem alle Kontenklassen miteinander im Buchungsverkehr stehen.

Stark wechselnde Produktionsverhältnisse, Dezentralisierung von Betrieben und Werken sowie komplizierte Innenabrechnungen lassen es zweckmäßig erscheinen, dem *Zweikreissystem* den Vorzug zu geben. Hierbei werden die beiden Buchungskreise durch

Spiegelbildkonten oder
Übergangskonten

abgestimmt. Sie stehen bei Anwendung von Spiegelbildkonten getrennt nebeneinander; bei Übergangskonten bleibt eine kontenmäßige Verbindung bestehen.

Als *Spiegelbildkonten* bezeichnet man die Kostenartenkonten der Klasse 4 (Soll-Seite) der Geschäftsbuchführung und die Kostenarten-Verrechnungskonten der Klasse 5 (Haben-Seite) der Kostenrechnung, da sie sich spiegelbildartig mit gleichen Zahlenwerten (im Soll der Klasse 4 und im Haben der Klasse 5) gegenüberstehen.

In den Klassen 8 und 9 sind Spiegelbildkonten nur für die Übernahme der Bestandswerte aus der Leistungserstellung in den Geschäftskreis einzurichten, z. B. Erzeugnisse-Bestandsveränderung, Anlagenzugang mit den Konten 8 ... (Betriebskreis) und 9 ... (Geschäftskreis). Der Saldo des Betriebsabschlußkontos der Kostenrechnung ist spiegelbildlich gleich dem Saldo des Gewinn- und Verlustkontos der Geschäftsbuchhaltung (ohne neutrale Posten).

Durch Spiegelbildkonten wird die Abstimmung und die formale Geschlossenheit des Buchungsstoffes zwischen den getrennten Buchungskreisen sichergestellt. Ein Buchungsverkehr zwischen beiden Kreisen erfolgt nicht; am Jahresende schließt jeder Buchungskreis für sich ab.

Die Trennung beider Buchführungskreise bei Anwendung von Spiegelbildkonten ist folgendem schematischem Schaubild zu entnehmen:

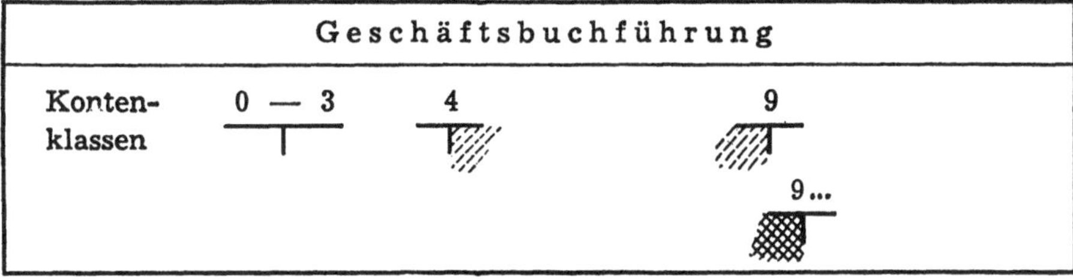

Man kann den Übergang bzw. Zusammenhang zwischen Geschäftsbuchhaltung und Kostenrechnung auch durch *Übergangskonten* (Technik ähnelt der Einschaltung einer Geheimbuchhaltung) herstellen. Üblich ist diese Form insbesondere dann, wenn bei dezentralisierten Betrieben die Geschäftsbuchhaltung sich in der Zentrale befindet, die einzelnen Betriebe die Kostenrechnung aber selbständig durchführen. Die Eingruppierung der Übergangskonten hängt von den betrieblichen Erfordernissen ab, ebenso die evtl. abweichende Zuweisung der Kontenklassen zu den Buchungskreisen. Im Prinzip weisen die Übergangskonten alle Weiterbelastungen an und Gutschriften von den anderen Bereichen aus. Sie zeigen im Endergebnis den Gesamtsaldo der ausgegliederten Konten des Betriebskreises, bei Zusammenfassung beider Buchhaltungen zur Gesamtbuchhaltung gleichen sie sich gegenseitig aus. Zu beachten ist bei den Übergangskonten, daß bei einer Buchung, die die Konten beider Bereiche betrifft (z. B. Lohnzahlung für Werk 1), unter Einschaltung der Übergangskonten nunmehr zwei Buchungen erforderlich werden (z. B.: Werk 1 an Lohnkonto, Fertigungslohn an Zentrale).

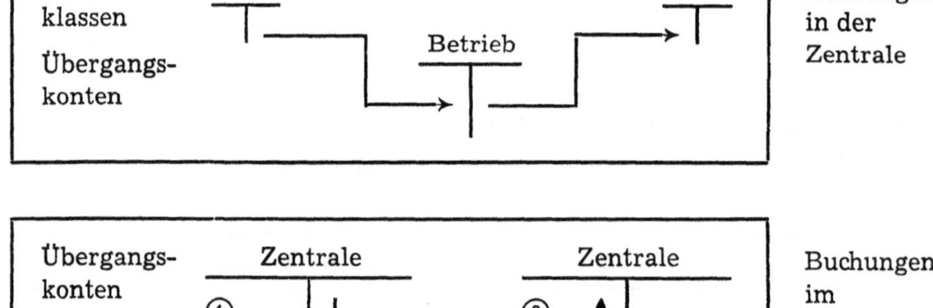

2. Kontenmäßige Kostenartenrechnung

Die Aufgabe der Kostenartenrechnung in der Klasse 4 als Verbindungsglied zwischen der Geschäftsbuchhaltung und der Kostenrechnung ist bereits behandelt worden. Die Kostenarten-Verrechnungskonten der Klasse 5 enthalten nur ursprüngliche Kostenarten. (In den folgenden Ausführungen wird von etwa notwendigen zeitlichen Abgrenzungen der Kosten aus Vereinfachungsgründen abgesehen.)

Die Verrechnungskonten in der Klasse 5 können – je nach der Zweckmäßigkeit – mit den Kostenarten der Klasse 4 gleichlautend sein, sie können zusammengefaßt oder aber auch weiter unterteilt werden. So wird im angeführten Beispiel[2]) das Konto 40 „Stoffverbrauch" in die Konten 500 „Rohstoffeinsatz", 502 „Auftragsmaterial" und 504 „Gemeinkostenmaterial" unterteilt und das Konto 41 „Personalkosten" in die Konten 510 „Personalkosten" und 512 „Auftragslöhne" (als Beispiel für auftragsweise verrechnete Werkstattlöhne).

Die verrechneten Kostenarten stehen beim Zweikreissystem mit Spiegelbildkonten auf der Haben-Seite. Die Soll-Seite der Verrechnungskonten wird bis

---

[2]) Siehe Anhang 4.

zum Jahresabschluß offengehalten; in der Zwischenzeit kann sie nur Korrekturbuchungen aufnehmen. Es kann zweckmäßig sein, nicht jeden einzelnen Beleg, sondern monatlich oder halbmonatlich verdichtete Beträge auf den Verrechnungskonten zu buchen.

Die Buchungen lauten beispielsweise (siehe Gesamt-Schaubild Anhang 3):

| (a) | | Konto 64 | Betriebswerkstatt . . . . | 2 500 DM |
| | an | Konto 512 | Auftragslöhne . . . . | 2 500 DM · |

(b)		Konto 60	Verschiedene Kostenstellenkonten	
		Konto 60	Trocknungsanlage	1 200 DM
		Konto 651	HD-Dampfanlage	780 DM
	an	Konto 502	Verrechnetes Auftragsmaterial	1 980 DM

(b)   Verschiedene Kostenstellenkonten

		Konto 60	Trocknungsanlage	1 200 DM
		Konto 651	HD-Dampfanlage	780 DM
	an	Konto 502	Verrechnetes Auftragsmaterial	1 980 DM

(c)   Verschiedene Kostenstellenkonten

		Konto 6 . . .	Allgemeiner Betrieb	50 DM
		Konto 6 . . .	Vertrieb	5 800 DM
		Konto 6 . . .	Verwaltung	300 DM
	an	Konto 6 . . .	Steuern	6 150 DM

Das weitere Schaubild (Anhang 4) veranschaulicht die kontenmäßige Kostenabrechnung.

Die abschließende Abstimmung ergibt folgende Gegenüberstellung:

Summe der Kostenarten in	Klasse 4:	125 936 DM
Summe der verrechneten Kostenarten der	Klasse 5:	125 738 DM
	Differenz	198 DM

Die Differenz von 198 DM stellt die Verrechnungspreisdifferenz beim Rohstoffeinsatz (93 DM) und Gemeinkostenmaterial (105 DM) dar und ist auf Konto 599 „Kostenarten-Abgrenzungskonto" gebucht. Damit ist das in die Kostenrechnung übernommene Kostenvolumen mit der Geschäftsbuchführung abgestimmt.

Die Gegenüberstellung der Summe der Klasse 5 zu der Summe der Kostenstellenkonten der Klasse 6 (nur mit ursprünglichen Kostenarten belastet) ergibt:

Summe Klasse 5:	125 738 DM
Summe Klasse 6:	73 191 DM
Differenz	52 547 DM

Die Differenz stellt den Rohstoffeinsatzwert (50 047 DM) und die für Anlagen-Zugang und Reparaturen direkt bezogenen Lieferungen (2 500 DM) dar, die direkt auf die Kostenträgerkonten der Klasse 7 gebucht wurden.

3. Kontenmäßige Kostenstellenrechnung

Jede Kostenzurechnung löst in der kontenmäßigen Kostenstellenrechnung einen Buchungsvorgang aus.

Zweckmäßigerweise geht man von den Vorkostenstellenkonten aus, deren Kosten auf *alle* nachfolgenden Vor- und Endkostenstellenkonten zu verteilen sind. Daran schließen sich die Kostenstellen an, die nur *einige* nachfolgende Kostenstellenkonten berühren. Die Verteilungsbuchungen, die auf gesonderten Nebenrechnungen beruhen, enden mit der restlosen Auflösung. Die bei der Verwendung von Verrechnungssätzen eventuell entstehenden Kostenüber- oder Kostenunterdeckungen können auf Abgrenzungskonten der Klasse 6 abgefangen werden. Die Abgrenzungskonten können monatlich, vierteljährlich oder zum Jahresende über das Betriebsabschlußkonto abgeschlossen werden.

Beispiele:

Buchungsbeispiel für Verrechnung *ohne* Verrechnungssätze:

Verschiedene Kostenstellenkonten

Kostenstelle a)		100 DM	
Kostenstelle b)		200 DM	
Kostenstelle c)		150 DM	
Kostenstelle d)		250 DM	
Kostenstelle e)		300 DM	1 000 DM
an Kostenstellenkonto			
Transportstelle			1 000 DM

Buchungsbeispiel für Anwendung von Verrechnungssätzen (dem Gesamtschaubild des Anhangs 3 entnommen).

Verschiedene Kostenstellenkonten

Konto 60	Trocknungsanlage	5 014 DM	
Konto 61	Veresterung	416 DM	
Konto 63	Destillation	780 DM	6 210 DM
an Konto 651	HD-Dampfanlage		6 210 DM
Verrechnete Preisdifferenzen Konto 699			90 DM
an Konto 651	HD-Dampfanlage		90 DM

(Die Buchung auf Preisdifferenzenkonto wird notwendig, da die in der Kostenstelle Dampfanlage entstandenen Gesamtkosten 6300 DM betragen).

Den Buchungsablauf bei gegenseitig abrechnenden Kostenstellen (innerbetriebliche Leistungsverrechnung) veranschaulicht das folgende Schema:

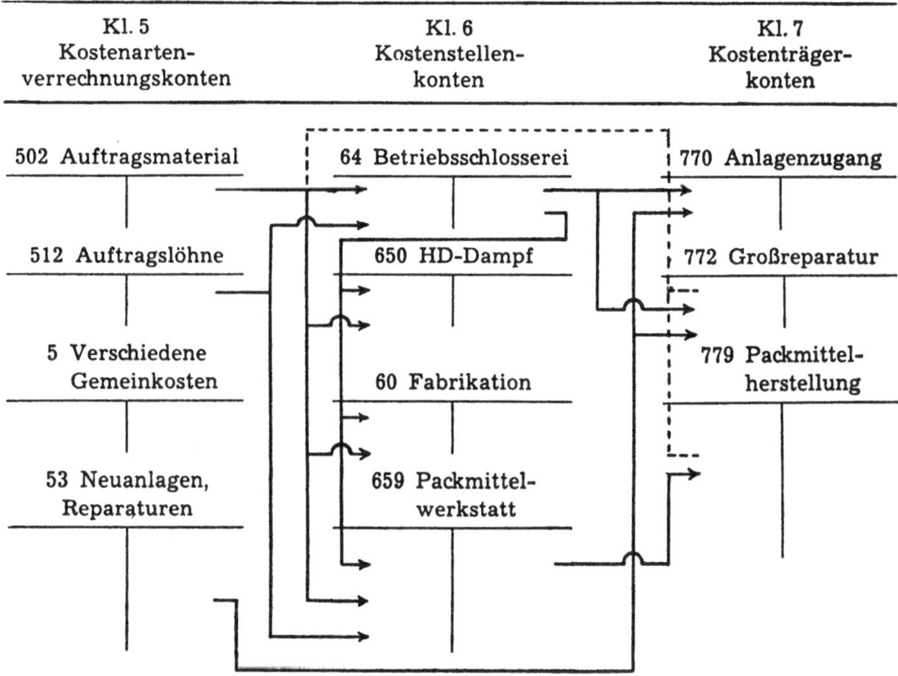

Im vorstehenden Beispiel werden Kleinreparaturen für verschiedene Kostenstellen sowie Leistungen für Großreparaturen und für die Eigenherstellung von Anlagen verrechnet. Das Konto Betriebsschlosserei (ebenso die Packmittelwerkstatt) wird zugunsten der Verrechnungskonten der Klasse 5 mit den vollen Auftragskosten einschl. Gemeinkosten belastet, oder die Auftragsmaterialkosten werden abgetrennt und direkt den Endkostenstellenkonten und den Kostenträgerkonten belastet (im Schaubild gestrichelte Buchungslinie).

Eine allgemeine Übersicht über die buchhalterische Durchführung der Kostenstellenrechnung wird im folgenden schematischen Beispiel gezeigt, bei dem die Kosten der Vorkostenstellen auf Endkostenstellenkonten teils mit Verrechnungssätzen, teils durch Umlage übertragen werden. Dabei werden Verrechnungsdifferenzen ausgewiesen. (Es wurden Zahlen des Gesamt-Schaubildes gemäß Anhang 3 verwandt.)

Kontenmäßige Kostenstellenrechnung

(Verrechnung von Hilfsbetrieben)

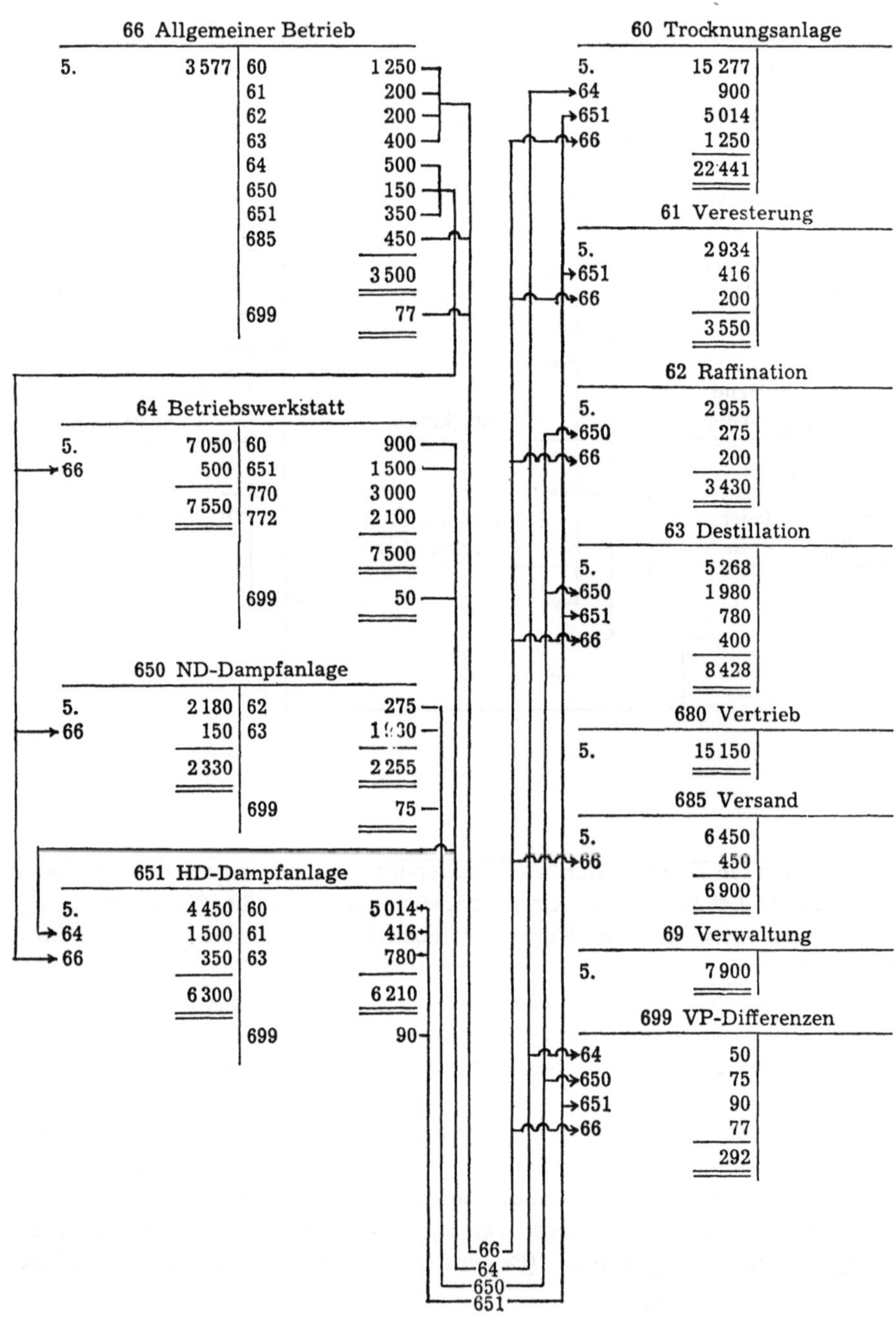

Nach der Kostenverteilung kann eine Abstimmung durchgeführt werden, die
für das vorliegende Beispiel wie folgt lautet:

Summe *End*kostenstellenkonten 60–69	67 799 DM
+ Summe Verrechnungskonto 699	292 DM
	68 091 DM
+ Kosten für selbsterstellte Anlangen und Reparaturen	
(Gutschrift auf Konto 64 zu Lasten Konto 770 und 772)	5 100 DM
Gesamt:	73 191 DM

Dieser Endbetrag stimmt mit der Summe der Soll-Posten der Kostenstellenkonten v o r der Auflösung der Vorkostenstellenkonten überein.

Da es in den chemischen Unternehmen nicht üblich ist, die Rohstoffeinsatz-
kosten über die einzelnen Fabrikations-Kostenstellenkonten zu buchen, kann
man entweder unter Auslassung der Klasse 6 sofort die Herstellkostenkonten
der Klasse 7 belasten oder aber auch in der Klasse 6 ein einziges funktionales
Kostenstellenkonto „Stoffeinsatz" führen.

Die Kosten der Endkostenstellen werden entweder auf die Konten der Klasse 7
oder der Klasse 8 gebucht.

4. Kontenmäßige Kostenträgerrechnung

Für die Technik der kontenmäßigen Kostenträgerrechnung ist es unerheblich,
ob die Kostenträgerrechnung in Form der Perioden- oder der Auftragsrechnung durchgeführt wird. In beiden Fällen müssen für jeden Kostenträger
Konten geführt werden. Bei der Auftragsrechnung ist lediglich zu beachten,
daß die Stellenkosten durch geeignete Verrechnungssätze[3]) – außerhalb der
kontenmäßigen Buchhaltung – den einzelnen in einer Periode erzeugten Kostenträgern möglichst verursachungsgerecht zugerechnet werden.

Dem Gang der Kostenträgerrechnung folgend werden die Herstellkosten der
hergestellten Erzeugnisse in Klasse 7 (Kostenträgerkonten) auf *Herstellkostensammelkonten* (Kalkulationskonten) erfaßt. Von hier werden sie auf *Bestandskonten* (die ebenfalls in Klasse 7, aber getrennt von den Kalkulationskosten
geführt werden) übernommen. Die Herstellkosten der umgesetzten Erzeugnisse werden von den Bestandskonten in Klasse 8 übertragen. Dort erscheinen
ebenfalls die Konten für die Forschungs-, Verwaltungs- und Vertriebskosten,
so daß in der Klasse 8 die *Selbstkosten der umgesetzten Erzeugnisse* ausgewiesen werden.

a) Herstellkostensammelkonten (Kalkulationskonten)

Sie nehmen als Durchlaufkonten die Herstellkostenbestandteile, wie Roh-
stoffeinsatzkosten, Materialzuschlag, Fertigungskosten, einzeln als Belastung
auf und geben die Herstellkostensumme für jedes Erzeugnis an die einzelnen
Bestandskonten weiter. Dieses Verfahren erleichtert insbesondere bei der
Stufenkalkulation die rechnerische Überwachung des Buchungsstoffes, da das
Herstellkostensammelkonto keine Bestände ausweist und sich ausgleichen
muß.

---

³) Vgl. Teil II, D 3 b.

9 *

Klasse 7　Kostenträgerkonten

750 Kalkulationskonto　Vorprodukt A

500	Rohstoffeinsatz (301)	13 050	70	Herstellkosten A	25 000
500	Rohstoffeinsatz (302)	5 000			
500	Rohstoffeinsatz (303)	3 400			
	Fertigungsgemeinkosten				
61	Strom	310			
61	Eigen-HD-Dampf	416			
61	Übrige	2 824			
		25 000			25 000

751 Kalkulationskonto　Vorprodukt B

500	Rohstoffeinsatz (304)	23	71	Herstellkosten B	27 000
500	Rohstoffeinsatz (305)	12	72	Herstellkosten	
70	Vorprodukteinsatz A	23 935		Nebenprodukt C	400
	Fertigungsgemeinkosten				
62	Strom	60			
62	Eigen-HD-Dampf	275			
62	Übrige	3 095			
		27 400			27 400

753 Kalkulationskonto　Fertigprodukt D

71	Vorprodukteinsatz B	25 572	73	Herstellkosten D	30 000
	Fertigungsgemeinkosten		850	Nebenausbeute	4 000
63	Strom	144			
63	Eigen-HD-Dampf	1 980			
63	Eigen-HD-Dampf	780			
63	Übrige	5 524			
		34 000			34 000

754 Kalkulationskonto　Fertigprodukt E

500	Rohstoffeinsatz (306)	28 562	74	Herstellkosten E	51 003
	Fertigungsgemeinkosten				
60	Strom	600			
60	Eigen-HD-Dampf	5 014			
60	Übrige	16 827			
		51 003			51 003

Im einzelnen kann es sich u. a. um folgende Buchungen handeln:

(a)		Kalkulationskonten 750–754	50 047 DM	
	an	versch. Verrechnungskonten 500		
		für Rohstoffeinsatz Produkt A		21 450 DM
		für Rohstoffeinsatz Produkt B		35 DM
		für Rohstoffeinsatz Produkt E		28 562 DM
(b)		Kalkulationskonten 750–754	37 849 DM	
	an	versch. Fertigungskostenstellen		
		für Fertigungsgemeinkostenkonto 60		22 441 DM
		für Fertigungsgemeinkostenkonto 61		3 550 DM
		für Fertigungsgemeinkostenkonto 62		3 430 DM
		für Fertigungsgemeinkostenkonto 63		8 428 DM
(c)		Kalkulationskonten 750–754	49 507 DM	
	an	versch. Bestandskonten		
		für Vorprodukteinsatz 70		23 935 DM
		für Vorprodukteinsatz 71		25 572 DM
(d)		Versch. Bestandskonten 70	25 000 DM	
		für Produktion 71	27 000 DM	
		für Produktion 72	400 DM	
		für Produktion 73	30 000 DM	
		für Produktion 74	51 003 DM	
		für Nebenausbeute 850	4 000 DM	
	an	Kalkulationskonten 750–754		137 403 DM

Die rechnerische Summenprobe ergibt Übereinstimmung wie folgt:

(a)	50 047 DM
(b)	37 849 DM
(c)	49 507 DM
= (d)	137 403 DM

Das Beispiel ist zu erweitern, wenn der Fertigungslohn als Einzelkosten behandelt wird. Er ist dann als besonderes Kostenartenkonto in Klasse 4 und 5 zu führen und ebenfalls den Kalkulationskonten als Einzelkosten zu belasten. Gegenkonto ist entweder ein funktionales Kostenstellenkonto der Klasse 6 oder das entsprechende Verrechnungskonto der Klasse 5.

Die den einzelnen Kalkulationskonten zu belastenden Fertigungsgemeinkosten können in einer Summe oder (statistisch) aufgegliedert nach der Bedeutung der einzelnen Kostenarten verrechnet werden.

b) Bestandskonten

Die von den Kalkulationskonten getrennt geführten Bestandskonten nehmen den Erzeugnisse-Zugang aus den Kalkulationskonten auf. Sie werden beim Umsatz oder Wiedereinsatz entlastet.

Beispiele:

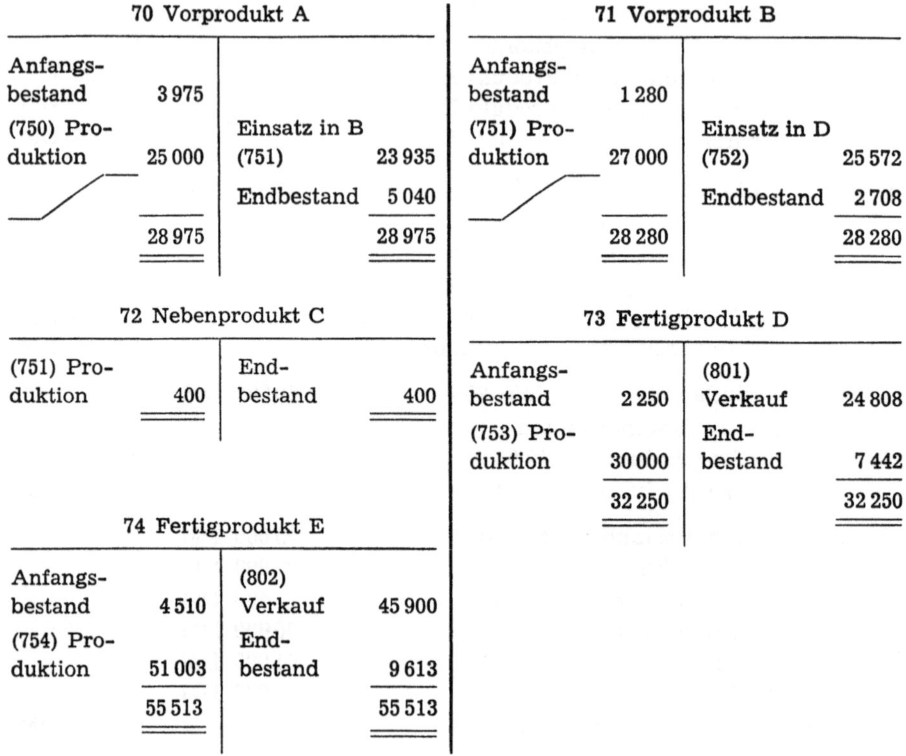

Die Salden der Bestandskonten ergeben die Endbestände, die beim Abschluß der Betriebsbuchführung auf das Betriebsabschlußkonto übertragen und in die Bilanz übernommen werden.

Zur Beschleunigung des Abrechnungsganges wird man gelegentlich mit Verrechnungspreisen bewerten. Dann sollte für die Erzeugnisse-Abgänge ein Konto eingerichtet werden, das den Bewertungsunterschied zwischen den effektiven und verrechneten Herstellkosten aufnimmt. Die Eingruppierung kann in Klasse 8 oder Klasse 7 erfolgen.

Die erforderliche Buchung kann beispielsweise lauten:

    899 Verrechnungspreisdifferenzkonto Erzeugnisse

  an verschiedene Bestandskonten   70
                                     71
                                     72
                                     73
                                   74

Der Bewertungsunterschied ist entweder in einer Nebenrechnung oder in den Lagerskontren zu errechnen, z. B.:

Lagerskontro Produkt F					
Datum	Vorgang	Menge	Preis	Wert	Bemerk.
1. 1. I. Qu.	Anfangsbestand Produktion	500 kg 3 000 kg	1,30 1,50	650,— 4 500,—	
	Zw-Summe Umwertung VP	3 500 kg 3 500 kg	1,47 1,40	5 150,— 4 900,—	
	Bewertungsdifferenz	—	—	—	250,—
	Einsatz Gemeinkostenmaterial Verkauf	1 050 kg 50 kg 2 000 kg	1,40 1,40 1,40	1 470,— 70,— 2 800,—	
31. 3.	Endbestand	400 kg	1,40	560,—	

Verrechnungspreise können für alle Erzeugnisse oder nur für einen Teil (z. B. Vorprodukte) verwendet werden. Die Auswahl wird sich aus den betrieblichen Anforderungen ergeben.

Im Skontro der Lagerkartei wird man die so entstandenen Differenzen in der Regel aus Gründen der Kontinuität der Kostenrechnung nicht berücksichtigen. (Falls das Skontro jedoch buchmäßig geführt wird, wären im obigen Beispiel 250,— DM auszubuchen.)

Führt man dagegen die Lagerbuchhaltung in Form eines Kontokorrents, so ist der bilanzielle Wertansatz ebenfalls einzutragen; im vorhergehenden Beispiel ist die letzte Eintragung beim Endbestand dann wie folgt zu ergänzen:

Lagerskontro Fertigprodukt D				
Datum	Vorgang	Menge	Preis	Wert
31. 12. 31. 12.	Endbestand VP Endbestand Niederstwert	400 kg 400 kg	1,40 1,25	560,— 500,—
31. 12.	Niederstwert-Differenz			60,—

Die Summe der Endbestände zum Niederstwert ergibt dann den Bilanzwert der Erzeugnisse und die Summe der einzelnen Niederstwertdifferenzen den Gesamtbetrag der Abwertung auf den Niederstwert.

Werden Anlagen selbst erstellt bzw. *Großreparaturen* in eigenen Werkstätten durchgeführt, sind hierfür gesonderte Konten in Klasse 7 einzurichten. Sie nehmen – eventuell noch unterteilt nach einzelnen Aufträgen – die Kosten der einzelnen Aufträge auf. Beim Abschluß werden die Salden über das Betriebsabschlußkonto in die Bilanz übernommen.

770 Anlagenzugangskonto Auftrags-Nr. ....

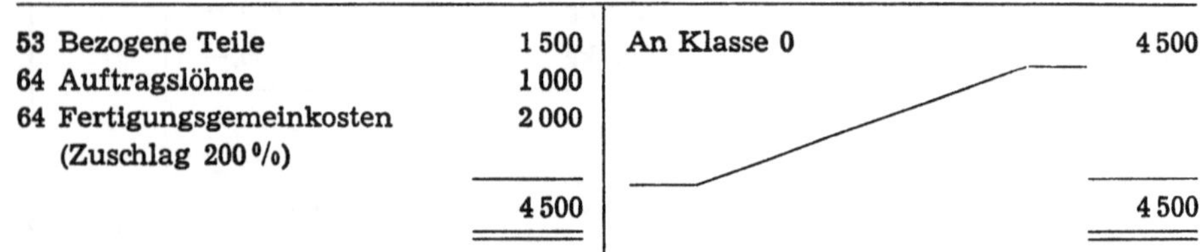

53 Bezogene Teile	1 500	An Klasse 0	4 500
64 Auftragslöhne	1 000		
64 Fertigungsgemeinkosten	2 000		
(Zuschlag 200 %)			
	4 500		4 500

772 Großreparaturkonto Auftrags-Nr. ....

53 Bezogene Teile	1 000	An Klasse 0	3 100
64 Auftragslöhne	700		
64 Fertigungsgemeinkosten	1 400		
(Zuschlag 200 %)			
	3 100		3 100

Für die Klasse 7 insgesamt ist nach Abschluß einer Periode folgende Abstimmung möglich[4]):

Summe der Zugänge der Bestandskonten	
70, 71, 72, 73, 74, 770, 772, 850	145 003
—Summe der Abgänge für Einsatz 70 und 71	— 49 507
Saldo (1)	95 496
Summe der Kostenstellenkonten Klasse 6[5])	73 191
+ Rohstoffeinsatz Konto 500	+ 50 047
+ Fremdlieferungen Konto 53 für Konto 770/772	+ 2 500
	125 738
—Summe der Kostenstellen 680, 685, 69[5])	— 29 917
—VP-Differenzenkonto 699	— 325
Saldo (2)	95 496

Beide Ergebnisse (Salden 1 und 2) stimmen überein. Damit ist die rechnerische Richtigkeit nachgewiesen.

---

[4]) Die Zahlen sind dem Anhang 3 entnommen.
[5]) Soweit gegen Klasse 7 verrechnet.

c) *Selbstkostenkonten der umgesetzten Erzeugnisse und der Innenleistungen (Klasse 8)*

Die Selbstkosten der umgesetzten Erzeugnisse werden in Klasse 8 erfaßt. Die Herstellkosten werden aus Klasse 7, die in der Periode angefallenen Vertriebs-, Verwaltungs- und eventuellen Forschungskosten aus Klasse 6 übernommen. Für verkaufte Handelswaren werden die Anschaffungskosten ebenfalls in Klasse 8 verbucht; diese werden – je nach dem angewandten System – aus den Bestandskonten der Klasse 3 (unter Zwischenbuchung über Klasse 4) oder aus der Klasse 7 übernommen.

Die zu aktivierenden innerbetrieblichen Leistungen werden ebenfalls über Konten der Klasse 8 abgerechnet. Hierfür ist zweckmäßigerweise eine besondere Kontengruppe vorzusehen. (Die nicht aktivierten innerbetrieblichen Leistungen werden innerhalb der Klasse 6 von der leistenden auf die verbrauchende Kostenstelle gebucht.) Innenleistungen können auch zu den Selbstkosten der umgesetzten Erzeugnisse gehören (etwa selbst hergestellte Verpackung). Sofern sie nicht bereits in Klasse 6 zu den Herstellkosten gerechnet, sondern in Klasse 7 als Bestand geführt worden sind, werden sie von dort in Klasse 8 übernommen.

Die Konten der Klasse 8 können nach Erzeugnissen (bzw. Erzeugnisgruppen) oder nach Kostenkategorien (Herstell-, Verwaltungs-, Vertriebs-, Forschungskosten) gegliedert werden.

B e i s p i e l für eine Gliederung nach Erzeugnisgruppen:

801 Verkaufskonto Produkt D

(73) Herstellkosten	24 808	
(680) Vertriebskosten	5 500	
(685) Lager- und Versandkosten	2 692	
(69) Verwaltungskosten	2 750	
	35 750	

802 Verkaufskonto Produkt E

(74) Herstellkosten	45 900	
(680) Vertriebskosten	9 900	
(685) Lager- und Versandkosten	4 125	
(69) Verwaltungskosten	4 950	
	64 875	

B e i s p i e l für eine Gliederung nach Kostenkategorien (Kostenbereichen):

<table>
<tr><td colspan="2">Konto 80 Verkaufskonto</td><td>(Herstellkosten für verkaufte
Erzeugnisse, Handelswaren,
Nebengeschäfte)</td></tr>
<tr><td>73 Produkt D</td><td>24 808</td><td></td></tr>
<tr><td>74 Produkt E</td><td>45 900</td><td></td></tr>
</table>

Konto 87 Lager- und Versandkostenkonto

| 685 Produkt D | 2 692 |
| 685 Produkt E | 4 125 |

Konto 88 Vertriebskostenkonto

| 680 Produkt D | 5 500 |
| 680 Produkt E | 9 900 |

Konto 89 Verwaltungskostenkonto

| 69 Produkt D | 2 750 |
| 69 Produkt E | 4 950 |

Die Weiterverrechnung der Kosten aus Klasse 6 und 7 auf Klasse 8 wird wie folgt abgestimmt:

Abstimmung der Klasse 7	95 496 DM
+ Kostenstelle 680, 685, 69 . . . . +	29 917 DM
(= Summe Klasse 5 ohne VP-Differenzen)	125 413 DM
— Bestandsmehrung 70 – 74 . . . . —	13 188 DM
	112 225 DM
Selbstkosten der verkauften Erzeugnisse Klasse 8	100 625 DM
+ Selbstkosten der Innenleistungen 929	11 600 DM
	112 225 DM

d) Betriebsabschlußkonto

Im Zweikreissystem muß dafür gesorgt werden, daß die Konten der Kostenrechnung (Klasse 5–8) in sich abgeschlossen werden können. Hierzu wird – zweckmäßigerweise in Klasse 8 – ein Betriebsabschlußkonto geführt.

Beispiel für Buchungen auf Betriebsabschlußkonto:

	Endbestand Erzeugnisse	25 203		Anfangsbestand Erzeugnisse	12 015
801	Verkaufskonto D	24 808	500	Rohstoffeinsatz	50 140
802	Verkaufskonto E	45 900	502	Auftragsmaterial	1 980
85	Innenleistungen	11 600	504	Gemeinkostenmaterial	6 755
87	Lager- und Versandkosten	6 817	510	Personalkosten	34 580
88	Vertriebskosten	15 400	512	Auftragslöhne	2 500
89	Verwaltungskosten	7 700	52	Energiebezüge	2 464
		137 428	53	Neuanlagen, Reparaturen	4 370
			54	Gebühren, Vers.-Pr.	2 400
			55	Steuern	6 150
599	Kostenarten-		56	Kalkulatorische Kosten	11 213
	Abgrenzungskonto	198	57	Fremdleistungen f. Werbung	1 500
699	VP-Differenzen	325	58	Andere Fremdleistungen	1 884
		137 951			137 951

5. Kontenmäßige Betriebsergebnisrechnung

Die kontenmäßige Darstellung der Betriebsergebnisrechnung hängt von dem angewandten Verfahren ab.

Beim *Gesamtkostenverfahren mit Gliederung nach Kostenarten*[6]) wird in Klasse 9 ein Betriebsergebniskonto geführt. Auf diesem werden die gesamten in der Periode angefallenen Kosten (Gesamtsumme der Klasse 4) den Leistungen der Periode (die in Klasse 9 verbucht sind) gegenübergestellt. In den Leistungen sind die Umsatzerlöse und die Bestandsveränderungen zu berücksichtigen.

Beispiel:

Betriebsergebniskonto im Gesamtkostenverfahren

40	Stoffverbrauch	58 875	90	Erlöse, Erzeugnisse	112 000
41	Personalkosten	37 080	91	Handelswaren	—
42	Energiebezüge	2 464	92	Nebengeschäfte	—
43	Neuanlagen, Reparaturen	4 370	929	Innenleistungen	11 600
44	Gebühren, Vers.-Pr.	2 400		Bestandsmehrung	13 188
45	Steuern	6 150	(599)	Kostenartenabgrenzung	198
46	Kalkulatorische Kosten	11 213	(699)	VP-Differenz	325
47	Fremdleistungen für Werbung	1 500			
48	Andere Fremdleistungen	1 884			
	Bestandsminderung	—			
	Kostenartenabgrenzung				
	Verrechnete Preisdifferenz	—			
		125 936			
	Betriebsergebnis	11 375			
		137 311			137 311

[6]) Vgl. Teil II, E.

Die kontenmäßige Darstellung der Betriebsergebnisrechnung nach dem *Gesamtkostenverfahren mit Gliederung nach Kostenbereichen*[7]) und nach dem *Umsatzkostenverfahren*[8]) hängt von dem angewandten Buchungssystem ab.

Im *Einkreissystem* werden auf dem in Klasse 9 geführten Betriebsergebniskonto die Selbstkosten der umgesetzten Erzeugnisse, die aus Klasse 8 übernommen werden, den Umsatzerlösen, die in Klasse 9 geführt werden, gegenübergestellt.

B e i s p i e l :

Betriebsergebniskonto beim Umsatzkostenverfahren

Selbstkosten Produkt A	—	Erlös Produkt A		—
Selbstkosten Produkt B	—	Erlös Produkt B		—
Selbstkosten Produkt D	35 750	Erlös Produkt D		40 000
Selbstkosten Produkt E	64 875	Erlös Produkt E		72 000
Selbstkosten Handelswaren	—	Erlös Handelswaren		—
Selbstkosten Nebengeschäfte	—	Erlös Nebengeschäfte		—
Herstellkosten Innenaufträge	11 600	Erlös Innenleistungen		11 600
	112 225			
Betriebsergebnis (GuV)	11 375			
	123 600			123 600

Das Betriebsergebnis stellt in diesem Fall das Umsatzergebnis aller Erzeugnisse dar; in Nebenrechnungen können die Ergebnisse der einzelnen Erzeugnisse entwickelt werden.

Im *Zweikreissystem* ist die kontenmäßige Betriebsergebnisrechnung nicht möglich, da einerseits die Selbstkosten der umgesetzten Erzeugnisse nicht im Kreis der Geschäftsbuchhaltung, sondern nur im Buchungskreis der Kostenrechnung anfallen, andererseits keine Möglichkeit besteht, die Erlöse aus Klasse 9 in die Klasse 8 zu übernehmen. Deshalb ist sie in diesem Falle statistisch durchzuführen.

Auch im *Einkreissystem* ist die reine kontenmäßige Verrechnung der Kosten zu den entsprechenden Leistungen schwierig. Deshalb wird auch hier die Ergebnisrechnung in der Praxis weitgehend statistisch durchgeführt. Lediglich die Ergebnisse werden auf Konten übernommen.

---

[7]) Vgl. Teil II, D 1 b.
[8]) Vgl. Teil II, D 2.

B. Statistische (tabellarische) Kostenrechnung

Wie die kontenmäßige, so geht auch die statistische (tabellarische) Kostenrechnung von den Zahlen (Kostenarten) der Klasse 4 aus. Während jedoch in dem einen Fall die nachfolgenden Stufen der Betriebsabrechnung kontenmäßig (über die Klassen 5 – 8) geführt werden, verzichtet die statistische Kostenrechnung hier auf die Verwendung von Konten. Statt dessen werden Tabellen oder Karteien verwandt. Wie bereits im vorangegangenen Abschnitt gezeigt, kann auch die kontenmäßige Kostenrechnung nicht völlig auf die Verwendung von Tabellen verzichten. Lediglich liegt dann nicht das Schwergewicht auf derartigen Tabellen.

1. Statistische Kostenartenrechnung

Die Kostenerfassung ist in der Regel von der angewandten Technik der Kostenrechnung unabhängig. Da die Kostenrechnung jeweils für Abrechnungsperioden durchgeführt wird, muß das im Laufe einer Periode angefallene Zahlenmaterial zweckentsprechend aufbereitet werden, d. h. die Gesamtsummen jeder Kostenart je Kostenstelle werden festgestellt.

Zur Aufbereitung des Zahlenmaterials werden je nach Kostenart unterschiedliche Methoden angewandt. Kostenarten, die nur eine Kostenstelle betreffen, können den Kostenstellen direkt angelastet werden. Bei einigen Kostenarten können die Endsummen je Kostenstelle aus Listen übernommen werden (hierzu gehören beispielsweise Löhne, Gehälter, bestandsmäßig geführtes Betriebsmaterial u. a.). Kostenarten, die in einer größeren Zahl von Einzelbelegen anfallen und verschiedenen Kostenstellen zu belasten sind, müssen besonders aufbereitet werden. Dies kann in der einfachsten Form durch Sortieren der Belege geschehen, wobei die zusammengehörigen Belege addiert und die Endsummen in die Abrechnungstabelle übernommen werden. Hierzu ist allerdings erforderlich, daß die Belege nur jeweils eine Kostenart je Kostenstelle betreffen dürfen. Ist dies nicht der Fall, sind die Belege entsprechend aufzuteilen. Dies kann durch manuelle Anfertigung von Ersatzbelegen oder maschinelle Erfassung (evtl. Lochkarten, Buchungs- oder Rechenmaschinen) für jede Kostenart und Kostenstelle erfolgen.

Um auf die Ursprungsbelege jederzeit zurückgreifen zu können, ist es vorteilhaft, wenn bei Erstellung der Ersatzbelege (Lochkarten, Additionsstreifen), zusammen mit den Beträgen die dazugehörigen Belegnummern angegeben werden. Ist dies nicht möglich, muß der jederzeitige Zugriff auf die Belege in anderer Weise sichergestellt werden.

So kann man beispielsweise die einzelnen Belege fortlaufend in Formblätter (je Kostenart und Kostenstelle) mit Beleg-Nr. und Bezeichnung eintragen.

B e i s p i e l :

<table>
<tr><td colspan="4">Kostenart: .... Kostenstelle: ....</td></tr>
<tr><td>Datum</td><td>Beleg-Nr.</td><td>Bezeichnung</td><td>Betrag</td></tr>
<tr><td></td><td></td><td></td><td></td></tr>
</table>

Den Anforderungen der Kostenkontrolle ist dadurch Rechnung getragen. Die Kostenarten sind für die weitere Verarbeitung vorbereitet.

2. Statistische Kostenstellenrechnung

Grundsätzlich kann man die statistische Kostenstellenrechnung sowohl in Kartei- als auch in Tabellenform durchführen.

Wählt man die *Karteiform*, legt man je Kostenstelle eine Karteikarte an, die so eingerichtet ist, daß die Monatszahlen eines Jahres eingetragen werden können.

B e i s p i e l :

<table>
<tr><td colspan="5">Kostenstelle: .... Nr.: .... Jahr: ....</td></tr>
<tr><td>Kostenarten</td><td>Januar</td><td>Februar</td><td>usw.</td><td>Gesamt</td></tr>
<tr><td>a
b
c
Gesamt</td><td></td><td></td><td></td><td></td></tr>
</table>

Bei dieser Art der Kostenstellenrechnung ist zwar nicht mehr die Verteilung der Kostenarten auf die Kostenstellen und die Umlage der Hilfskostenstellen auf die Hauptkostenstellen auf einen Blick zu übersehen. Man hat aber bei der Auswertung den Vorteil, die Entwicklung der Kosten je Kostenstelle über mehrere Monate wesentlich besser verfolgen zu können als bei der Verwendung einer Tabelle, die immer nur Aussagekraft für eine Abrechnungsperiode hat. Außerdem ist eine solche Kartei besser zu bearbeiten als eine oder mehrere Tabellen mit einer Vielzahl von Kostenstellen. Man wird die Karteiform somit vor allem wählen, wenn es nicht in erster Linie auf die Gesamtübersicht in einer Periode, sondern auf die Kostenentwicklung innerhalb der einzelnen Kostenstellen ankommt.

In der Praxis wird die Kartei oft mit der Tabelle kombiniert angewandt, so wird man etwa für einzelne Funktionsbereiche (z. B. Verwaltung) eine Sammelkarteikarte erstellen. Aus den Karteikarten der einzelnen Funktionsbereiche kann anschließend eine Übersicht für die Periode in Tabellenform entwickelt werden. Auf diesem Wege können zusätzlich die Kosten mit den Kostenarten der Klasse 4 abgestimmt werden.

Wählt man die *Tabellenform,* bietet sich der für die Kostenverrechnung entwickelte *Betriebsabrechnungsbogen (BAB)* an. Er ist sowohl eine Kostenarten als auch eine Kostenstellenstatistik. Während die Endsumme in der Waagerechten (Zeile) die angefallenen Kosten je Kostenart angibt, zeigt die Endsumme der Senkrechten (Spalte) die Gesamtkosten je Kostenstelle. Wegen der besseren Übersicht sollten im BAB die Kostenstellen möglichst in der Reihenfolge der Umlage angeordnet werden.

In kleineren Betrieben wird man mit einem einzigen BAB auskommen können. Bei tiefgegliederter Kostenstellenorganisation hat es sich als zweckmäßig erwiesen, zunächst für die einzelnen Funktionsbereiche Kostenzusammenfassungen (Übersichten in tabellarischer Form) vorzunehmen. So wird man z. B. für den Kostenbereich Vertrieb im Haupt-BAB nur eine einzige Kostenstelle vorsehen, diese aber in einem Sonderbogen entsprechend der Kostenstellengliederung dieses Bereiches differenziert darstellen[9]). Diese Aufteilung liefert zugleich wichtige Schlüsselgrößen für die Verteilung der Vertriebskosten in der Ergebnisrechnung auf die einzelnen Kostenträgergruppen.

Ob im Haupt-BAB (Anhang 5) sämtliche Kostenarten (Kostenträgereinzelkosten und -gemeinkosten) aufgenommen werden oder nur die Gemeinkosten, richtet sich nach der jeweiligen Zielsetzung. Soll die Betriebsabrechnung vorwiegend der Kostenkontrolle und der Ermittlung von Kostensätzen für die Kalkulation dienen, kann man sich auf die Übernahme von Gemeinkosten beschränken. Soll dagegen die Betriebsabrechnung zur Ergebnisrechnung ausgebaut werden, ist es notwendig, neben den Gemeinkosten auch die Einzelkosten in den BAB zu übernehmen.

Entsprechend dem Abrechnungsgang werden im ersten Teil des BAB die ursprünglichen und im zweiten Teil die abgeleiteten Kostenarten eingetragen. Während die ursprünglichen Kostenarten auf den Kostenstellen direkt erfaßt werden, benötigt man zur Verrechnung der abgeleiteten Kostenarten Schlüsselgrößen. Diese sollen möglichst der Verursachung entsprechen. Sie können veränderlich (Anpassung an die Leistung) oder auch fest (von feststehenden Größen, etwa Rauminhalt bzw. -fläche abgeleitet) sein.

---

[9]) Siehe Anhang 6.

Beispiele:

Beispiel mit veränderlichem Umlageschlüssel:

zu belastende Kostenstelle	Januar Basis (Std.)	DM	Februar Basis (Std.)	DM	usw.
	Umlage der Kostenstelle X				
Kostenstelle A	30	180,—	15	88,50	
Kostenstelle B	20	120,—	25	147,50	
Kostenstelle C	10	60,—	15	88,50	
Kostenstelle D	40	240,—	55	324,50	
Summe	100	600,—	110	649,—	
Kosten je Std.		6,—		5,90	

Beispiel mit festem Umlageschlüssel:

zu belastende Kostenstelle	Schlüssel %	Januar DM	Februar DM	usw.
	Umlage der Kostenstelle X			
Kostenstelle A	40	400,—	480,—	
Kostenstelle B	20	200,—	240,—	
Kostenstelle C	30	300,—	360,—	
Kostenstelle D	10	100,—	120,—	
Gesamt	100	1000,—	1200,—	

Fremdleistungen für Anlagezugänge und Materialkosten für einzelne Anlage-Objekte werden im allgemeinen nicht in den BAB aufgenommen, sondern direkt den Anlagekonten belastet. Sollten jedoch Eigenleistungen für Anlagen vorhanden sein, kann es zweckmäßig sein, auch die Fremdleistungen in den BAB aufzunehmen. Es sollte dann eine gesonderte Ausgliederungsspalte eingerichtet werden, in der sowohl Fremd- als auch Eigenleistungen für Anlagen gesammelt werden.

An einem Beispiel (siehe Anhang 5) wird die Durchführung der Kostenrechnung unter Verwendung des BAB dargestellt. Dabei wurde wegen der besseren Vergleichsmöglichkeit von dem im Anhang 3 befindlichen einfachen Beispiel der kontenmäßig geführten Kostenrechnung ausgegangen. Außerdem liegt als weiteres Beispiel ein BAB bei, der wesentlich umfangreicher ist und der Praxis entnommen wurde (Anhang 7).

Da dem statistischen System – im Gegensatz zur kontenmäßigen Darstellung – die Abstimmung nicht immanent ist, muß sie zusätzlich vorgesehen werden. Im allgemeinen sind folgende Abstimmungen notwendig: Es ist zunächst sicherzustellen, daß die Zahlen der Kontenklasse 4 voll in die Kostenrechnung übernommen werden. Ferner müssen nach allen Verrechnungen und Umlagen die Kostensummen der Endkostenstellen mit den Summen aller ursprünglichen Kosten insgesamt übereinstimmen.

3. Statistische Kostenträgerrechnung

Aus dem BAB kann die Kostenträgerechnung dadurch entwickelt werden, daß die Kosten der Endkostenstellen der Leistung entsprechend auf die Kostenträger verteilt werden. Wird in einer Kostenstelle jeweils nur ein Produkt hergestellt, kann die Kostenträgerrechnung im BAB selbst erfolgen. In der Praxis wird dies jedoch nur selten vorkommen.

Werden auf einer Kostenstelle mehrere Produkte erstellt, sind in der Regel Nebenrechnungen erforderlich, die zweckmäßigerweise außerhalb des BAB durchgeführt werden. Entsprechende Beispiele befinden sich im Teil II, D 3 a.

4. Statistische Betriebsergebnisrechnung

Wie bereits die Ausführungen in den vorhergehenden Abschnitten 1–3 erkennen lassen, bietet die statistische Form der Kostenrechnung gegenüber der kontenmäßigen größere Möglichkeiten der Darstellung. Dies zeigt sich besonders bei der Betriebsergebnisrechnung, die in der Regel nicht kontenmäßig, sondern statistisch durchgeführt wird. Nur diese Form ermöglicht eine Aufteilung des Ergebnisses nach verschiedenen Gesichtspunkten (etwa nach Produkten, Produktgruppen, Absatzgebieten). Die Betriebsergebnisrechnung wird erst dadurch zu einem wichtigen Erkenntnismittel[10]).

---

[10]) Vgl. Teil IV, E 4.

10 Kostenrechnung in der Chemischen Industrie

Teil IV

Kostenauswertung

A. Zielsetzung der Kostenauswertung

Die Kostenauswertung ist Erkenntnismittel; durch sie sollen Struktur und Entwicklung der Kosten und Leistungen sowie die Ursachen hierfür dargelegt werden. Man zieht die Folgerungen aus der Erkenntnis und macht somit die Kostenauswertung zu einem Instrument der Unternehmensführung.

Die Kostenauswertung soll Maßstäbe für die Beurteilung von Wirtschaftlichkeit, Produktivität und Rentabilität der betrieblichen Arbeit liefern und zweckentsprechende Ansatzpunkte zur Erreichung größtmöglicher Ergiebigkeit aufzeigen.

Form und Inhalt der Kostenauswertung richten sich nach dem jeweils verfolgten Zweck. Die Kostenauswertung kann von der Kostenarten-, Kostenstellen-, Kostenträger- und Betriebsergebnisrechnung ausgehen. Sie kann sowohl ständig als auch fallweise durchgeführt werden. Ständige Auswertungen sind z.B. regelmäßige Nachkalkulationen, periodische Kostenartenvergleiche. Fallweise Auswertungen stehen meistens im Zusammenhang mit Dispositionen (z. B. Preisfindung, Investitionsplanungen).

Nachfolgend werden die bei der Kostenauswertung anzuwendenden Leitsätze sowie Technik und Auswertungsarten dargelegt. Im Mittelpunkt der Betrachtungen werden die Zielsetzungen stehen, die in der Chemischen Industrie bedingt sind durch Produktionseigenarten und Vertriebsmethoden.

B. Leitsätze der Kostenauswertung

Die Kostenauswertung ist zwar zweckbedingt und auf den Einzelfall zugeschnitten; es gibt aber Leitsätze, die für die Auswertung allgemeine Gültigkeit
haben.

1. Ursachen und Ursachenzusammenhänge sind zu erforschen und zu beachten

Erst das Erkennen der Ursache befähigt zur Beurteilung des Zustandes; nur
die Beachtung der Ursachenzusammenhänge und der Abhängigkeiten zwischen
Ursache und Wirkung ermöglicht ein fundiertes Urteil über die Entwicklungstendenzen.

In der Regel werden einzelne Tatbestände untersucht. Man isoliert hierzu die
wesentlichen Faktoren und versucht, durch Abstraktion zu Einzelaussagen zu
kommen. Diese wiederum verallgemeinert man, gibt ihnen generellen Charakter. Dabei wird man gelegentlich die bei der Untersuchung als unwesentlich
ausgeschalteten Faktoren wieder hinzusetzen müssen.

2. Kostenauswertung ist Gemeinschaftsarbeit

Die Kostenauswertung ist wohl eine der vornehmsten Aufgaben des Betriebs-
wirts; eine gute Zusammenarbeit mit den anderen Kräften des Betriebes ist
aber in vielen Fällen zweckmäßig, wenn nicht unentbehrlich.

3. Die Bewertung der Kostenmengen muß zweckentsprechend sein

Voraussetzung für jede Kostenauswertung ist eine zweckentsprechende Bewertung; denn nur so kann die Kostenauswertung zu richtigen Ergebnissen
kommen[1]).

Dispositionen bedingen die Verwendung von Wiederbeschaffungspreisen. Kontrollen hingegen erfordern meistens konstante Verrechnungspreise, einige jedoch erfolgen auf Ist-Kostenbasis (z. B. Nachkalkulationen). Für den Stoffverbrauch kommen oft fortgeschriebene Durchschnittspreise zur Anwendung. Die
Inventurbewertung verlangt die Berücksichtigung des Niederstwertprinzips.
Diese Vielfalt bringt es mit sich, daß die einmal eingerichtete Grundrechnung
nicht allen Auswertungszwecken gerecht werden kann. Man wird oft statistische Nebenrechnungen durchführen müssen, will man nicht durch falsche Bewertung zu Trugschlüssen verleitet werden.

4. Die Auswertung muß schnell, zeitnah und für geeignete Auswertungszeiträume erfolgen

Änderungen des Kostenbildes (vor allem Unwirtschaftlichkeiten) müssen
schnellstens erkannt werden. Deshalb sind Abrundungen in den verschiedenen

---

[1]) Vgl. vor allem Teil II, B 3: „Bewertung in der Kostenartenrechnung" und Teil II, D 2:
„Bewertungsfragen in der Kostenträgerrechnung".

Größenordnungen durchaus vertretbar. Schnelle und zeitnahe Teilauswertungen können oft sehr wertvoll sein. Dispositionen können wirksam nur aufgrund zeitnahen Zahlenmaterials getroffen werden.

Die Zeitnähe hängt vom gewählten Auswertungszeitraum ab. Gegen zu kurze Zeiträume spricht die Tatsache, daß die genaue Kostenabgrenzung schwierig, wenn nicht unmöglich werden kann. Einmalige Schwankungen würden sich evtl. zu stark auswirken. Auch würde der durch zu kurze Auswertungszeiträume bedingte Arbeitsaufwand zu groß sein.

Für einige Zwecke bietet sich der Monat als Auswertungszeitraum an; für andere genügt die vierteljährliche Auswertung. Sie hat oft den Vorteil, daß Zufallsschwankungen sich innerhalb dieser Periode nicht mehr auswirken.

5. Qualität geht vor Quantität

Um die Struktur des Betriebes erkennen und die Entwicklungstendenzen aufzeigen zu können, muß man sich auf die Auswertung der wesentlichen Vorgänge beschränken. Zahlenfriedhöfe erschweren die Übersicht. Wenige, aber aussagefähige Zahlen ergeben oft mehr Erkenntnisse.

6. Die Kostenauswertung muß wirtschaftlich erfolgen

Die periodisch wiederkehrenden Auswertungen müssen automatisch aus der ständigen Kostenrechnung anfallen oder doch ohne erheblichen Arbeitsmehraufwand daraus abgeleitet werden können. Dies wird aber nur der Fall sein, wenn bei der Organisation der Kostenrechnung auf die Schwerpunkte der Fragestellungen (Kontrolle, Disposition) Rücksicht genommen worden ist. Einzeluntersuchungen sollen nur vorgenommen werden, wenn der Erkenntniswert den Aufwand voraussichtlich rechtfertigt.

Auch im Hinblick auf die Wahl der Mittel muß wirtschaftlich verfahren werden. So wird in der Regel die Beobachtung von Verhältniszahlen genügen. Kontrollen können oft schon durch Untersuchung von Abweichungen durchgeführt werden (management by exception).

7. Die Auswertung ist den jeweiligen Verhältnissen anzupassen

Laufend durchgeführte Erhebungen sind daraufhin zu prüfen, ob sie noch notwendig sowie in Form und Inhalt zweckmäßig sind. Aus abrechnungstechnischen Gründen jedoch sollten neue ständige Auswertungen nur mit Beginn eines neuen Wirtschaftsjahres eingeführt werden.

8. Zur Kostenauswertung sind auch die Unterlagen aus anderen Bereichen heranzuziehen

Oft sind außer den Zahlen der Leistungsseite auch Zahlen der Bilanz oder Umsatzstatistik als Basis oder Ergänzung unentbehrlich, um zu aussagefähigen Ergebnissen zu kommen. Auch können u. a. die sich aus Marktanalysen ergebenden Tendenzen wertvoll sein.

9. Form und Inhalt des Auswertungsergebnisses richten sich nach dem zu unterrichtenden Personenkreis

Die Berichterstattung muß zielgerichtet sein. Den Unternehmensleiter interessieren andere Zahlen als den Kostenstellenleiter.

Neben diesen objektiven Gesichtspunkten sind subjektive Momente zu berücksichtigen. Die Aufbereitung des Zahlenmaterials und die Zusammenfassung muß dem Rechnung tragen.

C. Technik der Kostenauswertung

Bei der Kostenauswertung bedient man sich der für die Betriebsstatistik entwickelten Hilfsmittel und Darstellungsweisen. Eine instruktive Fachliteratur sowohl von betriebswirtschaftlicher als auch von statistischer Seite liegt vor[2]). Hinzu kommen spezielle Rechnungssysteme, die Entscheidungen bei Vorliegen einer Vielzahl von Einflußfaktoren ermöglichen sollen.

Die Beherrschung der statistischen Mittel und die Fähigkeit, das aufbereitete Zahlenmaterial einprägsam darzustellen, sind Voraussetzungen für eine zweckentsprechende Kostenauswertung.

1. Zahlenverwendung und Rechenarten

Absolute Zahlen bilden die Grundlage der Kostenrechnung. Durch ihre Gliederung nach Kostenarten, Kostenstellen und Kostenträgern werden sie zu Ausgangspunkten für die Kostenauswertung. Durch absolute Zahlen wird die Tatsachenfeststellung ermöglicht. Durch Gegenüberstellung der absoluten Kostenzahlen zu den absoluten Erlöszahlen (bzw. Leistungen) wird die Höhe des Erfolgs sichtbar. Auch die sonstigen Vergleiche basieren auf den absoluten Zahlen der Kostenrechnung.

Man verwendet hierzu entweder die in einem Berichtszeitraum anfallenden Zahlen oder man kumuliert die Zahlen mehrerer Zeiträume. So bildet man etwa gleitende Durchschnitte, wenn man Saisonschwankungen ausschalten will[3]). Oft errechnet man verschiedene Mittelwerte zur Konzentrierung des Zahlenmaterials. Hierbei muß man sorgfältig vorgehen, um nicht die Grenzen der objektiven Berichterstattung zu überschreiten; denn die Wahl der Mittelwertberechnungen ist nicht immer frei von Willkür.

In der Regel genügt es jedoch nicht, nur die absolute Kostenhöhe festzustellen und mit anderen Größen zu vergleichen. Um die Kostenstruktur aufzeigen und darauf Entwicklungsanalysen aufbauen zu können, muß man die Größenordnungen der Veränderungen, also das Ausmaß der Abweichungen, sichtbar machen. Man ergänzt hierzu die absoluten Zahlen durch *Verhältniszahlen.* Man setzt Teilmengen oder -werte zu einer Gesamtsumme (als Basis) in Verbindung. Man untersucht die Beziehungen von zwei Größen, deren Abhängigkeit voneinander man unterstellt, und man verfolgt die zeitliche Entwicklung

---

[2]) Antoine, H.: Kennzahlen, Richtzahlen, Planungszahlen, Wiesbaden 1958;
Graf — Hunziker: Betriebsstatistik und Betriebsüberwachung, Stuttgart 1958;
Mellerowicz, K.: Kosten und Kostenrechnung, Band I und II;
Miauton, G.: Statistik im Industriebetrieb, 2. Auflage, Zürich 1946;
Schulz-Mehrin, O.: Betriebswirtschaftliche Kennzahlen als Mittel zur Betriebskontrolle und Betriebsführung, Berlin 1954;
Wagemann, E.: Narrenspiel der Statistik, München 1950.
[3]) Vgl. Graf-Hunziker, a.a.O., S. 32.

von Kosten oder Leistungen, indem man von einem bestimmten Zeitpunkt als Basis ausgeht[4]).

Dadurch kommt man zu Kennziffern, die Aussagen über die Entwicklung der Kosten und Leistungen und damit über die Ergiebigkeit eines Wirtschaftsprozesses ermöglichen bzw. Maßstäbe für die Ergiebigkeit sein sollen. Grundlegende Ergiebigkeitskennzahlen sind für

$$\textit{Produktivität} \; = \; \frac{\text{Ausbringung}}{\text{Einsatz}}$$

$$\textit{Wirtschaftlichkeit} \; = \; \frac{\text{Ertrag}}{\text{Aufwand}}$$

$$\textit{Rentabilität} \; = \; \frac{\text{Gewinn}}{\text{Kapital}}$$

Die Fachliteratur hat diese Grundkennzahlen z. T. abweichend definiert und davon viele Kennzahlen für Teilgebiete abgeleitet[5]).

Die zweckentsprechende Wahl von Kennzahlen setzt Erfahrungen in der praktischen Gestaltung voraus; zusätzliches Studium der Fachliteratur ist empfehlenswert. Z. B. ist bei der Betrachtung der Kapazitätsausnutzung des gesamten Betriebes vor allem die Kapazität eines evtl. Engpasses zu beachten. Bei der Beurteilung des Umsatzes muß unterschieden werden, ob er aus der Produktion des Berichtszeitraumes oder aus dem Bestand gedeckt wurde, ob Erlösschmälerungen berücksichtigt worden sind oder nicht. Setzt man den Umsatz zum Kapitaleinsatz ins Verhältnis (um die Umschlagshäufigkeit zu erkennen), ist zu entscheiden, ob man zweckmäßigerweise vom Grund-(Stamm-) Kapital einschließlich der offenen Rücklagen ausgeht oder die stillen Rücklagen ebenfalls berücksichtigt oder aber vom betriebsgebundenen Kapital ausgeht. Gegebenenfalls muß man sich zusätzlich über die Art der Berechnung dieser Größen klar werden.

Sogenannte Erfahrungszahlen für die Chemische Industrie sollten unter Vorbehalt verwendet werden. So wird gelegentlich in der Ausbringung pro Beschäftigten ein Hinweis auf die Entwicklung der Produktivität der Arbeit gesehen. Man berücksichtigt hierbei jedoch nicht den Einsatz des Produktionsfaktors Kapital. Auch bei gelegentlichen Vergleichen von Investitionen pro Beschäftigten muß beachtet werden, daß gerade in der Chemischen Industrie die Produktion und die Verfahrensweisen sehr unterschiedlich sind. Wenn

---

[4]) Es wird darauf verzichtet, auf die unterschiedlichen Gliederungen der einzelnen Verhältniszahlen, die in der Literatur zu finden sind, einzugehen.
Vgl. hierzu Antoine, H.: a.a.O., 21 ff.; Graf-Hunziker: a.a.O., S. 25 ff.; Mellerowicz, K.: a.a.O., S. 404, 538; Schulz-Mehrin, O.: a.a.O., S. 11 ff.

[5]) Vgl. u. a. Leitz, F.: Messung der Produktivität, ZfB Nr. 4/1958, S. 216 ff.; Mellerowicz, K.: a.a.O., Band II 2, S. 538, und vor allem auch die Bücher von Antoine, H.: Kennzahlen, Richtzahlen, Planungszahlen;
Graf-Hunziker: Betriebsstatistik und Betriebsüberwachung; Schulz-Mehrin, O.: Betriebswirtschaftliche Kennzahlen als Mittel zur Betriebskontrolle und Betriebsführung, die sich eingehend mit dem Problemkreis beschäftigen.

diese Zahlen auch nicht allgemein verwendbar sind, so können sie jedoch bei innerbetrieblicher Anwendung und bei Berücksichtigung der sonstigen Einflußfaktoren durchaus die Entwicklung charakterisieren. So kann die Investition pro Beschäftigten im innerbetrieblichen Zeitvergleich den Stand der Automatisierung widerspiegeln.

Kennzahlen werden nicht nur für Kosten, sondern auch für Leistungen gebildet. Es werden nicht nur Werte (für die Bestimmung der Wirtschaftlichkeit und Rentabilität), sondern auch Mengen (vorwiegend für die Produktivitätsermittlung) in Beziehung gesetzt.

Durch die in den vorhergehenden Abschnitten erwähnten Kennzahlen werden nur die Beziehungen zwischen zwei Größen, von denen man annimmt, daß sie voneinander abhängen, dargestellt. In einfachen Fällen genügt dieses Vorgehen. Sind zusätzliche Einflußfaktoren vorhanden, versucht man dadurch zum Ziel zu gelangen, daß man sie nacheinander in Kennzahlen berücksichtigt. Diesem Vorgehen sind jedoch durch die Anzahl der vorhandenen Einflußfaktoren Grenzen gesetzt. So hängt gerade in den tiefgegliederten Betrieben der Chemischen Industrie etwa das Betriebsergebnis u. a. von der Kapazitätsausnutzung, der Art der eingesetzten Rohstoffe und vom Absatzprogramm ab. Die optimale Kapazitätsausnutzung des gesamten Betriebes ist nicht lediglich die Summe der optimalen Kapazitätsausnutzungen der einzelnen Produktionsstufen, da z. B. Engpässe in Materialbeschaffung und Produktion berücksichtigt werden müssen.

Kennzahlen können nicht die Ergiebigkeit des betrieblichen Gesamtgeschehens schlechthin ausdrücken; sie sind nur für Untersuchungen auf Einzelgebieten geeignet, und auch hier sollten sie nicht kommentarlos bleiben. Zumindest gehört zu jeder außergewöhnlichen Ziffer eine kurze Erklärung, die auf besondere Eigenheiten bzw. Umstände hinweist.

In der amerikanischen Literatur[6]) wird versucht, Kennzahlenkombinationen aufzustellen, die Aussagen über das gesamte Betriebsgeschehen machen sollen. Dieser Weg erscheint nicht erfolgversprechend. „Ein geschicktes Spiel mit Verhältnissen ist noch keine zweckmäßige Aufbereitung oder Auswertung der Kosten[7])".

Mathematische Verfahren schaffen zusätzliche Möglichkeiten[8]). Die bekannteste Methode ist z. Z. die Aufstellung von *Linearprogrammen* bzw. die Bildung von *Matrizenmodellen*[9]). Diese werden für elektronische Rechenmaschi-

---

[6]) Vgl. Antoine, H.: a.a.O., S. 145, und die dort angegebene Literatur.

[7]) Vgl. Auffermann, J. D.: a.a.O., S. 30.

[8]) Vgl. hierzu Hartmann, B.: Betriebswirtschaftliche Grundlagen der automatisierten Datenverarbeitung, Freiburg i. Br. 1961.

[9]) Leicht verständliche und instruktive Einführungen in die Materie geben Woitschasch, M. und Wenzel, G.: Mathematik im Büro, in: IBM-Nachrichten, Heft 134 vom März 1958, S. 636 ff.; Wenke, K.: Mathematische Modelle in der Betriebswirtschaft, in ZfB 1956, S. 49 ff.; Wenke, K.: Kostenanalysen mit Matrizen, in ZfB 1956, S. 558 ff.

nen programmiert. Derartige Rechensysteme können für die Kostenauswertung, aber auch für die Kostenrechnung an sich (z. B. Kalkulationen bei tiefgegliederter Produktion und bei Kuppelproduktion)[10]) benutzt werden. Sie finden vor allem auch in der Verfahrenstechnik und gelegentlich bei der Marktforschung Anwendung. Bei der Marktforschung jedoch ist Vorsicht geboten, da das den Rechnungen zugrunde liegende Zahlenmaterial oft nicht exakt ist.

Die Kostspieligkeit des Verfahrens (geschultes, qualitativ hochstehendes Personal, kostspielige Rechengeräte) verweisen die Methode außerdem auf die Fälle, in denen Entscheidungen mit außergewöhnlichen Reichweiten anstehen. Das Fehlen der Voraussetzungen im eigenen Betrieb ist jedoch kein Grund, sich nicht mit der Materie zu beschäftigen. Erkennt man, daß mathematische Methoden fallweise angebracht sind, kann man sich mit Rechenzentren in Verbindung setzen, die der Allgemeinheit zur Verfügung stehen.

Richtig angewandt kann diese Rechnungsart ein ausgezeichnetes Hilfsmittel für die Betriebsdisposition sein. Sie ergänzt und kontrolliert Erfahrung und Intuition („Fingerspitzengefühl"), und sie grenzt den Zufall ein. Den Disponenten selbst kann und will sie nicht ersetzen.

2. Darstellungsweisen

Die gebräuchlichste Darstellungsform ist die *Tabelle*. Wendet man diese Form der Berichterstattung an, muß man darauf achten, daß die Tabellen übersichtlich bleiben. Jede Zeile bzw. Spalte muß mühelos vom Anfang bis zum Ende verfolgt werden können[11]).

Kann auf Genauigkeit verzichtet werden, kommt es vielmehr hauptsächlich auf eine anschauliche, einprägsame Darstellung an, die sich auf das Wesentliche beschränkt, wird man eine *graphische Darstellung* wählen. Die Form im Einzelfall wird durch den Grad der für erforderlich gehaltenen Genauigkeit bestimmt. Wichtig ist, daß man die Zeichnungen nicht durch Aufzeigen aller Zufallseinflüsse unübersichtlich macht.

Es muß jeweils der sich aus den absoluten bzw. relativen Zahlen ergebende Sachverhalt deutlich zu erkennen sein[12]).

In der Praxis wird man etwa die Umsatzentwicklung durch Linien- oder Kurven-Diagramme, die Umsatzaufteilung (nach Produkten oder Produktgruppen) dagegen in Kreis- oder Säulendiagrammen darstellen. Für die Darstellung der Bestände und Lagerbewegungen eignen sich Säulendiagramme, während

---

[10]) Wenke, K.: Zur Kalkulation von Kuppelprodukten. Eine Anwendung des linearen Programmierens, in ZfB 1961, S. 12 ff.

[11]) Regeln für die Aufstellung von Tabellen geben Graf-Hunziker: a.a.O., S. 39.

[12]) Vgl. hierzu Antoine, H.: a.a.O., S. 151-156;
Graf-Hunziker: a.a.O., S. 40-69;
Schnettler, A.: Betriebsanalyse, Stuttgart 1958, S. 251-255;
Schulz-Mehrin, O.: a.a.O., verschiedene Anlagen.

die Entwicklung einzelner Kostenarten durch verschiedenfarbige Kurvendiagramme interpretiert werden kann.

Der für die Darstellung gewählte Maßstab ist von entscheidender Bedeutung; er kann die Interpretation der Zahlen wesentlich fördern. Will man nicht absolute, sondern relative Schwankungen deutlich machen, wird man den logarithmischen Maßstab wählen.

Wichtig ist ferner die Wahl der Basis für den Zahlenvergleich. Sie wird vom Auswertungszweck bestimmt und muß deshalb auf den Einzelfall zugeschnitten sein sowie ständig überprüft werden. Wird ein Zeitraum als Basis für den Vergleich gewählt, sollte es sich um einen „normalen" Zeitraum handeln, der möglichst frei von außergewöhnlichen Einflüssen ist.

Soweit die Auswertung der Kostenrechnung nicht für die Öffentlichkeit bestimmt ist, wird man auf sog. „interessante" Darstellungen (Punkte, Körper, Kartogramme) verzichten können. Gerade durch ihre Einfachheit sollte die Darstellung eindringlich sein.

D. Arten der Kostenauswertung

Die Kostenauswertung bedient sich verschiedener Vergleiche. Diese können unabhängig voneinander oder kombiniert vorkommen. Die Zielsetzung der Auswertung bestimmt, welche Vergleichsart im Einzelfall angewandt wird.

Hier werden die einzelnen Arten isoliert betrachtet. Der Praktiker wird bei seinem Vorgehen die Zusammenhänge zwischen den einzelnen Analysen bzw. Vergleichen beachten müssen.

1. Strukturanalyse [13]

Die Strukturanalyse soll den Aufbau der Kosten, den Zusammenhang der Kosten untereinander sowie der Kosten mit den Leistungen zeigen und die Einflüsse auf die Kosten- und Leistungsgestaltung klarlegen. Die mannigfaltigen Einflüsse wurden bereits in diesem Buch eingehend behandelt [14]. Erst die Ergründung der Ursachen für vorhandene Abhängigkeiten ermöglicht eine zweckentsprechende Zurechnung der Kosten auf Kostenstellen bzw. Kostenträger und gibt die Handhabe für wirkungsvolle Dispositionen.

Man kann die Kostenstruktur innerhalb der Kostenartenrechnung dadurch analysieren, daß man die einzelnen Kostenarten gegeneinander stellt und ihre Entwicklung verfolgt. Durch Auffindung von Abweichungen erhält man die Handhabung zu zweckentsprechender Änderung der Kosten- und Leistungsgestaltung. Wollte man nur die Summen der Kostenarten beurteilen, könnten Unwirtschaftlichkeiten bei einzelnen Kostenarten unerkannt bleiben, weil sie vielleicht zahlenmäßig durch eine vorteilhafte Entwicklung bei anderen Kostenarten ausgeglichen wurden.

Bedeutsamer wird die Strukturanalyse der einzelnen Kostenarten in der Kostenstellenrechnung sein. Man sollte möglichst am Kostenverlauf in den einzelnen Betriebsteilen den Grad der Kapazitätsausnutzung ablesen können, wie es umgekehrt erstrebenswert ist, aus einer bekannten – weil theoretisch errechenbaren – Kapazitätsausnutzung auf den Verlauf der Kosten schließen zu können. Man sollte versuchen, den optimalen Kostenverlauf zu bestimmen, aber auch Sprungkosten und Kostenremanenz einzukalkulieren bzw. zu vermeiden [15].

Es ist wichtig, die Kosten im Gesamtzusammenhang zu sehen und zu behandeln. Einerseits darf man nicht kritiklos ein oder zwei Faktoren herausstellen, ohne die anderen noch einwirkenden Einflußgrößen zu berücksichtigen; andererseits jedoch wird man bei einer Vielzahl von Faktoren eine Sichtung und Gewichtung der einzelnen Größen vornehmen, um zu aussagefähigen Ergebnissen zu kommen.

---

[13] Vgl. u. a.: Auffermann, J. D.: Kostenauswertung, Stuttgart 1958, S. 12 ff., S. 24, S. 47 ff.;
Lehmann, M. R.: Industriekalkulation, Stuttgart 1951, S. 45 ff. (mit einem Beispiel für die Kostenstrukturanalyse) und S. 275;
Mellerowicz, K.: a.a.O., Bd. II 2, S. 530 ff.

[14] S. Teil I, B 2, „Einflußgrößen, Abhängigkeiten und Zurechenbarkeit der Kosten".

[15] Vgl. Mellerowicz, K.: a.a.O., Bd. I, S. 279 ff.

Auch der Vergleich der Kosten mit den Leistungen kann das Untersuchungsergebnis entscheidend beeinflussen. Haben sich z.B. die Einsatzmengen verringert und sind in der gleichen Periode die Preise der Einsatzmengen gestiegen, so hat sich wohl die Produktivität erhöht, die Wirtschaftlichkeit jedoch kann unverändert geblieben sein.

Die Unternehmensführung wird ferner Veränderungen der Kostenstruktur, die durch Einführung neuer Produkte, durch Änderung der Marktlage oder der betrieblichen Kapazität bedingt sind, verfolgen müssen. Hierzu sind gelegentliche Strukturanalysen erforderlich.

Erst wenn man den Kostenverlauf erkannt hat, wird man daraus schließen können, wie sich die Kosten in einer beabsichtigten Neuplanung entwickeln werden. So werden z.B. Löhne der Fertigung zu unterschiedlichen Teilen Fixkostencharakter haben.

Schließlich sind in die Auswertung auch die außerhalb der Kostenrechnung liegenden Gründe, die für die Struktur des Betriebes bestimmend gewesen sind, einzubeziehen. Dies sind vor allem der Standort, die Betriebsgröße, das Produktionsprogramm und die Produktionsverfahren, der organisatorische Aufbau, die Rechtsform und die Art der Finanzierung (d.h. die Vermögens- und Kapitalstruktur). Gerade in der Chemischen Industrie sinken die Kosten oft erst mit der Vergrößerung der Produktionsapparatur. Damit wächst aber auch das Risiko. Hier versagt weitgehend eine mathematische Gegenüberstellung der Kosten zum Risiko[16]).

Auch für die Verrechnung der Kostenarten auf die Kostenstellen und Kostenträger bzw. für die Umlage der Stellenkosten auf die Kostenträger ist die Kenntnis der Kostenstruktur von Bedeutung, da nur so die Zurechnung – auch der Gemeinkosten – möglichst verursachungsgerecht erfolgen kann. Da die zweckentsprechende Zurechnung der Gemeinkosten von der Schlüsselwahl abhängt, muß man im Rahmen der Strukturanalyse untersuchen, aus welchen ursprünglichen Kostenarten sich die Gemeinkosten zusammensetzen. Die Strukturanalyse wird hier zur Urfaktorenzerlegung.

2. Betriebsvergleich

In der Literatur wird der Betriebsvergleich (externer bzw. zwischenbetrieblicher Vergleich) im allgemeinen als aussagefähigste Vergleichsform hervorgehoben und eingehend dargestellt. Abgesehen davon, daß gegen den Betriebsvergleich Bedenken anzumelden sind[17]), ist der externe Vergleich in der Chemischen Industrie in der Regel nicht anwendbar; denn die Vorbedingungen sind nicht erfüllt, da die Produktionen – sowohl das Produktionsprogramm als auch die Verfahren – der einzelnen Unternehmen sehr heterogen und damit

---

[16]) Vgl. Auffermann, J. D.: a.a.O., S. 14.

[17]) In der Praxis besteht oft nicht einmal formale Übereinstimmung über die Abgrenzung der einzelnen Vergleichsfaktoren; viel weniger noch werden die einzelnen Begriffsinhalte materiell in gleicher Weise ausgelegt. Es gibt auch keinen Schutz gegen die Meldung „frisierter" Zahlen.

nicht vergleichbar sind. So wird er in der Praxis hier auch nur auf dem Seifen-
und Lackgebiet angewandt. Aus diesem Grunde wird auf die Darstellung des
Betriebsvergleichs verzichtet.

Sollten jedoch die Voraussetzungen für einen internen zwischenbetrieblichen
Vergleich vorliegen, kann er in Einzelfällen zu guten Erkenntnissen führen.

3. Zeitvergleich

Beim Zeitvergleich werden Kostenarten verschiedener Zeitabschnitte in den
einzelnen Stufen der Kostenrechnung miteinander verglichen und evtl. ihren
Einflußgrößen in den entsprechenden Perioden gegenübergestellt. Dadurch
wird der Unterschied gegenüber früheren Perioden sichtbar, und man erhält
Ansatzpunkte für die Ursachenforschung. Zugleich erkennt man den Trend
und besitzt damit Unterlagen für dispositive Überlegungen. Weiter kann durch
den Zeitvergleich kontrolliert werden, inwieweit bekannte Änderungen (etwa
des Mengenverbrauchs, der Marktpreise, der Qualität, der Verfahren, der Sai-
son und der Konjunktur) auf die Kostenentwicklung Einfluß gehabt haben.
Man wird allerdings verhältnismäßig lange Perioden vergleichen müssen,
wenn man z. B. durch Strukturwandlungen oder Automatisierungsmaßnahmen
bedingte Kostenänderungen erkennen will. In allen Fällen, in denen nicht nur
Mengen, sondern auch Werte verglichen werden, sind eventuelle Geldwertschwankungen (durch Indexrechnung) auszuschalten.

Ferner ist auch der Zeitvergleich der Gemeinkosten ein in der Praxis der
Kostenrechnung oft nützliches Mittel, um deren Entwicklung (im Verhältnis
zum Umsatz bzw. zu den Fertigungskosten, den Kapitalkosten, den Stoffkosten
oder auch zu den Gesamtkosten) zu erkennen. Allerdings wird die Aussagefähigkeit eines solchen Vergleiches in der Theorie gelegentlich bestritten.

Welche Vergleichsbasis man wählt, welche Kostenart man in den Vergleich
einbezieht und an welcher Stelle man die Kosten kontrolliert, hängt von den
individuellen Verhältnissen und vom jeweiligen Vergleichszweck ab. Will man
z. B. die Herstellkosten für einen Kostenträger im Zeitvergleich kontrollieren,
kann es zweckmäßig sein, neben den Materialkosten sowohl die Fertigungskosten als Ganzes als auch einzelne Kostenarten aus dem Bereich der Fertigungskosten (etwa Reparaturen) in den Vergleich einzubeziehen. Wenn Finanz-
dispositionen zu treffen sind, wird man nur *die* Kostenarten und ihre Veränderung im Verhältnis zu den Gesamtkosten ermitteln, deren Änderungen
die Unternehmensfinanzierung unmittelbar beeinflussen (z. B. Löhne, Gehälter und Reparaturen). Meistens jedoch wird man von den einzelnen Kostenstellen ausgehen und hier die Entwicklung der Kostenarten bzw. Kostenartengruppen durch den Zeitvergleich kontrollieren. U. a. werden die Hauptkosten-
arten der Fertigungskostenstellen mit den Leistungen bzw. der Kapazitätsausnutzung verglichen. Auf den Lagerkostenstellen wird man die Entwicklung
der Bestände beobachten. Man wird die Lagerbestände an Hilfs- und Betriebs-
stoffen zur mengenmäßigen Produktion sowie die Bestände an Halb- und
Fertigerzeugnissen zur Umsatzentwicklung ins Verhältnis setzen.

Für die Aussagefähigkeit des Zeitvergleichs kann die Wahl eines Basiszeitraumes zweckmäßig sein. Es soll sich sowohl um einen gegenwartsnahen als auch normalen Zeitraum handeln. Da die Beurteilung von den einzelnen Betriebsteilen aus unterschiedlich sein kann, wird es darauf ankommen, einen für den Betrieb als Ganzes repräsentativen Zeitraum bzw. mehrere zu wählen. Eventuell kann es, wenn es nicht mit allzu großem Aufwand verbunden ist, zweckmäßig sein, gleichzeitig von zwei Zeiträumen auszugehen.

Eine weitere Voraussetzung für den Zeitvergleich ist die Vergleichbarkeit der gewählten Perioden; so wird man in Saisonbetrieben (etwa Pflanzenschutz) nicht einzelne Monate, sondern Saisonzeiträume miteinander vergleichen. In nicht kontinuierlich arbeitenden Betrieben wird man in der Regel vom Monat ausgehen, hierbei aber evtl. die Zahl der Arbeitstage berücksichtigen müssen. Außerordentliche Ereignisse sind zu beachten.

4. Soll/Ist-Vergleich

Vergleicht man die Ist-Kosten zweier Perioden miteinander (Zeitvergleich), kann man die absoluten bzw. relativen Veränderungen erkennen. Man sieht das Erreichte. Vergleicht man hingegen die angefallenen Kosten einer Periode (Ist) mit den vorgegebenen Kosten der gleichen Periode (Soll), erkennt man die Abweichungen der Ist-Kosten von den Soll-Kosten innerhalb derselben Periode (Soll/Ist-Vergleich). Man erhält eine Aussage darüber, in welchem Maße bzw. bis zu welchem Grad das gesteckte Ziel erreicht worden ist.

Wird der Soll/Ist-Vergleich ständig und systematisch durchgeführt, und ist er in ein geschlossenes System eingebaut, das die gesamte Kostenrechnung oder wesentliche Teile von ihr umfaßt, spricht man von einer Plankostenrechnung[18]).

Die Sollkosten können aufgrund der bisherigen Erfahrungen oder auf wissenschaftlicher Basis errechnet werden. Man kann sie als Durchschnitts-, Optimal- oder Maximalkosten vorgeben[19]). Verrechnungspreise, die den Abrechnungsgang beschleunigen sollen, sind nicht a priori Soll-Zahlen. Eine Zusammenarbeit mit den betroffenen Betriebs- bzw. Werksleitungen bei der Festlegung der Sollkosten dürfte empfehlenswert sein.

In der Praxis finden sich an vielen Stellen Soll/Ist-Vergleiche. So ist z. B. in der Kostenträgerrechnung die Gegenüberstellung der Vorkalkulation zur Nachkalkulation ein solcher Vergleich. In den chemischen Hauptbetrieben wird u. a. die theoretisch mögliche Ausbeute als Maßstab (Soll) benutzt. In den Hilfsbetrieben der Fertigung werden Stoffeinsatz und Arbeitszeit für bestimmte Leistungen vorgegeben (z. B. Refa-System, Bedaux-System)[20]).

---

[18]) Über Terminologie und Zielsetzung der Ist-Kosten, Normalkosten und Plankostenrechnung gibt Teil I, B 3 e, Aufschluß.

[19]) Mellerowicz, K.: a.a.O., Bd. II 2, S. 71, definiert die Plankosten „als im voraus nach wissenschaftlichen Methoden festgestellte Richtlinien mit dem Charakter praktischer Norm und dem Ziel der Kontrolle, der Disposition und des Leistungsansporns".

[20]) Vgl. u. a. Graf-Hunziker: a.a.O., S. 82 ff.

Soll-Zahlen sollten für möglichst kleine Bereiche (einzelne Vorgänge bzw. Betriebsteile) vorgegeben werden. Die Vergleichsbereiche sollten so gewählt werden, daß die Einflußfaktoren erkenn- und bestimmbar bleiben; denn mit der Zahl der Einflußfaktoren wächst die Schwierigkeit, Sollzahlen richtig zu bestimmen.

Der Festlegung der Sollzahlen wird stets eine Kostenstrukturanalyse vorausgehen müssen. Hierbei ist vor allem festzulegen, welche Kosten beeinflußbar (variabel) und welche unabhängig vom Beschäftigungsgrad oder von anderen Einflußfaktoren (fix) sind.

Bei der Auswertung der Soll/Ist-Vergleiche kann man sich auf die Kontrolle der Abweichungen beschränken. Hierbei wird es sich um Preis-, Verbrauchs- oder Beschäftigungsabweichungen handeln. Preis- und Beschäftigungsabweichungen müssen eliminiert werden, damit die Größenordnung der Verbrauchsabweichung sichtbar wird. Den Ursachen dieser Abweichung wird man dann nachgehen.

5. Verfahrensvergleich

Ziel des Verfahrensvergleichs im Rahmen der Kostenauswertung ist es, durch Kosten/Leistungs-Vergleiche zwischen unterschiedlichen Verfahren dasjenige auszuwählen, das zu größter Ergiebigkeit führt.

Im Vordergrund stehen Untersuchungen auf dem Produktionsgebiet. Man kann beispielsweise zur Herstellung eines bestimmten Produktes in einem chemischen Prozeß oft zwischen mehreren Einsatzstoffen wählen, die in Art und Qualität unterschiedlich sein können. Chemische Reinheit und Zusammensetzung der Einsatzstoffe sind für die Produktionsstufenfolge maßgebend. Man kann die Stoffe in unterschiedlichen Apparaturen und unter unterschiedlichen Bedingungen herstellen[21]. Es besteht ferner die Wahl, die Prozeßsteuerung dem Menschen zu überlassen oder automatische Regler einzubauen. Schließlich kann man eine bestehende Anlage generalüberholen oder Teile bzw. die ganze Anlage neu – und moderner – errichten.

Die Gegenüberstellung von Produktionsverfahren ist jedoch nicht das einzige Gebiet für Verfahrensvergleiche. Z. B. ist zu entscheiden zwischen der Verwendung von Einweg- und Mehrwegverpackung; Einsatzstoffe und Produkte können in Leitungen, in Fässern oder Kesselwagen transportiert werden; man kann die Erzeugnisse mit eigenem LKW oder über Speditionen versenden; der Vertrieb kann über eine eigene Organisation oder über unabhängige Handelsfirmen geführt werden; man kann für ein Produkt auf verschiedene Weise werben; auch die Wahl zwischen Eigenerzeugung und Kauf gehört zur Verfahrensforschung.

Das zu untersuchende Verfahren wird man in möglichst kleine Abschnitte aufteilen und diese miteinander vergleichen. Evtl. kann man die einzelnen Funktionen isolieren[22]. Anschließend wird man versuchen, von den Einzel-

---

[21]) Riebel, P. untersucht in ZfhF 1957, S. 217-248 die „Kosten- und Ertragsverläufe bei Prozessen mit verweilzeitabhängiger Ausbeute" und auf S. 473-501 den „Einfluß der zeitlichen Unterbeschäftigung auf die Kosten- und Ertragsverläufe bei Prozessen mit verweilzeitabhängiger Ausbeute".

[22]) Vgl. Schnettler, A.: a.a.O., S. 340;

vergleichen auf das Ganze zu schließen, wobei Engpässe besonders zu berücksichtigen sein werden.

Die beim Verfahrensvergleich anzuwendenden Methoden sind – in Anbetracht der unterschiedlichen Vergleichsarten – vielfältig. Eine Zuhilfenahme des Zeitvergleichs ist in der Regel nicht möglich. Er kann nur dann angewandt werden, wenn zwei Verfahren in der Vergangenheit nebeneinander gelaufen sind. Auch der Soll/Ist-Vergleich scheidet im allgemeinen aus.

Der Verfahrensvergleich baut auf den Kosten und Leistungen auf. Die voraussichtlichen Kosten und Leistungen eines Verfahrens, dessen technische Daten gegeben sind, werden errechnet oder geschätzt und den Kosten und Leistungen eines anderen Verfahrens gegenübergestellt, das entweder schon praktiziert wird oder das ebenfalls geplant ist. Die Aussagefähigkeit des Verfahrensvergleichs hängt davon ab, daß alle wesentlichen Einflußfaktoren mit ausreichender Genauigkeit erfaßt werden. Dies wird generell bei den Einsatzmengen und Ausbeuten der Fall sein, soweit man sie theoretisch bestimmen kann. Schwieriger ist es, die evtl. unterschiedliche Beanspruchung der Apparate in einer individuellen Amortisationsquote zu berücksichtigen. Desgleichen wird es schwer sein, die voraussichtlichen Reparaturkosten einer neuen Apparatur zu schätzen. Besondere Probleme kann schließlich bei Kuppelproduktion der Wertansatz für die Nebenausbeuten bringen[23]).

Da die exakte Zurechnung der fixen Kostenanteile nicht immer möglich ist, wird gelegentlich vorgeschlagen, die Verfahrensvergleiche nur mit Hilfe der variablen Kosten durchzuführen. Für die teilweise sehr kapitalintensive Chemische Industrie bietet dieses Vorgehen jedoch dann keinen Ausweg, wenn der Anteil der Fixkosten verhältnismäßig groß ist. Man wird in diesen Fällen vor allem die Abschreibungen und Reparaturen nach möglichst genauer Schätzung zuordnen müssen, wobei beim Ansatz der Abschreibungsquoten das Fortschrittsrisiko gebührend zu berücksichtigen ist.

Die Rentabilitätsrechnung bei geplanten Investitionen hat Schnettler sehr eingehend behandelt[24]). In Amerika bedient man sich hierbei der sog. Return-on-Investment-Rechnung, die auch in Deutschland Eingang gefunden hat[25]).

Mit Hilfe des Verfahrensvergleichs wird versucht, die Rentabilität für die gesamte Nutzungsdauer der Investition zu berechnen. Hierbei kommt der richtigen Einschätzung der Entwicklungstendenzen auf dem Beschaffungs- und Absatzmarkt erhebliche Bedeutung zu. Zusätzlich ist der Risikofaktor zu berücksichtigen. So kann sich das Risiko mit der Vergrößerung der Anlagen ausweiten, wenn das Produktionsprogramm nicht gleichfalls verbreitert wird. Wenn hingegen mit der größeren Anlageintensität eine Verbreiterung des Produktionsprogrammes verbunden ist, tritt ein Risikoausgleich ein. Nicht zuletzt wird man die Auswirkungen von Investitionsplanungen auf die Finanz- und Liquiditätslage des Unternehmens erkennen und beachten müssen.

---

[23]) Vgl. Teil I, C 2.
[24]) Vgl. Schnettler, A.: a.a.O., S. 342 ff.
[25]) Vgl. Teil IV, E 3 b.

E. Durchführung der Kostenauswertung

Die Durchführung der Auswertung hängt sowohl in der Form als auch im Inhalt von den Auswertungszwecken (Kontrollen, Dispositionen) ab.

Es wird darauf verzichtet, sämtliche möglichen Auswertungen anzuführen; vielmehr sollen nur die in der Chemischen Industrie im Rahmen der einzelnen Stufen der Kostenrechnung auftretenden besonderen Fragen behandelt werden.

1. Auswertung der Kostenartenrechnung

In der Kostenartenrechnung können nur die ursprünglichen Kostenarten und diese auch nur je Kostenart global untersucht werden. Die meisten Kostenarten werden im Zusammenhang mit den Kostenstellen, von denen sie verursacht worden sind, mit den Kostenträgern, denen sie zugerechnet werden, oder im Zusammenhang mit der Betriebsergebnisrechnung auszuwerten sein. Sie werden deshalb auch im jeweiligen Abschnitt besprochen.

Für die Unternehmensführung kann ein Vergleich der im Abrechnungszeitraum anfallenden Kosten gegenüber den Kosten früherer Perioden interessant sein. Hierzu ist eine stetige Kostenartenabgrenzung Voraussetzung. Der Vergleich wird aussagefähiger, wenn die Kosten zu anderen Größen, z.B. zu den Umsätzen (Erlösen) der jeweiligen Periode, in Beziehung gesetzt und durch Verhältnis(Index)-Zahlen ergänzt werden. Da die benötigten Zahlen verhältnismäßig frühzeitig zur Verfügung stehen, ist ein solcher Vergleich auch gegenwartsnah.

Er zeigt den allgemeinen Entwicklungstrend und macht in Einzelfällen wesentliche Strukturänderungen sichtbar, so daß sie in den Dispositionen der Unternehmensführung berücksichtigt werden können. Hängt z.B. eine Erhöhung der Kapitalkosten (kalkulatorische bzw. effektive Zinsen und Abschreibungen) mit einer durchgeführten Automatisierung zusammen, wird die Feststellung interessant sein, ob andere Kostenarten (vor allem die Personalkosten) verringert werden konnten. Bei einer Errechnung des Rationalisierungserfolges müssen allerdings noch die gesamten Reparaturkosten (sowohl die ursprünglichen als auch die abgeleiteten Kosten) und eventuelle Erweiterungsinvestitionen berücksichtigt werden.

Die Beurteilung einer Kostenart, in der sowohl ursprüngliche als auch abgeleitete Kosten anfallen, ist in der Kostenartenrechnung nicht möglich; dies ist z.B. bei Reparaturen der Fall, wenn sie sowohl als innerbetriebliche Leistungen als auch als Fremdleistungen vorkommen. Will man die insgesamt angefallenen Reparaturkosten mit den vorgegebenen Kosten vergleichen – was in der Praxis regelmäßig unerläßlich ist –, muß man die einzelnen Reparaturobjekte als Kostenträger behandeln[26]).

---

[26]) Vgl. Teil IV, E 3 a.

In der Folge werden einige Kostenarten entsprechend der Gruppierung der Klasse 4 besprochen.

Die *Personalkosten*struktur und ihre Entwicklung kann durch folgende – in der Regel monatlich durchgeführte – Vergleiche sichtbar gemacht werden: Gesamtlohnkosten zu

a) den geleisteten Arbeitsstunden (diese evtl. unterteilt in Normal- und Überstunden),

b) der Zahl der Arbeiter,

c) den Personalnebenkosten (evtl. unterteilt in gesetzliche und sonstige),

d) dem Umsatz.

Die entsprechende Einteilung gilt auch für die Gehaltskosten.

Für die Unternehmensleitung kann es auch wertvoll sein, die Entwicklung der gesamten Lohn- und Gehaltsaufwendungen mit der Entwicklung der gesamten sozialen Aufwendungen zu vergleichen. Allerdings wird hierbei zu beachten sein, daß die sozialen Aufwendungen in der Kostenartenrechnung nicht vollständig enthalten sind[27]).

Nicht uninteressant wird auch ein gelegentlicher Vergleich der zusätzlichen sozialen Aufwendungen mit den vom Statistischen Bundesamt veröffentlichten Zahlen sein, wenn er auch nur unter Vorbehalt vorgenommen werden kann, da die Begriffsbegrenzungen sich nur selten decken werden.

Ein Vergleich der Fertigungslöhne mit den Hilfslöhnen kann, wenn er über einen längeren Zeitraum hinweg vorgenommen wird, evtl. den Stand der Automatisierung verdeutlichen.

Eine Beobachtung der Fremdleistungs-Kostenarten *(Energiebezüge, Lieferungen und Fremdleistungen für Neuanlagen und Reparaturen sowie für Werbung und Vertrieb)* kann in der Kostenartenrechnung nützlich sein, wenn keine Eigenleistungen zusätzlich anfallen. Dieses einfache Verfahren ist um so aussagefähiger, je weiter die einzelnen Kostenarten in Klasse 4 unterteilt sind. Haben jedoch die Eigenleistungen größere Bedeutung, werden die Kontrollen besser von den einzelnen Kostenstellen ausgehen.

Wenn die *Abschreibung* auch hauptsächlich im Zusammenhang mit der Kostenstellenrechnung interessant ist, können doch aus der Kostenartenrechnung heraus einige Auswertungen vorgenommen werden. So kann es für finanzielle Dispositionen zweckmäßig sein, den Verlauf der Abschreibungen mit dem Verlauf der Investitionen zu beobachten. Aufschlußreicher als die Beobachtung der Abschreibungen in einer Summe ist ihre Kontrolle in der Aufteilung nach Objekten (z.B. Gebäuden, Betriebsvorrichtungen, maschinellen Anlagen). Dies kann für die Investitionspolitik wichtig sein.

---

[27]) Vgl. Teil II, C 2 d.

Gelegentlich versucht man, durch Ansatz *kalkulatorischer Zinsen* das Prinzip der pretialen Betriebslenkung zu verwirklichen. Allerdings wird eine Beobachtung der kalkulatorischen Zinsen innerhalb der Kostenartenrechnung nicht zu aussagefähigen Ergebnissen führen; denn die Basis für die Zinsverrechnung ist das betriebsbedingte Kapital, das in den einzelnen Kostenstellen gebunden ist.

In diesem Zusammenhang ist zu untersuchen, ob die Verrechnung kalkulatorischer Zinsen schlechthin empfehlenswert ist. Erst die Prüfung im Einzelfall wird ergeben, ob ihre Einbeziehung in alle drei Stufen der Kostenrechnung und auf alle Teile des betriebsbedingten Kapitals gerechtfertigt ist. Zu bedenken ist, daß die Entscheidung über die Bindung des Kapitals im Anlagebereich bereits bei der Investitionsplanung gefallen ist[28]). Eine Beeinflussung über die Zinsverrechnung ist somit nicht mehr möglich. Bedeutsamer sind kalkulatorische Zinsen im Zusammenhang mit den Forderungen und Warenbeständen. Hier aber dürfte eine Belastung im Rahmen der Ergebnisrechnung (ggf. hinter Position „Forschungskosten") genügen.

Ein Vergleich der Kostenart *Steuern* mit dem Umsatz bzw. Gewinn gibt Auskunft über die Entwicklung der steuerlichen Belastung des Unternehmens. Gelegentlich kann es auch aufschlußreich sein, einzelne Steuerarten im Verhältnis zum Umsatz bzw. Gewinn zu beobachten.

Im übrigen wird man die Kostenartenrechnung als Ausgangspunkt für *verschiedene Kontrollen* benutzen. Z. B. wird man eine Veränderung der Reisekosten zum Anlaß nehmen, die Entwicklung dieser Kostenart in den einzelnen Kostenstellen zu prüfen.

2. Auswertung der Kostenstellenrechnung

Die Kostenstellenrechnung zeigt die Kostenarten aufgegliedert nach Entstehungsbereichen.

Sie ermöglicht

> Kontrollen der Betriebsgebarung und
> dispositive Überlegungen.

*Kontroll*instrumente, die zugleich der Kostenanalyse und der Unterrichtung der Kostenstellenleiter sowie der Unternehmensleitung dienen, sind der BAB und die Kostenstellenbögen.

Die Kontrolle hat zwei Auswirkungen: Es werden der Disponent und der Ausführende überwacht und ggf. zur Verantwortung gezogen[29]).

---

[28]) Vgl. Ausführungen über Kapital-Ergebnisrechnung - Teil IV, E 4 b.
[29]) Vgl. Riebel, P.: Die Gestaltung der Kostenrechnung für Zwecke der Betriebskontrolle und Betriebsdispositionen, in ZfB, Jg. 26, 1956, S. 258 ff.

Für die Durchführung der Kontrollen ist grundsätzlich zu beachten, daß nur Einzelkosten und hier wiederum nur beeinflußbare Kosten zu kontrollieren sind. Durch die Verwendung von Verrechnungspreisen (zur Ausschaltung außerbetrieblicher Einflüsse) kann nicht nur die Kontrolle erleichtert, sondern auch der Abrechnungsgang beschleunigt werden.

In *dispositiver* Hinsicht ist die Kostenstellenrechnung ein Hilfsmittel zum rationellen Einsatz der Güter und Dienste. Sie ermöglicht die optimale Kostengestaltung und maximale Ergiebigkeit.

Die Disposition der Stellenkosten ist – wie auch die Kontrolle – auf die Einzelkosten, die auf der Kostenstelle beeinflußt werden können, beschränkt. Man stellt die Abhängigkeit einzelner Kostenarten von bestimmten Einflußgrößen fest (z. B. vom Umsatz oder von der Anzahl der Belegschaftsmitglieder) und berücksichtigt sie entsprechend. Abschreibungen dagegen sind nur zum Teil auf der Kostenstelle beeinflußbar. Zum Teil sind sie durch die Investition bedingt und müssen deshalb bereits bei der Investitionsplanung in die Rentabilitätsrechnung einbezogen werden. Zum anderen Teil hängen sie vom rationellen Einsatz der Produktionsmittel ab und können auch nur insoweit auf der Kostenstelle beeinflußt werden.

Die Stellenkosten wird man nur richtig auswerten können, wenn man die Gesichtspunkte, nach denen die Kostenstellen gebildet worden sind, kennt. Man wird individuell vorgehen und einen zur Beurteilung geeigneten Maßstab wählen müssen. Hierbei besteht die Wahl zwischen

> der Leistung,
>
> dem Zeitvergleich und
>
> dem Soll/Ist-Vergleich.

Selbstverständlich kann die Leistung nur gewählt werden, wenn auf der Kostenstelle einheitliche oder vergleichbare Leistungen erstellt werden, etwa bei kontinuierlicher Produktion. Falls möglich, sollte man die Leistung wählen, da sie der objektivste Maßstab ist. Die Wahl zwischen Zeitvergleich und Soll/Ist-Vergleich hängt im wesentlichen von der Organisation des Rechnungswesens und von der Zuverlässigkeit des ermittelten Soll ab.

In den folgenden Ausführungen wird davon ausgegangen, daß die Kostenbereiche nach funktionalen Erwägungen gebildet worden sind.

a) Materialbeschaffung und -lagerung

Es wird zweckmäßig sein, Materialbeschaffung und -lagerung getrennt zu behandeln. Werden die Kosten der Einkaufsabteilung gesondert erfaßt, wäre eine

Proportionalisierung höchstens zur Zahl der Aufträge (nicht etwa zu deren Größe) möglich. Durch einen Soll/Ist-Vergleich könnte man darauf einwirken, daß auch bei steigendem Umsatz eine Ausweitung der Auftragszahlen und damit der Kosten vermieden wird.

Besteht die Wahl, nur ein zentrales Lager zu unterhalten oder zusätzlich Nebenläger einzurichten, kann man durch einen Kostenvergleich feststellen, ob die Einrichtung von Nebenlägern Kostenvorteile bietet. Man wird in diesen Fällen die durch die Unterhaltung der Nebenläger bedingten zusätzlichen Kosten den zusätzlichen Transportkosten gegenüberstellen, die bei Vorhandensein nur eines Zentrallagers anfallen werden.

Will man einen Etat für diesen Kostenbereich festlegen, wird man ihn an der Leistung des Lagers orientieren. Diese besteht in der zeit- und mengengerechten Bereitstellung von Gütern. Hierbei ist jedoch zu beachten, daß diese Kosten weitgehend fixen Charakter haben.

b) Fertigung

Da die Fertigung im Mittelpunkt jedes Industriebetriebes steht, kommt auch der Kostenauswertung dieses Bereichs große Bedeutung zu.

Die Kontrollen beziehen sich vorwiegend auf die Stellen-Einzelkosten; sämtliche dispositiven Überlegungen gehen hiervon aus. Die Aussagefähigkeit der Auswertung hängt entscheidend davon ab, daß die Bildung der einzelnen Kostenstellen und die Kostenartengliederung auf den Stellen zweckentsprechend und unter Berücksichtigung des Verursachungsprinzips durchgeführt wurden.

Man wird nach Möglichkeit nicht nur Werte, sondern auch Mengen in die Vergleiche einbeziehen. Die Vergleiche können als Zeitvergleiche oder Soll/Ist-Vergleiche, aber auch als innerbetriebliche Kostenstellenvergleiche durchgeführt werden. Beurteilungsmaßstab für die Angemessenheit der Kosten können die erstellten Leistungen, die Kosten anderer Perioden oder vorgegebene (Soll-) Kosten sein. Je nach der Lage im Einzelfall wird man sich für die eine oder andere Art des Vorgehens, gelegentlich auch für ein kombiniertes Verfahren, entscheiden.

Der Kosten/Kosten-Vergleich ist ein *Zeitvergleich,* in dem die auf einer Kostenstelle in den verschiedenen Abrechnungszeiträumen angefallenen Kosten, geordnet nach Kostenarten oder Kostenartengruppen, einander gegenübergestellt werden.

Beispiel für Zeitvergleich mit absoluten und relativen Zahlen:

Kostenstelle A   Monat: Dezember 1960

Kosten-arten	Monats-$\emptyset$ 1959		Januar		Februar		......Dezember	Monats-$\emptyset$ 1960	
	DM	%	DM	%	DM	%		DM	%
a									
b									
c									
.									
.									
.									
Summe		100		100		100			100
Leistung/ Menge									

Dieser Vergleich läßt die Abweichungen des Abrechnungsmonats von den vorhergehenden Monaten und vom Monatsdurchschnitt des vergangenen Jahres (im Beispiel auch vom Durchschnitt des Abrechnungsjahres) insgesamt, aber auch innerhalb der einzelnen Kostenarten bzw. Kostenartengruppen erkennen. Es ist zweckmäßig, zusätzlich auch die Leistungsmenge als Beurteilungsmaßstab anzugeben. Diese Darstellung gibt Ansatzpunkte für eine kritische Würdigung.

Häufig wird man den reinen Zeitvergleich zum *Soll/Ist-Vergleich* ausbauen. Man wird hierbei die effektiven Mengen und Werte je Kostenart den entsprechenden Soll-Zahlen gegenüberstellen und die Abweichungen ausweisen. Zusätzlich kann man die mengenmäßigen und wertmäßigen Verbrauchsziffern je Ausbringungseinheit (etwa 100 kg) angeben und auch hier wiederum die Abweichungen festhalten. Der auf Seite 170 gezeigte Kostenstellenbogen berücksichtigt diese Gesichtspunkte. Er dürfte im allgemeinen allen Anforderungen, die die Auswertungspraxis an die Kostenstellenrechnung stellt, genügen. (Hierbei ist lediglich an den Inhalt, nicht an die Reihenfolge der Darstellung gedacht.) Durch die Aufteilung nach Mengen und Werten ist zu erkennen, ob es sich um Mengen- oder Preisabweichungen handelt. Der Ausweis der Kosten je Leistungseinheit (im Beispiel kg, oft auch die Apparatestunde) ermöglicht ein Urteil über das Verhalten der Kosten bei Beschäftigungsschwankungen.

Wesentlich für die Kostenauswertung ist auch eine den jeweiligen Betriebsbedürfnissen entsprechende Unterteilung der einzelnen Kostenarten bzw. Bildung von Kostenartengruppen. In der Regel wird man die direkten Stellenkosten im oberen Teil des Bogens im einzelnen darstellen und zusammenfassen (im Beispiel durch Bildung der Zwischensummen); denn dies sind die Kosten, die der Kostenstellenleiter unmittelbar zu verantworten hat.

B e i s p i e l für Soll/Ist-Vergleich mit Ausweis der Abweichungen:

Kostenstelle: Abrechnungszeitraum:

Kostenarten	Menge						Wert					
	absolut			%kg Leistung			absolut			%kg Leistung		
	Soll	Ist	Abw.	Soll	Ist	Abw.	Soll	Ist	Abw.	Soll	Ist	Abw.
Löhne												
Gehälter												
Zuschläge												
Summe *Personalkosten*												
Wasser												
Strom												
Gas												
Luft												
Brennstoffe												
Kraftstoffe												
Summe *Energiekosten*												
Summe *Reparaturkosten*												
Summe *Materialkosten*												
Transporte												
Reisekosten												
Postgebühren												
Summe *Verkehrskosten*												
Betriebslabor												
Raumkosten												
Summe *verschied. Kosten*												
Summe *Gutschriften*												
Z w i s c h e n s u m m e												
Abschreibungen												
Zinsen												
Summe *Kapitaldienst*												
Summe *Steuern*												
Sonstige *Umlagen*												
Gesamtsumme												
Leistung												

Ferner dürfte es zweckmäßig sein, Kostenauswertungen nicht nur für die jeweiligen Abrechnungszeiträume (Monat, Vierteljahr) aufzustellen, sondern auch die kumulierten Zahlen der vergangenen Abrechnungszeiträume zum Vergleich heranzuziehen.

Den Unternehmensleiter werden nicht die Zahlen der einzelnen Stellen im Detail, sondern nur die wesentlichsten Kostenarten bzw. Kostenartengruppen und die Entwicklung der Gesamtstellenkosten interessieren. Hierfür kann es gelegentlich zweckmäßig sein, die Stellenkosten den Gesamtkosten des Betriebes oder des Betriebsbereiches gegenüberzustellen. Man kann hierdurch die Strukturentwicklung der einzelnen Kostenstellen im Verhältnis zur Entwicklung des Gesamtbetriebes bzw. des Kostenbereiches beobachten.

Zur Erleichterung der Kostenbeobachtung wird man für einige besonders wichtige Kostenarten Sonderaufstellungen anfertigen, in denen Kostenarten-veränderungen in ihrer absoluten Größe und in Relation zu den Fertigungs-kosten gezeigt werden.

Gelegentlich kann der Vergleich der Stellenkosten mit den Leistungen der Stelle auf Schwierigkeiten stoßen, da es nicht möglich ist, die evtl. unterschied-lichen Leistungen in einem gemeinsamen ziffernmäßigen Ausdruck zusammen-zufassen. Man wird in diesem Fall die für die jeweilige Leistungseinheit theo-retisch oder lt. Rezept notwendigen Kostenarten (nur Mengengerüst) durch die Betriebe ermitteln lassen. Diese Mengen werden vom Kostenrechner entspre-chend dem neuesten Stand bewertet. Die produzierten Mengen werden dann mit den so gewonnenen Werten angesetzt, wodurch man Soll-Zahlen je Lei-stungseinheit erhält. Die effektiv angefallenen Kosten der Kostenstelle werden nach diesen Soll-Zahlen verteilt, wobei die Abweichungen festgestellt und zum Ausgangspunkt von Kontrollen werden können.

B e i s p i e l :

Kostenstelle: **Produkt:**

Kosten-arten	Gesamt-kosten der Stelle effektiv	Mengen % kg lt. Rezept	Wert % kg lt. Rezept	Anteil an den Gesamt-kosten	Wert % kg effektiv	Abweichung zwischen Wert % kg Rezept (Sp. 4): effektiv (Sp. 6)
1	2	3	4	5	6	7

Bei einem solchen Vorgehen werden die Auswertungsmöglichkeiten dadurch bestimmt, daß die Soll-Zahlen von einer sachverständigen Stelle objektiv er-mittelt wurden. Da diese Rechnung nicht nur der Auswertung der Stellen-kosten, sondern auch als Grundlage für die Verteilung der Stellenkosten auf die Kostenträger dient, hängt auch die Richtigkeit der Kostenträgerrechnung insoweit von den objektiven Soll-Zahlen ab.

Bei der Besprechung des Kostenstellenbogens wurde darauf hingewiesen, daß der zweckentsprechenden Gliederung der Kostenarten besondere Bedeutung zukommt. Oft wird eine Trennung der auf der Kostenstelle beeinflußbaren (variablen) Kosten von den nicht auf der Kostenstelle beeinflußbaren (fixen) Kosten schon im Kostenstellenbogen (bzw. BAB) angebracht sein. Dies kann durch Schaffung besonderer Kostenartengruppen, aber auch durch eine zusätzliche Kennzeichnung erreicht werden (Kennziffern werden sich besonders bei maschineller Kostenrechnung empfehlen)[30].

Für Dispositionen – insbesondere für Preisangebote[31] – kann eine Unterteilung der Kosten in solche, die mengenabhängig sind, und solche, die zeitabhängig sind, d. h. durch die Aufrechterhaltung der Betriebsbereitschaft bedingt sind, wesentlich sein. So wird man bei einzelnen Angebotskalkulationen die Preisuntergrenze finden, indem man die durch den Auftrag bedingten Kosten um die Bereitschaftskosten vermindert.

c) Hilfsbetriebe der Fertigung

Kostenkontrolle und Kostendisposition in den Hilfsbetrieben sind im wesentlichen von der Art der erbrachten Leistung abhängig. Je nach der Organisation der Kostenrechnung wird man Zeitvergleiche oder Soll/Ist-Vergleiche durchführen.

Darüber hinaus kann es in Einzelfällen möglich sein, die Existenzberechtigung der Hilfsbetriebe mit Hilfe der Kostenauswertung zu prüfen. Hierbei ist jedoch äußerste Vorsicht geboten; denn man wird in der Regel nicht davon ausgehen können, daß die kostengünstige Leistungserstellung das ausschlaggebende Kriterium für Existenz und Umfang der Hilfsbetriebe ist. Generell wird man lediglich sagen können, daß es zu einer ungesunden Unternehmensstruktur führen wird, wenn die Ausweitung der Hilfsbetriebe nicht nur eine zwangsläufige Folge der Kapazitätsausweitung der Hauptbetriebe ist, sondern wenn die Hilfsbetriebe auch unabhängig hiervon und schneller als die Hauptbetriebe wachsen.

Gelegentlich wird man die Angemessenheit der eigenen Leistung mit entsprechenden Fremdleistungen vergleichen können. Dies wird jedoch nur dann zweckmäßig sein, wenn es sich um gleichartige Leistungen handelt und die Einsatzbereitschaft eines Fremdbetriebes (evtl. vertraglich) sichergestellt ist. In der Regel werden jedoch andere Überlegungen entscheidend sein. So wird man u. a. berücksichtigen müssen, daß ein großer Teil der auf den Hilfsstellen anfallenden Kosten Bereitschaftskosten ist; denn die Hilfsbetriebe sollen den – evtl. plötzlich – anfallenden Bedarf der Hauptbetriebe decken. Auch Geheimhaltungsgründe können für die Herstellung in eigenen Hilfsbetrieben bestimmend sein. Ferner können Betriebserfahrung und Kenntnis der Betriebseigenarten die Fertigung in eigenen Betrieben nützlich erscheinen lassen.

Gerade wegen der oft sehr hohen Bereitschaftskosten sollten auch Grenzkostenüberlegungen angestellt werden[32].

---

[30]) Vgl. Glaszinski, H.: Die Ermittlung der Fixkostenstruktur eines Betriebes, in ZfhF 1955, S. 591 ff.

[31]) Vgl. u. a. Auffermann, J. D.: a.a.O., S. 53 ff.;
Mellerowicz, K.: a.a.O., Bd. II 2, S. 529 ff.;
Schnettler, A.: a.a.O., S. 157 ff.;
Schulz-Mehrin, O.: a.a.O., S. 50-51.

[32]) Vgl. Teil I, B 3 d.

Die Kosten eines eigenen *Energiebetriebes* wird man normalerweise im Zeitvergleich beobachten. Man vergleicht sowohl die entstandenen als auch die verrechneten Kosten.

In der Regel wird ein Unternehmen mit eigener Energieerzeugung zusätzlich auch Fremdenergiebezug haben, vor allem für die Zeiten der Spitzenbelastung. Hier wäre folgender Soll/Ist-Vergleich möglich: Man nimmt als Soll die Kosten an, die bei Fremdenergiebezug entstehen würden, wobei Preisstaffeln zu berücksichtigen sind.

Oft werden auch Verfahrensvergleiche (etwa Hochdruck- und Niederdruck-Dampferzeugung) angebracht sein.

Auch die Kostenauswertung der *Werkstätten* kann grundsätzlich sowohl mit Hilfe des Soll/Ist-Vergleichs als auch des Zeitvergleichs durchgeführt werden.

Man wird davon ausgehen können, daß die Leistungen der Werkstätten – wenn möglich – im Leistungslohn vorgegeben und zur Beschleunigung der Abrechnung mit Stundensätzen (Verrechnungssätzen) abgerechnet werden. In diesem Fall sind die vorgegebenen Kosten das Soll, dem die entstandenen (Ist-) Kosten gegenübergestellt werden. Einen Hinweis darauf, inwieweit die Werkstätten optimal beschäftigt sind, kann die kritische Betrachtung des Verhältnisses der „produktiven" Zeiten zu den „Warte"-Zeiten geben. Die Kritik wird aber nur zu einer umfassenden Würdigung führen, wenn man zusätzlich die Art der Arbeiten (Ausscheidung eventueller „Verlegenheitsbeschäftigungen") in die Betrachtung einbezieht.

Werden nicht Verrechnungssätze angewandt, sondern die entstandenen Kosten verrechnet, tritt der Zeitvergleich an die Stelle des Soll/Ist-Vergleichs. Man orientiert sich u. a. an den in den einzelnen Abrechnungsperioden angefallenen Ist-Kosten je Arbeitsstunde.

Die in den *Verkehrsbetrieben* anfallenden Kosten werden gewöhnlich mit Verrechnungssätzen den Leistungsempfängern belastet. Die Sätze beruhen auf meßbaren Leistungen, etwa gefahrenen km bei Pkw und t/km bei Lkw. Wartezeiten während des Transportes sollten möglichst getrennt erfaßt werden. Die Kosten des Verkehrsbetriebes können dadurch überwacht werden, daß die Entwicklung der Sätze verfolgt und den Ursachen etwaiger sprunghafter Veränderungen nachgegangen wird. Besonders auf diesem Gebiet bietet sich der Vergleich mit entsprechenden Fremdleistungen an. Dabei sollte berücksichtigt werden, daß die Kosten des eigenen Fuhrparks wegen der hohen Bereitschaftskosten in hohem Maße fixen Charakter haben, während die Inanspruchnahme von Fremdleistungen für den Betrieb in der Regel nur variable Kosten verursacht.

d) Allgemeiner Bereich

Die Auswertung der Kosten der zu diesem Bereich gehörenden Kostenstellen wird sich hauptsächlich auf die Kontrolle der Betriebsgebarung konzentrieren. Wesentlich wird sein, anhand der Kostenbeobachtung festzuhalten, inwieweit die Kostenentwicklung sich im Rahmen der Planung hält, bzw. ob sie der allgemeinen Kostenentwicklung angemessen ist. Man wird hierbei zu beobachten haben, daß gerade auf diesem Gebiet Sprungkosten (z. B. Abschreibungen auf neuerbaute Duschräume, auf Luft- und Wasserreinigungsanlagen, Straßeninstandhaltungskosten) anfallen können.

e) Soziale Einrichtungen

Die *Kostendisposition* findet in einem Etat ihren Niederschlag. Bestimmungsgründe hierfür sind vor allem die Betriebsüblichkeit, die Zahl der zu betreuenden Belegschaftsmitglieder und die Ertragslage. Die *Kostenkontrolle* hat zwei Richtungen. Einmal soll sie sicherstellen, daß der Etat eingehalten wird. Hierzu genügt ein regelmäßiger Vergleich der auf der jeweiligen Kostenstelle angefallenen Gesamtkosten mit den vorgegebenen Kosten. Zum anderen wird man auf diesem Wege die Ordnungsmäßigkeit und Zweckdienlichkeit der bereitgestellten und verwendeten Mittel überprüfen.

f) Forschung, Entwicklung und Anwendungstechnik

Die Auswertung wird erleichtert, wenn die Kosten der drei Bereiche auf getrennten Kostenstellen erfaßt wurden und wenn ferner berücksichtigt wurde, daß die Forschungskosten weder einem Produkt noch einer Produktgruppe zugerechnet werden können, daß die Entwicklungskosten im Gegensatz dazu oft einzelnen Produktgruppen zurechenbar sind und die Kosten der Anwendungstechnik zu den Vertriebskosten gehören.

Auf den Kostenstellen im Forschungs- und Entwicklungsbereich werden keine vergleichbaren, z.T. auch überhaupt keine meßbaren Leistungen (im Sinne der Kostenrechnung) erstellt. Es bleibt demnach nur die Überwachung der Kosten je Kostenart und im Hinblick auf die Einhaltung des Forschungs- und Entwicklungsetats, der aus dem Jahresertrag zu decken ist. Man wird dabei berücksichtigen müssen, daß ein einmal geschaffener Forschungsapparat weitgehend Fixkosten-Charakter hat.

Anders verläuft die Auswertung der Kosten der Anwendungstechnik. Für eine Kontrolle der Angemessenheit wird es notwendig sein, die für die einzelnen Produkte oder Produktgruppen jeweils aufgewandten Kosten zu erfassen und dem entsprechenden Umsatz gegenüberzustellen. Die Kosten-Disposition wird sich ebenfalls von der Umsatzprognose ableiten lassen.

g) Fertigerzeugnislager und -versand

Die Kostenauswertung weist Parallelen zu der Auswertung der Kosten der Materialbeschaffung und der Materiallagerung auf. Gleichgültig, ob man den Zeitvergleich oder den Soll/Ist-Vergleich anwendet, stets wird man die Abhängigkeit der Lager- und Versandkosten von Umsatz, Lagergröße und Lagerzusammensetzung beachten müssen.

Werden die Kosten der Verpackung und des Versandbereitstellens gesondert erfaßt, wird man diese Kosten im Zusammenhang mit dem mengenmäßigen Produkt-Versand beobachten. Hierbei sind jedoch zusätzlich Zahl, Größe und Art der Aufträge sowie die Beschaffenheit der Verpackung zu berücksichtigen.

h) Vertrieb, Werbung

In der Praxis begnügt man sich oft mit dem reinen Zeitvergleich, dessen Aussagefähigkeit jedoch gerade auf den Gebieten des Vertriebs und der Werbung zu gering sein dürfte.

Eine Untersuchung der *Vertriebskosten* sollte stets

> die Umsatzerlöse und -struktur,
> den Vertriebsweg,
> das Absatzgebiet,
> den Abnehmerkreis,
> die Auftragsgrößen und
> die Funktionsverteilung

berücksichtigen.

Je nach Vertriebsweg und Vertriebsart werden Kostenhöhe, Preisgestaltung und das Verhältnis von fixen zu variablen Kosten unterschiedlich sein. So wird z. B. zu beachten sein, daß der Vertriebsweg über den Großhändler hohe Auftragsgrößen zur Folge hat, da sonst die dem Großhändler gewährten günstigeren Preise nicht gerechtfertigt sind. Werden „Angestellten"-Vertreter durch „Provisions"-Vertreter abgelöst, hat dies zur Folge, daß fixe Kosten in variable umgewandelt werden.

Für bestimmte Erzeugnisgruppen bzw. Absatzgebiete oder Abnehmerkreise werden oft in unterschiedlicher Weise Funktionen übernommen (etwa Lagerhaltung, Kreditgewährung, Beratung).

Man wird durch einen Vergleich der Kosten, die bei den möglichen Vertriebskombinationen anfallen, die für das Unternehmen kostengünstigste Vertriebsmethode finden können.

Im Bereich der *Werbung* wird man getrennte Etats für die allgemeine Firmenwerbung und für die spezielle Produktenwerbung aufstellen.

Den Werbeetat wird man zweckmäßigerweise in den Etat für Eigenleistungen (vornehmlich Personalkosten und Mustersendungen) und in den Etat für Fremdleistungen aufteilen. Hierbei haben die Personalkosten weitgehend Fix-Kostencharakter, während die Fremdleistungen variable Kosten darstellen und insoweit an eine gewünschte Entwicklung – auch kurzfristig – angepaßt werden können.

Die Einhaltung der Etats wird laufend zu überprüfen sein. Daneben werden die für die Produktenwerbung angefallenen Kosten mit dem erzielten Umsatz zu vergleichen sein. Man erhält hierdurch Hinweise dafür, welche Werbeart (etwa Zeitungs-, Kino-, Fernsehwerbung) bei bestimmten Produkten den größten Erfolg gehabt hat.

Gerade für die Beobachtung der Vertriebs- und Werbekosten kann der Betriebsvergleich von großem Nutzen sein, da oft gleichartige Verhältnisse vorliegen werden.

i) Verwaltung

Mit Rücksicht auf möglichst aussagefähige Auswertungen sollten die einzelnen Verwaltungstätigkeiten (Funktionen) kostenmäßig getrennt werden[33]). Hierbei sind meßbare Leistungen (etwa Lochkartenarbeiten, Buchungsvorgänge) auszusondern und – wie im Teil IV, E 2 c, „Hilfsbetriebe der Fertigung", beschrieben – zu kontrollieren.

Man wird die Entwicklung der einzelnen Kostenarten beobachten und im übrigen versuchen, den Etat[34]) so zu gestalten, daß er bei steigendem Umsatz zur Umsatzentwicklung degressiv verläuft. Man wird auch ferner berücksichtigen müssen, daß gerade die Verwaltungskosten bei fallenden Umsätzen eine starke Kostenremanenz zeigen werden. Derartige Untersuchungen sind jedoch nur bedingt aussagefähig.

Mit fortschreitender Automatisierung sind für die Verwaltungsbereiche andere Betrachtungsweisen und evtl. auch geänderte Untersuchungsmethoden anzuwenden, um zu einer sicheren Beurteilung zu gelangen. Automaten sind geeignet, in Massen auftretende gleichförmige Arbeitsvorgänge zu verrichten und gleichzeitig vermehrte und bessere Auswertungsmöglichkeiten zu schaffen. Die Kostenentwicklung ist mit der vergrößerten Auswertungsmöglichkeit zu vergleichen. Die Gegenüberstellung ist jedoch dadurch, daß sich die Auswertungsmöglichkeiten (und ggf. noch die Beschleunigung der Arbeit) nicht geldwertmäßig festlegen lassen, erschwert, wenn nicht unmöglich.

3. Auswertung der Kostenträgerrechnung

Wie die Kostenstellenrechnung für viele Kontrollen und Dispositionen große Bedeutung hat, ist auch die Kostenträgerrechnung geeignet, verschiedene wesentliche Funktionen auf dem Gebiet der Kostenauswertung zu übernehmen. Untersuchungsobjekt ist der Kostenträger, wobei man entweder nur die Herstellkosten oder auch die Selbstkosten erfaßt. Hier soll nur die Untersuchung der Herstellkosten behandelt werden, während die Verwaltungs-, Vertriebs- und Forschungskosten im Rahmen der Betriebsergebnisrechnung besprochen werden. Dieses Vorgehen hat den Vorteil, daß die nicht zu den Herstellkosten gehörenden Kosten sowohl im Zusammenhang mit den einzelnen Kostenstellen

---

[33]) Vgl. Teil II, C 2 h.
[34]) Auch wenn man einen Etat nicht festlegt, sondern sich an den Vorjahreskosten orientiert, legt man gleichsam unbewußt Etatkosten fest.

bzw. Kostenstellengruppen als auch mit den einzelnen Produkten bzw. Produktgruppen untersucht werden können.

Es erscheint angebracht, Nachkalkulation und Vorkalkulation getrennt zu behandeln. Die sich aus dem Soll/Ist-Vergleich und dem Zeitvergleich ergebenden Möglichkeiten werden kombiniert dargestellt, wobei es in der Praxis vom Einzelfall abhängt, welche Auswertungsform man zweckmäßigerweise wählt.

a) Nachkalkulation

Der Auswertung wird das Kalkulationsschema

> Stoffkosten
>
> + Fertigungskosten
> ___________________
> = Herstellkosten

zugrunde gelegt.

Die Beobachtung der *Stoffkosten* ist im wesentlichen eine Kontrolle der Ausbeute, d. h. des Verhältnisses Einsatz/Ausbringung. Zur Beurteilung der Produktivität vergleicht man die Mengen. Will man hingegen über die Wirtschaftlichkeit des Produktionsprozesses eine Aussage machen, wird man die Mengen bewerten müssen.

B e i s p i e l :

Produkt x

Stoff-einsatz	Soll % kg	Quartals-$\emptyset$ 1959			I. Quartal 1960			.....	Quartals-$\emptyset$ 1960		
		abso-lut	% kg	Abw. % kg	abso-lut	% kg	Abw. % kg		abso-lut	% kg	Abw. % kg
Ausbringung											
Stoff A											
Stoff B											
Stoff C											
Stoff D											

Die Soll-Zahlen sind entweder theoretisch errechnet oder durch Erfahrung festgelegt. Die Ist-Zahlen werden von den Kostenstellen gemeldet.

Die Kontrolle der Abweichungen sollte nicht nur gelegentlich, sondern regelmäßig in geeigneten Zeitabständen durchgeführt werden.

Neben den Stoffkosten sind die *Fertigungskosten* zu analysieren. Wenn auch die einzelnen zu den Fertigungskosten gehörenden Kostenarten im Rahmen der Kostenstellenrechnung kontrolliert werden können, wird es doch zweckmäßig sein, die für die Fertigung wesentlichsten Kostenarten getrennt von dem Block der sonstigen Fertigungskosten darzustellen. Sehr oft wird es sich hierbei um Personalkosten, Energien, Abschreibungen und gelegentlich auch um Reparaturen handeln. (Reparaturen werden vor allem dann getrennt zu behandeln sein, wenn sie in der Kostenrechnung nicht mit normalisierten Sätzen, sondern mit den Ist-Kosten berücksichtigt werden.)

Ausgangspunkt für die Vergleiche und damit auch für die Beurteilung der Fertigungskosten bzw. der einzelnen Kostenarten ist die Ausbringung. In Sonderfällen kann man auch von den Einsatzstoffen ausgehen. Zweckmäßigerweise wird man mit %kg-Sätzen arbeiten. Will man bei austauschbaren Einsatzstoffen das wirtschaftlichste Verfahren erkennen, muß man die gesamten Herstellkosten in den Vergleich einbeziehen und hierbei eventuelle Änderungen der Fertigungskosten berücksichtigen. So ist z. B. eine durch den Austausch bedingte unterschiedliche Fertigungsdauer zu beachten, da sie sich in den Fertigungskosten auswirkt[35]).

B e i s p i e l :

Produkt x

	Soll %kg	Quartals-⌀ 1959			I. Quartal 1960			.....	Quartals-⌀ 1960		
		abso-lut	%kg	Abw. %kg	abso-lut	%kg	Abw. %kg		abso-lut	%kg	Abw. %kg
Ausbringung											
Personalkosten											
Energie											
Reparaturen											
Abschreibungen											
sonstige Fertigungskosten[1])											
Summe Fertigungskosten											

[1]) Gegebenenfalls nach Kostenarten zu unterteilen.

---

[35]) Vgl. u. a. Mellerowicz, K.: a.a.O., Bd. II 2, S. 539;
Schnettler, A.: a.a.O., S. 139-142;
Schulz-Mehrin, O.: a.a.O., S. 20-21.

Aus systematischen Gründen wurde die Auswertung der Stoffkosten und der Fertigungskosten getrennt dargestellt. In der Praxis wird man die gesamten *Herstellkosten* in einer einzigen Tabelle zusammenfassen[36]). Allerdings wird man nur bei den wichtigsten Produkten den Materialverbrauch und die einzelnen Fertigungskosten getrennt darstellen. In den anderen Fällen dürfte es genügen, die Herstellkosten je Ausbringungseinheit (etwa %/o kg) in einer Summe zu zeigen. Der Auswertungszeitraum wird sich ebenfalls nach der Wichtigkeit der Produkte richten.

Die Beispiele haben die Massenproduktion in einem bestimmten Zeitraum zum Gegenstand. In gleicher Weise, aber zweckentsprechend abgewandelt, lassen sich Kostenbeobachtungen für einzelne Chargen oder Aufträge durchführen.

Zur umfassenden Beurteilung der betrieblichen Verhältnisse sind dann

die Chargengröße, Chargenzahl und Rüstzeiten,

die Kapazitätsausnutzung und evtl.

die Bewertung

heranzuziehen.

In der Regel werden geringere Chargengrößen und häufiger Chargenwechsel mit erhöhten Fertigungskosten verbunden sein. Zum gleichen Ergebnis führt ungenügende Kapazitätsausnutzung, wenn nicht die Stillstandskosten gesondert erfaßt wurden. Zu beachten sind ferner Preisabweichungen, die bei Kalkulationen mit Ist-Kosten auftreten können. Sie sind zu Kontrollzwecken auszuschalten (evtl. durch Index-Rechnung); bei dispositiven Überlegungen (Wirtschaftlichkeitsvergleiche) jedoch sind sie zu berücksichtigen. Für die Kostenauswertung bei Kuppelproduktion werden die dargelegten Methoden nicht immer genügen. In dieser Hinsicht wird auf die zusammenhängenden Ausführungen in Teil I, C 2 c, „Eigenarten auf dem Gebiet der Produktionsverfahren und Verfahrensbedingungen", verwiesen.

Gelegentlich wird man – besonders bei tiefgegliederter Produktion – feststellen wollen, wieviel Fertigungskosten, aufgeteilt in ursprüngliche Kostenarten, zur Erzeugung eines Produkts im gesamten Herstellungsgang erforderlich sind. Dies ist aus der Kalkulation nicht zu ersehen; denn die Fertigungskosten der vorhergehenden Stufen sind in den Einsatzstoffen der letzten Stufe enthalten. Man ermittelt deshalb, ausgehend von der Endstufe, die ursprüngliche Zusammensetzung (Material- und Fertigungskostenanteile) der Einsatzstoffe und Fertigungskosten der vorhergehenden Stufen und bezieht sie auf das Endprodukt. Hierdurch werden die Herstellkosten der Endprodukte in ihre ursprünglichen Kostenarten aufgelöst. Eine solche „*Durchrechnung*" zeigt die Arbeits- bzw. Materialintensität des Erzeugungsprozesses. Sie liefert wertvolle Unterlagen für verschiedene Dispositionen. So kann z. B. auf diesem Wege festgestellt wer-

---

[36]) Vgl. Teil II, D 1 a.

den, wie sich etwa eine tarifliche Lohnerhöhung, die Verteuerung eines Einsatzstoffes oder die Veränderung der Produktmengen auf die Herstellkosten des Produktes auswirken. Auch Bestell- und Vorratsdispositionen, die von der Umsatzprognose je Produkt ausgehen, können auf dieser Grundlage sicher getroffen werden, da die zur Herstellung des Endproduktes notwendigen Mengen genau bekannt sind.

Neben den Erzeugnissen der eigentlichen chemischen Produktion sind die *Reparaturen und selbsterstellten Anlagen* nachzukalkulieren. Die einzelnen Aufträge werden hierzu als Kostenträger behandelt. Die entstandenen Kosten können dann mit den vorgegebenen Kosten oder auch gelegentlich mit entsprechenden Fremdleistungen verglichen werden. Auf diese Weise können auch die Reparatur- und Investitionsetats kontrolliert und gesteuert werden, da sämtliche Kosten (sowohl Eigen- als auch Fremdleistungen) je Auftrag und insgesamt gesammelt werden.

b) *Vorkalkulation*

Vorkalkulationen können sowohl der Preisgestaltung (insbesondere der Gestaltung der Verkaufspreise) als auch anderen dispositiven Entscheidungen (z. B. Verfahrenswahl) dienen. In beiden Fällen stellt sich die Frage, ob man nach dem Prinzip der Vollkostenrechnung oder der Teilkostenrechnung vorgehen soll.

In preispolitischer Hinsicht wird man in der Regel die *Vollkostenrechnung* anwenden; auf lange Sicht gesehen muß dies sogar geschehen, da nur so die Erhaltung der Substanz und der Leistungsfähigkeit des Betriebes sichergestellt werden kann. In bestimmten Situationen kann allerdings das Festhalten am Prinzip der Vollkostendeckung zu falschen Schlüssen verleiten. So steigen bei Unterbeschäftigung die Angebotspreise, weil die fixen Kosten sich auf eine kleinere Zahl von Produktionseinheiten verteilen. Höhere Preise aber drücken auf den Umsatz und verstärken damit die bereits vorhandene Tendenz zur Unterbeschäftigung.

Gerade unternehmerische Überlegungen können zur *Teilkostenrechnung* führen. Man setzt voraus, daß die Nachfrage durch niedrigere Preise gesteigert werden kann und somit Beschäftigung und Ausnutzung der betrieblichen Kapazität gehalten bzw. möglichst noch vergrößert werden können. Man wendet die Teilkostenkalkulation auch an, um neue Produkte einzuführen oder die durch mangelnde Kapazitätsausnutzung bedingten überhöhten Kosten zu eliminieren. Zu berücksichtigen ist jedoch, daß der Teil der Kosten, der im Preis nicht vergütet worden ist, auf andere Weise gedeckt werden muß. Er kann anderen Erzeugnissen bzw. Erzeugnisgruppen zugeschlagen werden, oder er muß auf anderen Teilmärkten bzw. in einer späteren Periode im Preis vergütet werden.

In der Teilkostenkalkulation bleiben gewisse Kostenteile, die zwangsläufig anfallen und unvermeidbar sind, unberücksichtigt[37]). So werden z.B. die Kosten der Betriebsbereitschaft nicht einbezogen, da sie nicht von der eigentlichen Produktion abhängen. Handelt es sich darum, eine vorhandene Kapazität voll auszunutzen, wird man evtl. nur die Kosten der zusätzlichen Aufträge in die Kalkulation einbeziehen[38]). Grundsätzlich handelt es sich stets darum, die fixen Kosten oder Teile davon unberücksichtigt zu lassen und nur mit den variablen Kosten (und evtl. noch einem Teil der Fixkosten) zu kalkulieren.

Treten derartige Überlegungen in der Praxis eines Betriebes sehr häufig auf, sollte bereits die Grundgliederung der Kostenrechnung die Trennung nach fixen und variablen Kosten berücksichtigen. Bei tiefgegliederter Produktion wird man zusätzlich „Durchrechnungen"[39]) vornehmen müssen, um den Anteil der Fixkosten an den Fertigungskosten festzustellen. Mit den hierbei gewonnenen Erfahrungssätzen kann man dann operieren.

Eng mit der Vorkalkulation sind die Betrachtungen verbunden, die sich mit der Rentabilität des investierten Kapitals befassen. Allerdings handelt es sich nicht nur um eine Rechnung im Rahmen der Vorkalkulation; vielmehr wird dadurch auch das Vorgehen in der Betriebsergebnisrechnung weitgehend bestimmt. Aus diesem Grunde wird darauf im Zusammenhang mit der Kapital-Ergebnisrechnung (im folgenden Abschnitt IV b) eingegangen.

Während man im allgemeinen in der Kostenrechnung bemüht ist, die Quelle des Erfolgs bzw. die Struktur der Kosten zu erkennen, interessiert im Zusammenhang mit der Return-on-Investment-Rechnung, wie sich der Produktgewinn zu dem Kapital verhält, das eingesetzt werden mußte, um das Produkt herzustellen (produktions- bzw. betriebsgebundenes Vermögen). Außerdem setzt man gelegentlich den Umsatz ins Verhältnis zum investierten Kapital, da die Umschlagshäufigkeit ein Kriterium für den zu erwartenden Gewinn ist.

Es handelt sich somit um eine im Prinzip einfache Rentabilitätsrechnung, die auf Kostenträger oder Kostenstellen bezogen wird. Die Rechnung kann sowohl für Dispositionen als auch für Kontrollen angewandt werden. Bei Dispositionen muß das Vermögen zu geschätzten Anschaffungs- bzw. Herstellkosten (gegenwartsnahen Werten) angesetzt werden, während bei Kontrollen zweckmäßigerweise die Buchwerte angewandt werden sollten.

---

[37]) Mellerowicz, K. (a.a.O., Bd. I, S. 378) teilt deshalb die Kosten in unvermeidbare und vermeidbare ein. Vgl. auch Teil I, B 3 d.
[38]) Heinen, E. (a.a.O., S. 525 ff.) behandelt eingehend und kritisch die verschiedenen Möglichkeiten für Teilkostenkalkulationen (u. a. Grenzkosten-, Partialkosten-, Prozentualkosten-, Optimalkostenkalkulation).
Mellerowicz, K.: Planung und Plankostenrechnung, Bd. I Betriebliche Planung, S. 473 ff.
[39]) Vgl. vorhergehenden Abschnitt.

Schwierigkeiten werden sich besonders in der Chemischen Industrie bei der Zuordnung des Vermögens auf das jeweilige Untersuchungsobjekt (z. B. eine Produktionsgruppe) ergeben.

4. Auswertung der Betriebsergebnisrechnung

Die Betriebsergebnisrechnung gibt eine Analyse des Betriebserfolges.

Als Vergleichs- und *Bezugsgrößen* werden in der Regel der *Umsatz* und das *eingesetzte Kapital* heranzuziehen sein. Die Praxis nimmt zur Zeit noch allgemein lediglich den Umsatz (Brutto- oder Nettoerlös) als Vergleichsbasis (umsatzbezogene bzw. Umsatz-Ergebnisrechnung). Ihre Aussagefähigkeit ist jedoch beschränkt und hängt von einer klaren Abgrenzung, d. h. Zuteilung der Kosten und Erlöse, ab.

Das Beziehen auf das eingesetzte Kapital ist für die Unternehmensführung wichtig, um Verzinsung und Rückfluß des Kapitals erkennen zu können (Kapital-Ergebnisrechnung). Da diese Rechnungsart vor allem für kapitalintensive Wirtschaftszweige wichtig ist, kommt ihr gerade auch für die Chemische Industrie besondere Bedeutung zu.

In der Praxis hat sich dieses Vorgehen jedoch noch nicht voll durchgesetzt. Man sollte aber bemüht bleiben, in den Betrieben die Voraussetzungen hierfür zu schaffen.

Sowohl das Umsatz- als auch das Kapitalergebnis kann für den Gesamtbetrieb, für einzelne Sparten bzw. Abteilungen, für Ländergruppen bzw. einzelne Länder oder für Produktgruppen bzw. einzelne Produkte ausgewiesen werden. Das Vorgehen wird sich jeweils nach dem mit der Auswertung verfolgten Ziel richten.

a) Umsatz-Ergebnisrechnung

Das auf Seite 183 gezeigte Schema gibt einen Überblick über die Grundzüge des Aufbaus der Umsatz-Ergebnisrechnung.

aa) In der auf den Umsatz bezogenen Ergebnisrechnung sollten – theoretisch – nur die Kosten berücksichtigt werden, die unmittelbar durch den Umsatz verursacht worden sind. In der Praxis folgt man diesem Prinzip jedoch nur bei den Erlösschmälerungen, den Herstell- bzw. Anschaffungskosten und bei den Vertriebseinzelkosten. Die übrigen Kostenarten berücksichtigt man üblicherweise in der in der Periode angefallenen Höhe. Hierbei geht man davon aus, daß diese Kosten durch den Umsatz der Abrechnungsperiode getragen werden müssen. Legt man jedoch Wert darauf, die durch den Umsatz direkt verursachten Kosten getrennt zu zeigen, wird man dies durch entsprechende Zwischensummen-Schreibung zum Ausdruck bringen.

Gesamt-Betriebsergebnisrechnung

für die Zeit vom 1. 4. 196······ bis 30. 6. 196······

	Gesamt		Sparte A		Sparte B		Lizenz-vergaben		Handels-waren		Neben-geschäfte	
		%		%		%		%		%		%
Umsatz (Bruttoerlös)												
·/· Erlösschmäle-rungen												
+ Zusatzerlöse												
Nettoerlös												
·/· Selbstkosten der umgesetzten Erzeugnisse												
Herstell- bzw. Anschaffungs-kosten												
Forschungs-kosten												
Verwaltungs-kosten												
Vertriebs-kosten												
Betriebsergebnis												

Beispiel:

für die Betriebsergebnisrechnung mit gesondertem Ausweis der durch den Umsatz der Abrechnungsperiode bedingten Kosten

Umsatz (Bruttoerlös)
·/· Erlösschmälerungen
+ Zusatzerlöse
___

= Nettoerlös
·/· Herstellkosten
·/· Provisionen
·/· sonstige Einzelkosten des Vertriebs
___

= Betriebsergebnis I (Umsatzerfolg)
·/· Forschungskosten
·/· Verwaltungskosten
·/· Vertriebsgemeinkosten
___

= Betriebsergebnis II (Deckungserfolg)

Man sieht bei dieser Art der Darstellung in den Kosten mit Fixkosten-Charakter Deckungsbeiträge und bringt durch die gesonderte Schreibung zwischen Betriebsergebnis I und II zum Ausdruck, daß diese Kosten nur aus Deckungsgründen auf die Kostenträgergruppen verteilt worden sind, aber durch den Umsatz der Periode nicht bedingt oder gar von ihm abhängig sind. Eine Ausnahme bilden die Vertriebsgemeinkosten, die teilweise umsatzbedingt sein können, deren verursachungsgerechte Zuordnung auf einzelne Umsätze jedoch nicht möglich ist. Es wird lediglich gezeigt, inwieweit die einzelnen Kostenträger oder Kostenträgergruppen an der Deckung der einzelnen Kostenblöcke beteiligt sind. Deshalb wird der Erfolg gelegentlich auch in Umsatzerfolg und in Deckungserfolg geteilt[40]).

ab) Zweckmäßigerweise wird man bereits bei der Gesamt-Ergebnisrechnung die Nebengeschäfte in einer gesonderten Spalte erfassen. Nimmt die Lizenzvergabe bzw. der Verkauf von know how einen großen Raum ein, sollte auch diese Geschäftsart getrennt behandelt werden. Ebenfalls wird die Trennung der Geschäfte mit Waren aus Eigenerzeugung und der reinen Handelsgeschäfte der Kosten- und Erlösanalyse dienlich sein. Auf diese Weise können die Faktoren, die den Erfolg beeinflussen, erkannt werden.

ac) Dem gleichen Zweck dient auch die Teilung des Unternehmensergebnisses in das Betriebsergebnis und das neutrale Ergebnis. Im Betriebsergebnis wirken sich nur die ordentlichen betrieblichen Einflüsse aus, während im neutralen Ergebnis die außerordentlichen betriebsfremden und periodenfremden Faktoren separiert werden.

Betriebsergebnis

·/· neutrale Aufwendungen
+ neutrale Erträge
____
= Unternehmensergebnis

ad) Man wird ständig die Entwicklung der einzelnen Positionen der Betriebsergebnisrechnung und ihre gegenseitige Abhängigkeit überwachen. Hierzu ist es zweckmäßig, Zahlen der Vergangenheit zum Vergleich heranzuziehen und die Kosten in ihrem Verhältnis zur Basiszahl zu zeigen.

Je nach Auswertungszweck und Struktur des Betriebes wird man unterschiedliche *Vergleichszeiträume* wählen. Die entsprechende Periode des Vorjahres gewährleistet in der Regel vergleichbare Zahlen bei Produkten mit saisonalen Schwankungen. Wählt man den Durchschnitt des Vorjahres, erhält man einen Richtwert für die Entwicklung. Dem gleichen Zweck dient der Vergleich mit den zusammengefaßten Beträgen vom Beginn des Geschäftsjahres und evtl. auch für die gesamte Laufzeit einer Produktion (kumulativ). Dieses Verfahren hat den Vorteil, daß sich Zufallsschwankungen weitgehend ausgleichen. Aller-

____

[40]) Müller A., „Grundzüge der industriellen Kosten- und Leistungserfolgsrechnung", Köln und Opladen 1955, S. 297.

dings wird man hierbei eventuelle Produktionserweiterungen gesondert berücksichtigen müssen.

Der Abweichungskontrolle dient vor allem eine Ergänzung der absoluten Zahlen durch *Verhältniszahlen*. Bei der Wahl der Basiszahl wird man sich zwischen Umsatz (Bruttoerlös) und Nettoerlös entscheiden müssen, will man nicht Spalten mit beiden Verhältniszahlen einrichten.

Den Interessen der Produktionsleitung kommt die Wahl des Nettoerlöses als Basiszahl entgegen; denn für sie ist vor allem das Verhältnis

Nettoerlös : Herstellkosten : Betriebsergebnis

von Bedeutung. Würde man dagegen den Bruttoerlös als Vergleichsgrundlage wählen, würde eine Veränderung der Erlösschmälerungen, die für die Produktionssteuerung keine Bedeutung hat, eine Verschiebung der Prozentzahlen für Nettoerlös, Herstellkosten und für das Betriebsergebnis nach sich ziehen. Die Beobachtung dieser Zahlen würde erschwert werden.

Für die Verkaufsleitung ist jedoch die Wahl des Bruttoerlöses als Basiszahl zweckmäßig; denn auf diese Weise können vor allem Veränderungen der Erlösschmälerungen eindeutig und leicht verfolgt werden.

B e i s p i e l für einen Vergleich mit absoluten und mit Verhältniszahlen:

	Quartals-∅ 1961			I. Quartal 1962			....	IV. Quartal 1962		
	DM	%	%	DM	%	%		DM	%	%
Bruttoerlös		100			100				100	
Erlösschmäle-rungen										
Nettoerlös			100			100				100
Kosten										
.										
.										
.										
Betriebsergebnis										

ae) Bei allen Auswertungen, die vom Umsatz (Brutto- oder Nettoerlös) als Vergleichs- und Bezugsgröße ausgehen, sollte man die beschränkte Aussagefähigkeit berücksichtigen. Die Geschäfte und Kostenarten müssen klar abgegrenzt sein; und die Abgrenzungen müssen in den Vergleichszeiträumen beibehalten werden. Auf eingetretene Strukturänderungen ist hinzuweisen. Beispielsweise kann die Verlagerung gewisser Arbeitsgänge (etwa der Konfektionierung oder Einstellung) ins Ausland dazu führen, daß die deutsche Produktionsgesellschaft in vermehrtem Umfang Vorprodukte (z. B. materia prima) verkauft. In diesem Falle wird man den Vorprodukt-Verkauf gesondert erfassen müssen.

af) Die auf den Umsatz bezogene Betriebsergebnisrechnung ist nur für Produkte, die an den Markt geliefert werden, aussagefähig. Deshalb können Betriebe (Abteilungen), die vorwiegend für den Markt produzieren, in der Regel nicht mit solchen Betrieben, die vorwiegend Zwischenprodukte für die Weiterverarbeitung in der eigenen Firma herstellen, mit Hilfe der Umsatzergebnisrechnung verglichen werden. Als Ausweg bietet sich in solchen Fällen eventuell an, in einer statistischen Nebenrechnung die Zwischenprodukte, die an andere Abteilungen abgegeben wurden, im Bruttoerlös so zu berücksichtigen, als ob sie verkauft worden wären, also zu Marktpreisen. Voraussetzung hierfür ist, daß Marktpreise vorhanden sind. Von einem Einbau in die normale Ergebnisrechnung ist jedoch wegen der Aufbauschung des Umsatzes abzuraten. Eine solche Rechnung sollte auch nur fallweise durchgeführt werden, da eine ständige Umwertung zu einem wohl kaum vertretbaren Arbeitsaufwand führen dürfte.

b) *Kapital-Ergebnisrechnung*

Will man nicht nur die Quellen des Erfolges und die Struktur der Kosten, sondern auch die Rentabilität des betrieblichen Geschehens erkennen, wird man den Produkt- bzw. Fabrikations-Gewinn (Betriebsergebnis) ins Verhältnis zum eingesetzten Kapital setzen. Hierbei werden die für eine Produktion oder für eine Produktgruppe eingesetzten Wirtschaftsgüter des Anlage- und Umlaufvermögens festgestellt und das Betriebsergebnis aus der Umsatz-Ergebnisrechnung hierzu in Beziehung gesetzt. Man erhält dadurch das Kapitalergebnis und somit ein gutes Steuerungsmittel sowohl für die Fabrikation als auch für den Verkauf.

In den folgenden Abschnitten werden lediglich die Grundsatzprobleme, die sich in der Chemischen Industrie für die Kapital-Ergebnisrechnung stellen, und die Grundzüge des rechnerischen Vorgehens bzw. der Darstellung behandelt. Wegen weiterer Einzelheiten wird auf die Fachliteratur verwiesen[41]).

ba) Dieses im Prinzip einfache Rechensystem kompliziert sich mit der Vielfalt der Produktion, der Stufenfolge, der Produktanzahl und dem Umfang der Kuppelproduktionen. Man wird deshalb Wege finden müssen, um eine zweckentsprechende Kapital-Ergebnisrechnung auf möglichst einfache Weise durch-

---

[41]) Vgl. Zimmermann G.: „Der Ertrag des investierten Kapitals in Industriebetrieben", ZfB 1959, S. 146 ff. Dieser Aufsatz befaßt sich speziell mit den Problemen in der Chemischen Industrie.

zuführen. Dabei wird es darauf ankommen, im Zeitvergleich den Trend (relative Entwicklung) der Rentabilität aufzuzeigen. Aussagen über die absolute Höhe der Rentabilität wird man dagegen wegen der Schwierigkeit, Kosten und Kapital ausreichend genau zuzuteilen, nur bei einfachen Verhältnissen machen können.

Wegen des mit der Rechnung u. U. verbundenen Aufwandes, aber auch vom Rechnungszweck her gesehen, wird man die Kapital-Ergebnisrechnung nur für die einzelnen Wirtschaftsjahre, nicht jedoch auch für Quartale oder Monate erstellen. Neben dieser laufenden Nachrechnung wird man für Dispositionen Vorrechnungen von Fall zu Fall durchführen.

bb) Die Kapital-Ergebnisrechnung kann grundsätzlich – wie die Umsatz-Ergebnisrechnung – für das Gesamtunternehmen, für einzelne Sparten bzw. Abteilungen und für einzelne Produktgruppen bzw. Produkte erstellt werden.

Wählt man Betriebsabteilungen, ist die Erfassung der Kapitalanteile verhältnismäßig leicht. Um das Betriebsergebnis der Betriebsabteilung zurechnen zu können, wird man gegebenenfalls mehrere Umsatz-Ergebnisrechnungen zusammenfassen müssen. In den Fällen, in denen in der Abteilung nicht nur für den Markt gearbeitet wird, sondern auch Zwischenprodukte erstellt werden, ist das mit der Stufenproduktion verbundene Bewertungsproblem für die Zwischenprodukte zu lösen. Man muß in diesen Fällen das in der Umsatz-Ergebnisrechnung gezeigte Betriebsergebnis dadurch ergänzen, daß man die an andere Abteilungen abgegebenen Zwischenprodukte mit Marktpreisen im Erlös und ebenfalls in den Herstellkosten berücksichtigt.

Wählt man hingegen die Produktgruppe als Recheneinheit, kann das in der Umsatz-Ergebnisrechnung gezeigte Betriebsergebnis übernommen werden. Hier wiederum ist die Zuteilung der eingesetzten Wirtschaftsgüter problematisch, falls auf einer Kostenstelle hinter- bzw. nebeneinander sowie in Kuppelproduktion mehrere Produkte gefertigt werden. In derartigen Fällen wird man bei der Zuteilung der Wirtschaftsgüter auf die einzelnen Produkte vom Verhältnis der Kostenarten ausgehen, die zur Herstellung des Produkts benötigt werden. Hierbei kann man wahlweise von den effektiv bei der Produktion angefallenen Kosten ausgehen oder die Kosten berücksichtigen, die normalerweise zur Herstellung des Produkts benötigt werden. Die Rechnung ist aufwendig und oft nur mit Hilfe von Lochkartenmaschinen oder elektronischen Rechenanlagen zu bewältigen. Zu berücksichtigen ist ferner, daß durch einen Wechsel der Erzeugung innerhalb einer Kostenstelle sich oft die Beanspruchung der Wirtschaftsgüter und auch die Kapazitätsausnutzung ändern kann. Da die Rechnung auf den Normalfall bzw. einen einzigen – fiktiven – Fall ausgerichtet ist, könnte dadurch ihre Aussagefähigkeit leiden. Wenn dieses Vorgehen im Einzelfall auch schwierig und problematisch sein kann, wird man doch auch hier oft im Zeitvergleich zu ausreichenden Aussagen kommen.

bc) Die Bewertung der eingesetzten Wirtschaftsgüter ist von der Art der Güter und vom Rechenzweck abhängig.

Von größter Bedeutung für den Aussagewert der Kapital-Ergebnisrechnung sind zweckentsprechende *Wertansätze* für das *Anlagevermögen*. Man wird sich für einen der folgenden Werte entscheiden müssen:

> Kalkulatorische Buchwerte,
>
> Versicherungsmathematisch errechnete Barwerte,
>
> Anschaffungswerte,
>
> Wiederbeschaffungswerte.

Die *kalkulatorischen Buchwerte* sind die Anschaffungskosten, vermindert um die kalkulatorischen, in der Regel linearen Abschreibungen. Sie dürften für die Nachrechnung im Regelfall ausreichen.

Bilanzielle Buchwerte, die sich unter Ansatz der degressiven Abschreibung ergeben, sollten dann nicht verwandt werden, wenn in den Herstellkosten der Umsatz-Ergebnisrechnung lineare Abschreibungen verrechnet wurden.

Die Anwendung der kalkulatorischen Buchwerte hat zur Folge, daß die Rentabilität bei sonst gleichen Verhältnissen im Laufe der Nutzungsdauer steigt und am größten ist, wenn der Buchwert = 0 erreicht ist, die Anlagen aber noch in Betrieb sind. Daraus ergibt sich, daß die kalkulatorischen Buchwerte vor allem für einen Rentabilitätsvergleich zwischen einer neuen und einer alten Anlage nicht geeignet sind.

Hierfür eignen sich besser die *versicherungsmathematischen Barwerte*. „Wenn man alle mittleren Restbuchwerte auf den Beginn der Nutzungsdauer abzinst und addiert, erhält man die Summe der Barwerte der in den einzelnen Jahren im Jahresdurchschnitt gebundenen Kapitalbeträge. Die Summe der Barwerte aller Restbuchwerte wird in eine gleichbleibende, auf die Nutzungsdauer begrenzte Jahresrente, die jeweils in der Mitte des Jahres als fällig angesehen wird, umgewandelt. Der Betrag der errechneten Jahresrente ist das gesuchte ‚investierte Kapital'"[42]).

Gegen ihre Verwendung im Regelfall der Nachrechnung spricht jedoch, daß sie in einer gesonderten Rechenoperation – ausgehend von den Anschaffungswerten – ermittelt werden müssen.

Will man die Kapital-Ergebnisrechnung im Sinne einer Return-on-Investment-Rechnung nach amerikanischem Vorbild erstellen, wird man die *Anschaffungswerte* ansetzen.

---

[42]) Vgl. Zimmermann, a.a.O., S. 151.

Für den Fall der Vorrechnung, etwa für Neuinvestitionen, und für die Kalkulation der Verkaufspreise ist der Ansatz von *Wiederbeschaffungspreisen* vor allem dann angebracht, wenn mit Geldwertschwankungen gerechnet werden muß. Auch für eine solche Rechnung sind zusätzliche Arbeiten erforderlich. Oft wird bereits die Schätzung des Wiederbeschaffungspreises auf Schwierigkeiten stoßen. Handelt es sich um Verkaufspreis-Kalkulationen für Produkte, die in bestehenden Anlagen hergestellt werden, kann man zu den Wiederbeschaffungspreisen mit Hilfe einer Indexrechnung kommen (Ausschaltung der Geldwertschwankungen durch Ansatz der Anschaffungskosten mit indizierten Werten).

Die Wirtschaftsgüter des *Umlaufvermögens* wird man sowohl bei Nachrechnungen als auch bei Vorrechnungen mit den Anschaffungs- bzw. Herstellkosten einsetzen können. Bilanziell bedingte Abschreibungen auf niedrigere Marktpreise sollten außer Betracht bleiben. Sollte man bei Vorkalkulationen nicht davon ausgehen können, daß die Anschaffungspreise mit den Preisen am Wiederbeschaffungstermin vergleichbar sind, wird man besser Wiederbeschaffungspreise ansetzen. Im Regelfall wird jedoch – wegen des meist kurzfristigen Charakters der Wirtschaftsgüter des Umlaufvermögens – der Ansatz der Anschaffungspreise genügen.

bd) Die Betriebe, die üblicherweise ausschließlich mit Vollkosten rechnen, werden versucht sein, vom Betriebsergebnis II[43]) der Umsatz-Ergebnisrechnung auszugehen und entsprechend in der Kapital-Ergebnisrechnung auch die Wirtschaftsgüter einsetzen, die dem Verkauf, der Verwaltung und der Forschung dienen.

Ein Beispiel für die Ergebnisrechnung unter Berücksichtigung der Vollkosten ist auf Seite 190 dargestellt.

Dieses Verfahren hat den Vorteil, daß in der Rechnung alle Kosten erscheinen. Sie kann allerdings in den Fällen, in denen die Kapital-Ergebnisrechnung für Produkte durchgeführt wird, ihren Aussagewert verlieren. Denn im Regelfalle dürfte es nicht möglich sein, die Forschungs-, Verwaltungs- und Vertriebsgemeinkosten verursachungsgerecht auf einzelne Produkte aufzuteilen.

be) Deshalb könnte es empfehlenswert sein, in den Fällen, in denen die Kapital-Ergebnisrechnung für einzelne Produkte durchgeführt wird, vom Betriebsergebnis I auszugehen, also in der Umsatz-Ergebnisrechnung die Forschungs-, Verwaltungs- und Vertriebskosten sowie in der Kapital-Ergebnisrechnung die der Forschung, der Verwaltung und dem Vertrieb dienenden Wirtschaftsgüter außer Betracht zu lassen. In diesem Falle werden nur die Kosten und Wirtschaftsgüter berücksichtigt, die verursachungsgerecht dem Produkt zugeteilt werden können. Die Aussagefähigkeit der Rechnung wird

---

[43]) Vgl. Teil IV, E 4 a aa).

Ergebnisrechnung (Vollkostenbasis)

für

Betriebsabteilung: ....

Produktgruppe:

Datum: ....

Kostenstellen: ....

Produkte:

	Umsatzergebnis					Kapitalergebnis			
	1961		1962			1961		1962	
	DM	%	DM	%		DM	%	DM	%
Bruttoerlös					Hauptbetriebe				
Erlösschmälerungen					Hilfsbetriebe				
Zusatzerlöse					Verpackung u. Versand				
					Forschung				
					Verwaltung				
Nettoerlös	100		100		Vertrieb				
Herstellkosten					Anlagevermögen (A)				
Forschungskosten					Vorräte				
Verwaltungskosten					Forderungen aus				
Vertriebskosten					Warenl./Leist.				
					Umlaufvermögen (B)				
Betriebsergebnis					sonstige Forderungen				
					flüssige Mittel				
					Sonstiges Vermögen (C)				
					I. Betriebsgebundenes Vermögen (A + B + C)				
					II. Kapital-Umschlag (Bruttoerlös : betriebsgebundenes Vermögen)	100		100	
					III. Kapitalergebnis $\left(\dfrac{\text{Betriebsergebnis} \times 100}{\text{betriebsgeb. Vermögen}}\right)$				

Ergebnisrechnung (Teilkostenbasis)

für

Betriebsabteilung: ....

Produktgruppe:

Datum: ....

Kostenstellen: ....

Produkte:

	Umsatzergebnis					Kapitalergebnis			
	1961		1962			1961		1962	
	DM	%	DM	%		DM	%	DM	%

Bruttoerlös
  Erlösschmälerungen
  Zusatzerlöse
 	
Nettoerlös
  Herstellkosten
  Provisionen
  sonst. Sondereinzelkosten
  des Verkaufs
 	
Betriebsergebnis I
(Umsatzerfolg)
		100		100	Hauptbetriebe
					Hilfsbetriebe
					Verpackung u. Versand
					
					Anlagevermögen (A)
					
					  Vorräte
					  Forderungen aus
					  Warenl./Leist.
					
					Umlaufvermögen (B)
					
					I. Betriebsgebundenes
					   Vermögen (A + B)
					
					II. Kapital-Umschlag
					    (Bruttoerlös : betriebs-
					    gebundenes Vermögen)
					
					III. Kapitalergebnis
					    $\left(\dfrac{\text{Betriebsergebnis I} \times 100}{\text{betriebsgeb. Vermögen}}\right)$
							100		100

dadurch vergrößert, Fehlschlüsse können vermieden werden. Allerdings gewährleistet eine solche Rechnung keinen Vergleich mit Sparten bzw. Gesamt-Ergebnisrechnungen, wenn diese auf Vollkostenbasis aufgebaut werden.

Ein Beispiel für die Ergebnisrechnung unter Berücksichtigung der durch den Umsatz verursachten Kosten ist auf Seite 191 dargestellt.

So kann die Betriebsergebnisrechnung bei zweckentsprechender Aufgliederung ein wertvolles Hilfsmittel für unternehmerische Entscheidungen sein; denn sie zeigt, an welchen Produkten und in welchen Ländern oder Bezirken Gewinn erzielt oder mit Verlust gearbeitet wurde. Sie zeigt weiter, welche Faktoren bzw. Faktorkombinationen hierzu beigetragen haben. Gute und schlechte Verkaufsprodukte sowie lukrative Absatzgebiete werden erkannt, der Einfluß der einzelnen Kostengruppen auf das Ergebnis sowie der Kostenanteil der einzelnen Gruppen am Umsatz werden festgestellt.

Die Betriebsergebnisrechnung wird zum Ausgangspunkt vieler Dispositionen und Kontrollen.

Literaturverzeichnis

Adler–Düring–Schmalz: Rechnungslegung und Prüfung der Aktiengesellschaft, 3. Aufl., Stuttgart 1957

Agthe, K.: Stufenweise Fixkostendeckung im System des Direct Costing, in: ZfB 29/1959, Heft 7

Antoine, H.: Kennzahlen, Richtzahlen, Planungszahlen, 2. Aufl., Wiesbaden 1958

Auffermann, J. D.: Kostenauswertung, Stuttgart 1958

Beisel, K.: Neuzeitliches industrielles Rechnungswesen, 4. Aufl., Stuttgart 1952

Bender, K.: Pretiale Betriebslenkung, Essen 1951

Bredt, O.: Auftragsrechnung oder Abteilungsrechnung? Technik und Wirtschaft, 33. Jg. 1940

Bredt, O.: Grundlagen der Abteilungsrechnung, Technik und Wirtschaft, 36. Jg. 1943

Bredt, O.: Stellung und Bedeutung der Nachrechnung im Rahmen der Abteilungsrechnung, Technik und Wirtschaft, 33. Jg. 1940

Bühler, O.: Bilanz und Steuer bei der Einkommen-, Gewerbe- und Vermögenbesteuerung, unter Berücksichtigung der handelsrechtlichen und betriebswirtschaftlichen Grundsätze der Rechtsprechung, 6. Aufl., Berlin und Frankfurt 1957

Daub, W.: Handkommentar der VPÖA und LSP, Wiesbaden 1954

Ellinger, Th.: Rationalisierung der Standardkostenrechnung, Stuttgart 1954

Falk: Die Preisbildung bei öffentlichen Aufträgen, Frankfurt 1954

Fischer, G.: LSÖ–LSP. Preise und Kosten, Heidelberg 1954

Glaszinski, H.: Die Ermittlung der Fixkostenstruktur eines Betriebes, ZfhF 1955

Graf, A. und Hunziker, A.: Betriebsstatistik und Betriebsüberwachung, Stuttgart 1958

Grochla, E.: Die Kalkulation von öffentlichen Aufträgen, Berlin 1954

Gutenberg, E.: Grundlagen der Betriebswirtschaftslehre, 1. Band: Die Produktion, 3. Aufl., Berlin 1957

Hasenack, W.: Das Rechnungswesen der Unternehmung, Leipzig 1934

Hartmann, B.: Betriebswirtschaftliche Grundlagen der automatisierten Datenverarbeitung, Freiburg i. Br. 1961

Heber, A.: Die Abrechnung wechselnder Massenerzeugnisse in Rohstoff-, Halbfertig-, Fertig- und Teilerzeugnis-Betrieben, ZfhF 1957

Heber, A. und Nowak, P.: Betriebstyp und Abrechnungstechnik in der Industrie. In: Festschrift für Eugen Schmalenbach, Leipzig 1933

Heine, P.: Direct Costing – eine angloamerikanische Teilkostenrechnung, ZfhF 1959

Heinen, E.: Anpassungsprozesse und ihre kostenmäßigen Konsequenzen, Köln und Opladen 1957

Henzel, F.: Die Kostenrechnung, 2. Aufl., Stuttgart 1950

Henzel, F.: Kosten und Leistung, 3. Aufl., Stuttgart 1958

Hessenmüller, B.: Die leistungsgemäße Verrechnung der Vertriebskosten, Hamburg-Berlin-Düsseldorf 1961

Käfer, E.: Standardkostenrechnung, Budget, Plan- und Marktkosten im Rechnungswesen des Betriebes, Stuttgart 1955

Kosiol, E.: Kalkulatorische Buchhaltung, 5. Aufl., Wiesbaden 1953

Kosiol, E.: Plankostenrechnung als Instrument moderner Unternehmungsführung, München 1956

Lehmann, M. R.: Industriekalkulation, 4. Aufl., Stuttgart 1951

Leitz, F. J. P.: Messung der Produktivität ZfB 4/1958 S. 216 ff.

Matz, A.: Plankostenrechnung, Wiesbaden 1954

Mellerowicz, K.: Abschreibungen in Erfolgs- und Kostenrechnung, Heidelberg 1957

Mellerowicz, K.: Kosten und Kostenrechnung, Bd. I, 3. Aufl., Berlin 1957

Mellerowicz, K.: Kosten und Kostenrechnung, Bd. II 1, 2. und 3. Aufl., Berlin 1958

Mellerowicz, K.: Kosten und Kostenrechnung, Bd. II 2, 2. und 3. Aufl., Berlin 1958

Mellerowicz, K.: Wert und Wertung im Betriebe, Essen 1952

Meyer, G.: Die Auftragsgröße in Produktions- und Absatzwirtschaft, Leipzig 1941

Miauton, G.: Statistik im Industriebetrieb, 2. Aufl., Zürich 1946

Michaelis, H. und Rhösa, C. A.: Preisbildung bei öffentlichen Aufträgen. In: Blattei-Handbuch der Rechts- und Wirtschaftspraxis, Stuttgart 1954

Morgenstern, O.: Über die Genauigkeit wirtschaftlicher Beobachtungen, Einzelschrift der Deutsch. Statist. Ges. Nr. 4, München 1952

Müller, A.: Der Grenzgedanke in der industriellen Unternehmerrechnung, ZfhF 1953

Müller, A.: Grundsätzliches zur Normal- und Plankostenrechnung, Stahl und Eisen, Jg. 69, 1949

Müller, A.: Grundzüge der industriellen Kosten- und Leistungserfolgsrechnung, Köln und Opladen 1955

Norden, H.: Der Betriebsabrechnungsbogen, 7. Aufl., Stuttgart 1958, Forkel-Verlag

Nowak, P.: Betriebstyp und Kalkulationsverfahren, Wuppertal-Elberfeld 1936

Nowak, P.: Kostenrechnungssysteme in der Industrie, Köln und Opladen 1953

Pribilla, M.: Das Recht der Preisbildung bei öffentlichen Aufträgen unter Berücksichtigung der betriebswirtschaftlichen Kostenermittlung, München 1954

Riebel, P.: Das Rechnen mit Einzelkosten und Deckungsbeiträgen, ZfhF 1959

Riebel, P.: Die Gestaltung der Kostenrechnung für Zwecke der Betriebskontrolle und Betriebsdisposition, ZfB Jg. 26, 1956

Riebel, P.: Die Kostenabhängigkeiten bei chargenweiser Produktion. „Chemische Industrie", Heft 10, 1956

Riebel, P.: Die Kuppelproduktion, Betriebs- und Marktprobleme, Köln und Opladen 1955

Riebel, P.: Einfluß der zeitlichen Unterbeschäftigung auf die Kosten- und Ertragsverläufe bei Prozessen mit verweilzeitabhängiger Ausbeute. in: ZfhF 1957

Riebel, P.: Kostengestaltung bei chargenweiser Produktion, in: Der Industriebetrieb und sein Rechnungswesen hrsg. von C. E. Schulz, Wiesbaden 1956

Riebel, P.: Kosten- und Ertragsverläufe bei Prozessen mit verweilzeitabhängiger Ausbeute, in: ZfhF 1957

Riebel, P.: Mechanisch-technologische und chemisch-technologische Industrien in ihren betriebswirtschaftlichen Eigenarten, ZfhF 1954

Rodenstock, R.: Die Genauigkeit der Kostenrechnung industrieller Betriebe, München 1950

Rummel, K.: Einheitliche Kostenrechnung, 3. Aufl., Düsseldorf 1949

Schäfer, E.: Die Unternehmung, Köln und Opladen 1956

Schäfer, E.: Die Unternehmung, Band 2, Köln und Opladen 1955

Schmalenbach, E.: Dynamische Bilanz, 11. Aufl., Köln und Opladen 1953

Schmalenbach, E.: Kostenrechnung und Preispolitik, 7. Aufl., Köln und Opladen 1956

Schneider, E.: Industrielles Rechnungswesen, 2. Aufl., Tübingen 1954

Schnettler, A.: Betriebsanalyse, Stuttgart 1958

Schulz-Mehrin, O.: Betriebswirtschaftliche Kennzahlen als Mittel zur Betriebskontrolle und Betriebsführung, Berlin 1954

van Aubel, P. und Hermann, J.: Selbstkostenrechnung in Walzwerken und Hütten, Leipzig 1926

Wagemann, E.: Narrenspiel der Statistik, München 1950

Walther, A.: Einführung in die Wirtschaftslehre der Unternehmung, 1. Band: Der Betrieb, Zürich 1951

Weblus, B.: Produktionseigenarten der Chemischen Industrie, ihr Einfluß auf Kalkulation und Programmgestaltung, Berlin 1958

Wenke, K.: Kostenanalysen mit Matrizen, in ZfB 1956

Wenke, K.: Mathematische Modelle in der Betriebswirtschaft, in ZfB 1956

Wenke, K.: Zur Kalkulation von Kuppelprodukten. Eine Anwendung des linearen Programmierens, in ZfB 1961

Wille, K.: Plan- und Standardkostenrechnung, Essen 1952

Winnacker, K. und Küchler, L.: Chemische Technologie, Bd. 1, Anorganische Technologie I, München 1958

Witthoff, J.: Der kalkulatorische Verfahrensvergleich, München 1956

Woitschach, M. und Wenzel, G.: Mathematik im Büro, in: IBM-Nachrichten, Heft 134 vom März 1958

Zimmermann, G.: Der Ertrag des investierten Kapitals in Industriebetrieben, in ZfB 1959

Weitere kostenrechnerische Veröffentlichungen des Betriebswirtschaftlichen Ausschusses

Forschungs- und Entwicklungskosten in der chemischen Industrie, in: Chemische Industrie, Jg. 1969, Heft 4, S. 197—203

Zur Anwendbarkeit der Primärkostenrechnung in der Chemischen Industrie, in: Der Betrieb, Jg. 1972, Heft 18, S. 833—839

Betriebswirtschaftliche Planung unter besonderer Berücksichtigung der Verhältnisse in der Chemischen Industrie, Wiesbaden 1965

Zur Anwendbarkeit der Deckungsbeitragsrechnung — unter besonderer Berücksichtigung der Verhältnisse in der chemischen Industrie, in: Der Betrieb, Jg. 1972, Beilage Nr. 13 zu Heft Nr. 33

Erfassung und Verrechnung der Aufwendungen für den Umweltschutz in der Chemischen Industrie, in: Der Betrieb, Jg. 1973, Heft 42, S. 2053—2057

Erfassung und Verrechnung von Kosten der Unterbeschäftigung, Heft 1 der Schriftenreihe „Betriebswirtschaft + Finanzen", Frankfurt a. M. 1977

Stichwortverzeichnis

A

Abfälle 22, 60, 68, 109, siehe auch Kuppelproduktion
Abfüllbetriebe 92
Abgeleitete Kostenarten 82, 90, 143, siehe auch innerbetriebliche Leistungen
Abgrenzung der Kosten 43, 88
Abgrenzungskonto, Kostenarten- 127
–, Kostenstellen- 128
Abhängigkeit der Kosten 24 ff.
Abpackung 92
Abschlußkonto, Betriebs- 138
Abschreibungen 21, 49, 55, 85, 163
–, Auswertung 165
–, kalkulatorische 44, 80, 85
–, leistungsproportionale 28
–, Nachkalkulation 178
Abschreibungspläne 82
Abteilungsrechnung 32, 34 ff.
Abzugskapital 80, 86
Akkord, Geld- 84
–, Prämien- 84
–, Zeit- 84
Akkordlohn 84
Akkordscheine 84
Allgemeine Verwaltung 97
Allgemeiner Bereich 96
–, Kostenauswertung 173
Altersversorgung, betriebliche 78, 84
Ambulanz 96
Analysekosten 81
Angestelltenversicherung 78, 84
Anlagen, Abschreibungen 21, 49, 55, 85, 163
–, Neu- 79, 85, 95
–, Produktions- 61
–, Reserve- 44
–, selbsterstellte 23, 34, 104, 136, 144, 180
–, stillgelegte 44
Anlageninvestitionen 29, 32, 33, 163
Anlagenkartei 85
Anlagevermögen, Bewertung 24, 188
Anlaufkosten 103
Anlernen von Arbeitskräften 27
Anschaffungskosten 24, 87, 102
Anschaffungspreis 23, 39, 47
Anschaffungswert 85, 87, 188
Anschlußgebühren 78, 84
Anwendungstechnik 96, 97
–, Kostenauswertung 174
Anzahlungen, Kunden- 86

Anzeigen, Werbe- 81, 86
Apparatekosten 31
Apparaturen 61
–, Einprodukt- 30
Äquivalenzziffernrechnung 51, 104, 106 ff.
– bei Kuppelproduktion 69
Arbeiterrentenversicherung 78, 84
Arbeitgeberanteile zur Sozialversicherung 78, 84
Arbeitnehmeranteile zur Sozialversicherung 84
Arbeitsentgelte 78, 84, siehe auch Löhne, Gehälter
Arbeitskleidung 77
Arbeitslosenversicherung 78, 84
Arbeitspreis, Energie 94
Arbeitsscheine 84
Aufbereitungskosten 65
Aufschreibungen 46, 82
Auftragsgröße und Kosten 26
Auftragsgrößenfixe Kosten 45
Auftragsgrößenvariable Kosten 45
Auftragsrechnung 32, 34 ff., 110 ff., 131 ff.
Aufwand, außergewöhnlicher 43, 88
–, außerordentlicher 43, 88
–, betrieblicher 43, 88
–, betriebsfremder 43, 88
–, neutraler 43, 88
–, ordentlicher 43, 88
–, periodenfremder 43, 88
– und Kosten 43, 88
Aufwandsabgrenzung 43, 88
Aufwendungen, siehe Aufwand
Auseinanderlaufende verbundene Prozesse 64
Ausfälle, Zahlungs- 81, 86, 120
Ausfuhrvergütung 81, 86
Ausgaben und Kosten 21
Ausgangsfrachten 81, 86
Ausgleich, kalkulatorischer 21
Ausschußwagnis 80
Außenbüros 97
Außenwerbung 81, 86
Äußere Verpackung 60
Außergewöhnlicher Aufwand 43, 88
Außerordentlicher Aufwand 43, 88
Außerordentliches Ergebnis 53
Außertarifliche Lohn- und Gehaltsfortzahlungen 78, 84
Ausstellungen 81, 86
Auswertung, Kosten- 149 ff.
Autos 95

B

Bahnbetriebe 95
Barwert, versicherungsmathematischer,
   bei der Anlagenbewertung 188
Baupolizeigebühren 79, 85
Beförderungsteuer 79, 85
Befundrechnung 83
Behälterkosten 60
Behördliche Preisbindungen 22
Beilagegebühren 81, 86
Beiträge 98
–, Berufsgenossenschafts- 78, 84
–, Berufsschul- 79, 85
–, Familienausgleichskassen- 78, 84
–, Kammer- 79, 85
–, Sozialversicherungs- 78, 84
–, Verbands- 79, 85
–, Vereins- 79, 85
–, Versicherungs- 78, 84
Belege 82
Beleuchtung 81
Beratung der Kunden 97
Beratungskosten 82, 98
Bereichsbedingte Kosten, leistungs-
   unabhängige 31
Bereitschaftskosten 25, 28, 172
Bereitschaftslöhne 28, 37
Bereitschaftspreis, Energie 94
Berufsgenossenschaftsbeiträge 78, 84
Berufsschulbeiträge 79, 85
Beschaffung und Lagerung 91
–, Kostenauswertung 167
Beschäftigungsänderungen 25, 45, 50
Beschäftigungsgrad 25, 103
Beschäftigungsschwankungen 25, 45, 50
Beständewagnis 80
Bestandskonten 131, 133 ff.
Bestandsveränderungen 117, 118
Betrieb allgemein 27
Betriebliche Altersversorgung 78, 84
Betrieblicher Aufwand 43, 88
Betriebsabrechnungsbogen 143 ff.
   220/221, Falttafel
–, Kostenstellen- 111, 169 ff., 222
Betriebsabschlußkonto 138
Betriebsbedingtes Kapital 80, 85
Betriebsbedingtes Vermögen 86
Betriebsbereitschaft 181
Betriebsbuchführung und Geschäfts-
   buchführung 123 ff.
Betriebsbuchhaltung 98
Betriebsbüro 27, 92
Betriebsergebnis 40, 53
Betriebsergebniskonto 139
Betriebsergebnisrechnung 53, 117 ff.
–, Auswertung 182 ff.
–, Gesamt- 182 ff.
–, kontenmäßige 139
–, statistische 145
Betriebsfremder Aufwand 43, 88
Betriebsfremdes Ergebnis 53
Betriebslaboratorien 92

Betriebspreis 23, 47
Betriebsstillegung 103
Betriebsstoffe 76 ff., 83
Betriebsstofflager 91
Betriebsstörungen 27
Betriebsteuern 79, 85
Betriebsüberwachung, laufende 96
Betriebsunterbrechungsversicherung
   79, 85
Betriebsvergleich 19, 159
Bewachung 96
Bewertung der Erzeugnisse und der
   Innenleistungen 23
– der Kostenmengen 150
– des Vermögens 24, 188
–, handelsrechtliche 102
– in der Kostenartenrechnung 86
– in der Kostenrechnung 46 ff.
– in der Kostenträgerrechnung 102
–, steuerliche 102
Bewertungsdifferenzen 128, 134 ff.
Bewirtungskosten 81
Bezugsgrößen für Unterscheidung der
   Kosten 26 ff.
Bezugskosten 87
–, Vorkalkulation 100, 101
Bilanzieller Buchwert 188
Bildung der Kostenarten 45
– der Kostenstellen 48, 89
Boni 81, 86, 120, siehe auch Erlösschmäle-
   rungen
Brennstoffe 77
Brennstofflager 91
Briefporto 81
Bruttoerlös 185
Bücher 82
Bücherei 96
Buchführung, Gesamt- 124
–, Geschäfts- 124 ff.
Buchhaltung 98
–, Betriebs- 98, 123 ff.
–, Haupt- 98
–, Kontokorrent- 98
–, Lager- 135
Buchungskreise 124 ff.
Buchwert, bilanzieller 188
–, kalkulatorischer 188
Büro, Außen- 97
–, Betriebs- 27, 92
Bürokostenzuschüsse 81, 86
Büromaterial 77

C

Chargenweise Produktion 62
Chemikalien 77
Chemische Industrie, Begriff 15 ff.
–, Eigenarten 59 ff.

D

Dampf 78, 84, 94, siehe auch Energie
Dauerbelege 82

Deckungserfolg 183
Destillation, Kalkulationsbeispiel 112 ff.
Dezentralisierte Betriebsführung 23
Dichtungsmaterial 77
Differenzen, Bewertungs- 128, 134 ff.
-, Preis- 128, 134 ff.
Differenzkonten 40, 128, 134 ff.
Direkte Kosten 27, siehe auch Einzel-
    kosten
Direkte Zurechnung 49
Diskontinuierliche Produktion 62
Dispositionsaufgaben 28, 166 ff.
Dispositionsrechnung 20, 26
Divergierende Prozesse 64
Divisionskalkulation 51, 104, 105 ff.
- bei Kuppelproduktion 69
-, einfache 51, 105
- mit Äquivalenzziffern 51, 69, 104, 106 ff.
Drähte 77
Drucksachen 81, 86
Druckstöcke 81, 86
Durchschnitte, gleitende, bei Vergleichen
    153
Durchschnittliche Grenzkosten 22
Durchschnittskosten 21, 25
Durchschnittspreis 87
Durchschnittswert, fortgeschriebener 87
Duschräume 96

E

Echte Gemeinkosten 28, 52
-, leistungsabhängige 31
Edelmetalle 77
Eigenbelege 82
Eigenerstellte Energie 40, 84
Eigenkapitalzinsen 21, 32
Einbruchdiebstahlversicherung 79, 85
Einfache Divisionskalkulation 51, 105
Einflußgrößen der Kosten 24 ff.
Eingangsfrachten 87
Eingangsrechnungen 82
Eingangszölle 87
Einkauf 22, 91
Einkreissystem 124, 140
Einmalige Kosten 32
Einproduktapparaturen 30
Einproduktbetrieb, Divisionskalkulation
    105
Einsatzstoffe 76 ff.
-, Nachkalkulation 177 ff.
Einstandswert, siehe Anschaffungs-
    kosten, -preis, -wert
Einzelaufschreibungen 46
Einzelkalkulation 32 ff.
Einzelkosten 26, 45, 91, 163
-, Kostenträgergruppen- 27
-, Stellen- 19, 27, 49
-, unechte 28
Einzelrechnungen 32 ff.
Einzelwagnisse 80
Elektrokarren 95

Endkostenstellen 49
-, Kostenumlage 128 ff.
Endotherme Reaktionen 65
Energie, fremdbezogene 78, 84, 93
-, Nachkalkulation 178
-, selbsterzeugte 40, 84
Energiebereich 93 ff.
-, Kostenauswertung 173
Energiebezüge 78, 84, 93
-, Kostenauswertung 165
Energieerzeugung und -verteilung 93 ff.
Entwicklungsbereich 96
-, Kostenauswertung 174
Entwicklungskosten 30, 81
Entwürfe 81, 86
Entwurfskosten 30
Erfahrungszahlen 154
Erfassung der Kostenarten 46, 49, 82 ff.
- auf Kostenstellen 90
Erfassungsmethoden 46
Erfolgsrechnung, Jahres- 24
Ergebnis, außerordentliches 53
-, Betriebs- 40, 53
-, betriebsfremdes 53
-, neutrales 53, 184
-, Unternehmens- 53, 184
Ergebnisrechnung 73
-, Betriebs- 53, 117 ff., 139, 145, 182 ff.
-, Kapital- 186 ff.
-, kumulative 117
-, kurzfristige 24
-, Teilkosten- 189 ff.
-, Umsatz- 182 ff.
-, Vollkosten- 189
Erholungsheime 96
Erlös 120
-, Brutto- 185
-, Netto- 185
Erlösschmälerungen 81, 86, 120
-, Vorkalkulation 100, 101
Erstattungspreis, Selbstkosten- 23
Ertragspreis, kalkulatorischer 24, 47
Erzeugnisgruppen, Kontengliederung
    nach 137
Erzeugnislager 97, 174
Erzeugnisse, Fertig- 51, 99
-, Halb- 23, 47, 51, 99
-, Herstellkosten 99
-, Neben- 22, 60, 68, 109, siehe auch
    Kuppelproduktion
-, umgesetzte 100, 137
-, Zwischen- 47, 51, 99
Erzeugnisversand 97
-, Kostenauswertung 174
Exotherme Reaktionen 65
Externer Vergleich 159

F

Fabrikate, siehe Erzeugnisse
Fachabteilungen 17
Fachverbände 16

200 Stichwortverzeichnis

Fachverbandsbeiträge 79, 85
Fahrzeuge 95
Fakturierung 97
Familienausgleichskassenbeiträge 78, 84
Familienzulagen 78, 84
Feiertagszuschläge 78, 84
Fernschreiber 98
Fernschreibgebühren 81
Fernsehwerbung 81, 86
Fernsprechgebühren 81
Fernsprechzentrale 98
Fertigerzeugnisse 51
–, Bewertung 23
–, Herstellkosten 99
Fertigerzeugnislager 97
–, Kostenauswertung 174
Fertigerzeugnisversand 97
–, Kostenauswertung 174
Fertigfabrikate, siehe Fertigerzeugnisse
Fertigung, siehe Produktion
Fertigungsbereich 48, 92
–, Kostenauswertung 168
Fertigungsgemeinkosten 132, 133
Fertigungshilfsbetriebe, Kostenkontrolle 172
–, Verrechnung der Kosten 93 ff., 130
Fertigungskosten 37, 131 ff.
–, Äquivalenzziffernrechnung 109
–, Nachkalkulation 177 ff.
–, Vorkalkulation 100, 101
Fertigungslöhne 84, 133
–, Auswertung 165
Fester Umlageschlüssel 143, 144
Fester Verrechnungspreis 47
Festpreis, Selbstkosten- 23
Fette 77
Feuerschutz 96
Feuerversicherung 79, 85
Feuerwehr 28
Filter 77
Fixe Kosten 25, 45, 91, 163, 171
–, Proportionalisierung 28
–, Zurechnung 29
Förderbänder 95
Formen 77
Formulierung 92
Forschungsbereich 48, 96
–, Kostenauswertung 174
Forschungskosten 37, 120
–, Vorkalkulation 100
Fortgeschriebener Durchschnittswert 87
Fortschreibung der Stoffbestände 83
Fotokopien 82
Frachten 81, 86
–, Ausgangs- 81, 86
–, Eingangs- 87
Freiwillige Beiträge zu Kammern usw. 79, 85
Freiwillige soziale Aufwendungen 78, 84, 165
Fremdbelege 82
Fremdbezogene Energie 78, 84, 93
–, Kostenauswertung 165

Fremdbezogene Stoffe 78, 84
Fremdlaborleistungen 81
Fremdleistungen für Werbung und Vertrieb 81, 86
Fremdleistungs-Kostenarten, Auswertung 165
Fremdstrombezug 93
Funktionsgliederung der Kostenstellen 89

G

Gas 78, 84, siehe auch Energie
Gebäude, Miete und Pacht 81
Gebäudeversicherung 79, 85
Gebrauchsmustergebühren 79, 85
Gebühren 79, 85, 98
Geburtsbeihilfen 78, 84
Gegenseitig abrechnende Kostenstellen 129, siehe auch Verrechnung innerbetrieblicher Leistungen
Gehälter 29, 32, 78, 84
–, Auswertung 165
Gehaltsfortzahlungen, außertarifliche 78, 84
Gehaltsliste 84
Geldakkord 84
Gemeinkosten 21, 26, 27, 45
–, echte 28, 31, 52
–, Fertigungs- 132, 133
–, Lager- 92
–, leistungsabhängige 30, 31
–, Material- 100, 131 ff.
–, Stellen- 27, 49
–, Stoff- 100, 131 ff.
–, unechte 28, 30, 52
–, Verrechnung 28, 30, 31, 91 ff., 143, 144
–, Zurechnung 28, 30, 31, 91 ff. 143, 144
Gemeinkostenlöhne 84
Gemeinkostenpackmaterial 92
Gemeinschaftsrichtlinien, Kalkulationsgrundschema 52
Generalia 27, siehe auch Gemeinkosten
Geräte 77
Gesamtbetriebsergebnisrechnung 182 ff.
Gesamtbuchführung 124
Gesamtkostenverfahren 45, 54, 117, 139
Geschäftsbuchführung und Kostenrechnung 124 ff.
Geschäftsleitung 98
Geschenkartikel 81, 86
Geschenke 78, 84
Gesetzliche Sozialaufwendungen 78, 84, 165
Gewährleistungswagnis 80
Gewerbeertragsteuer 79, 85
Gewerbekapitalsteuer 79, 85
Gewerbepolizeigebühren 79, 85
Gewinn, nichtrealisierter 119
Gewinnzuschlag, Vorkalkulation 100, 101
Glaswaren 77
Gleitende Durchschnitte bei Vergleichen 153
Gliederung der Kostenarten 45, 74 ff.
– der Kostenstellen 48, 89

Gliederung der Kostenträger 51
– der Selbstkostenkonten 137
Graphische Kostenauswertung 156
Gratisabgaben 81, 86
Grenzkosten 26, 172
–, durchschnittliche 22
GRK, Kalkulationsgrundschema 52
Großinstandsetzungen 44
Großreparaturen 32, 95, 136
Grundkennzahlen 154 ff.
Grundlagenforschung 96
Grundsteuer 29, 79, 85
Grundstücke, Miete und Pacht 81
Grundstücksgebühren 79, 85
Gründung 44
Gutachterhonorare 82

H

Halberzeugnisse 47, 51
–, Bewertung 23
–, Herstellkosten 99
Handelsrechtliche Bewertung 102
Handelsregistergebühren 79, 85
Handelswaren 76, 78
–, Vorkalkulation 100
Hauptbetriebsabrechnungsbogen 143 ff.,
   220/221, Falttafel
Hauptbuchhaltung 98
Hauptkostenstellen 48
Hauptkostenträger 51
Hauptprodukt 60, 68
Heizung 81
Herstellerlizenzen 81
Herstellkosten 24, 85, 99 ff., 102
–, Auswertung 176 ff.
Herstellkostensammelkonten 131 ff.
Herstellwert 87
Hilfsbetriebe der Fertigung, Kosten-
   kontrolle 172
–, Verrechnung der Kosten 93 ff., 130
Hilfskostenstellen 27, 31, 48
Hilfskostenträger 51
Hilfslöhne, Auswertung 165
Hilfsstofflager 91
Hilfs- und Betriebsstoffe 76 ff., 83
Hintereinandergeschaltete Prozesse 64
Hochzeitsgeschenke 78, 84
Holzwolle 77
Honorare 82

I

Indirekte Kosten, siehe Gemeinkosten
Industrie- und Handelskammerbeiträge
   79, 85
Innenaufträge, siehe innerbetriebliche
   Leistungen
Innenleistungen, siehe innerbetriebliche
   Leistungen

Innerbetriebliche Aufträge, siehe inner-
   betriebliche Leistungen
Innerbetriebliche Leistungen 31, 39, 40,
   49, 51, 82, 90, 104, 137, 143
–, Bewertung 23
Innerbetriebliche Leistungsverrechnung
   31, 39, 40, 50, 80, 82, 129, 137
Innerbetrieblicher Verrechnungspreis 23
Innere Verpackung 77, 92
Instandhaltung 104, siehe auch Repara-
   turen
Instandsetzungen, Groß- 32, 44, 95, 136
Interne Jahreserfolgsrechnung 24
Investiertes Kapital 188
Investitionen 29, 32, 33, 163
Investitionsplanung 163
Investitionspolitik 165
Isoliermaterial 77
Istkosten 23, 38 ff., 87
–, Über- und Unterdeckung 40, 128
–, Vergleich mit Sollkosten 19, 41, 161, 169,
   170
Istkostenrechnung 33, 38 ff.
Istmengenrechnung 39

J

Jahreserfolgsrechnung, interne 24
Jubiläumsgeschenke 78, 84

K

Kalkulation 73, 101
–, Divisions- 51, 69, 104, 105 ff.
–, Einzel- 32 ff.
–, Mit- 33, 35
–, Nach- 33, 36 ff., 99, 177 ff.
–, Preis- 22, 50
–, Teilkosten- 180
–, Verfahrens- 37
–, verordnungsgerechte Preis- 22
–, Verrechnungssatz- 51, 52, 104
–, Vollkosten- 180
–, Vor- 33, 36 ff., 50, 100, 180 ff.
–, Zuschlags- 51, 52, 104
–, Zwischen- 33, 35
Kalkulationskonten 131 ff.
Kalkulationsschemata 52, 99
Kalkulationsverfahren 51 ff.
Kalkulatorische Abschreibungen 44, 80, 85
Kalkulatorische Kosten 44, 46, 80, 85, 103
Kalkulatorische Wagnisse 32, 80, 86, 103
Kalkulatorische Zinsen 44, 80, 85, 103
–, Auswertung 166
Kalkulatorischer Ausgleich 21
Kalkulatorischer Buchwert 188
Kalkulatorischer Ertragspreis 24, 47
Kalkulatorischer Unternehmerlohn 32,
   44, 80, 86, 103
Kalkulierter Verkaufspreis 100, 101
Kammerbeiträge 79, 85
Kantine 96

Kapazitätsausnutzung 25, 103
Kapital, Abzugs- 80, 86
–, betriebsbedingtes 80, 85
–, investiertes 188
Kapitalergebnisrechnung 186 ff.
Kapitalerhöhung 44
Kartei, Anlagen- 85
–, Lager- 83, 135
Karteiform der statistischen Kosten-
  stellenrechnung 142
Kassenführung 98
Kennziffern 154 ff.
Kindergarten 96
Kinowerbung 81, 86
Klebestreifen 77
Kleidung, Arbeits- 77
Kleinmaterial 77
–, Verpackungs- 77
Kohle 78, 84
Konfektionierung 93
Konstruktionskosten 30
Kontengliederung nach Kostenbereichen
  138
– nach Kostenkategorien 138
Kontenklasse 4   74 ff.
– 5   126 ff., 219
– 5–8   123 ff.
– 6   89, 123, 127 ff., 219
– 7   131 ff.
– 8   131, 137
Kontenmäßige Betriebsergebnisrechnung
  139
Kontenmäßige Kostenartenrechnung
  126 ff.
Kontenmäßige Kostenrechnung 123 ff.,
  216/217
Kontenmäßige Kostenstellenrechnung
  128 ff.
Kontenmäßige Kostenträgerrechnung
  131 ff.
Kontenplan 74 ff.
Kontenrahmen 74 ff., 214/215
Kontinuierliche Produktion 62
Kontokorrentbuchhaltung 98
Kontrolle 28
– der Kostenträgerrechnung 19
– der Vorkalkulation 37
–, Kosten- 19, 166 ff.
–, Mengen- 19
Kontroll-Labor 27
Kontrollrechnung 19
Konvergierende Prozesse 64
Kosten, Abgrenzung 43, 88
–, auftragsgrößenfixe 45
–, auftragsgrößenvariable 45
–, Begriff 18
–, bereichsbedingte 31
–, direkte 27, siehe auch Einzelkosten
–, Durchschnitts- 21, 25
–, echte Gemein- 28, 31, 52
–, Einflußgrößen und Abhängigkeit 24 ff.
–, einmalige 32
–, Einzel-, siehe Einzelkosten

Kosten, fixe 25, 28, 29, 45, 91, 163, 171
–, Gemein-, siehe Gemeinkosten
–, Grenz- 22, 26, 172
–, indirekte 27, siehe auch Gemeinkosten
–, Ist- 23, 38 ff., 87, 128, 161
–, kalkulatorische 44, 46, 80, 85, 103
–, kostenstellenbedingte 31
–, kostenträgerbedingte 30
–, leistungsabhängige 25, siehe auch
  variable Kosten
–, leistungsunabhängige 29 ff., siehe auch
  fixe Kosten
–, Maß- 27, siehe auch Einzelkosten
–, Normal- 23, 38 ff.
–, Plan-, siehe Plankosten
–, produktive 27, siehe auch Einzelkosten
–, proportionale 25, siehe auch Einzelkosten
–, raumgebundene 90
–, Regie- 27, siehe auch Gemeinkosten
–, Schlüssel- 27, siehe auch Gemeinkosten
–, Soll-, siehe Plankosten
–, Sonder- 45
–, Sprung-, Auswertung 174
–, Stellen- 167 ff.
–, Stelleneinzel- 19, 27, 49
–, Stellengemein- 27, 49
–, Teil- 23
– und Auftragsgröße 26
– und Aufwand 43, 88
– und Ausgaben 21
– und Beschäftigungsgrad 25
– und Preise 21 ff.
–, unechte Gemein- 28, 39, 52
–, unmittelbare 27, siehe auch Einzelkosten
–, unproduktive 27, siehe auch Gemein-
  kosten
–, unregelmäßig anfallende 32
–, unternehmungsbedingte 31
–, variable 25, 45, 91, 163, siehe auch
  Einzelkosten
–, veränderliche 25, siehe auch variable
  Kosten, Einzelkosten
–, Voll- 23
–, werksbedingte 31
–, zeitproportionale 32
–, Zurechnung 26 ff., 49, 68, 128 ff.
–, Zusatz- 44
–, Zuschlags- 27, siehe auch Gemeinkosten
Kostenabgrenzung 43, 88
Kostenabhängigkeit 24 ff.
Kostenarten, abgeleitete 82, 90, 143, siehe
  auch innerbetriebliche Leistungen
–, Bildung 45
–, Erfassung 46, 49, 82 ff.
–, Gliederung 45, 74 ff.
–, Primär- 82, 90, 143
–, Sekundär- 90, siehe auch abgeleitete
  Kostenarten
–, ursprüngliche 82, 99, 143
–, verrechnete 126 ff., 219
Kostenartenabgrenzungskonto 127

Kostenartengruppen 90
Kostenartenplan 74 ff.
Kostenartenrechnung 42 ff., 74 ff.
–, Auswertung 164 ff.
–, Begriff 42
–, kontenmäßige 126 ff.
–, statistische 141
Kostenartenuntergruppen 74 ff.
Kostenartenverrechnungskonten 126 ff.,
   219
Kostenauswertung 149 ff.
–, graphische 156
–, mathematische 155
–, tabellarische 156
Kostenbeobachtung 18, siehe auch
   Kostenauswertung
Kostenbereiche 48, 91 ff.
–, Begriff 89
–, Kontengliederung nach 138
Kostenbestimmungsgründe 24 ff.
Kostendisposition 166 ff.
Kostenerfassung 46, 49, 82 ff.
– nach Kostenstellen 90
Kostenfaktoren 24 ff.
Kostenkategorien 24 ff., 45
–, Kontengliederung nach 138
Kostenkontrolle 19, 166 ff.
Kosten-Leistungs-Vergleich 159, 162
Kostenmengen, Bewertung 150
Kostenpreis 21 ff.
Kosten-Preis-Vergleich 50
Kostenrechnung als Grundrechnung 33
–, kontenmäßige 123 ff., 216/217
–, kostenstellen- und kostenträgerorien-
   tierte 34 ff.
–, statistische 141 ff.
–, Stufen 42 ff.
–, tabellarische 141 ff.
– und Geschäftsbuchführung 124 ff.
– und Preispolitik 21 ff.
–, Wirtschaftlichkeit 57
–, Zwecke 18 ff.
Kostenrechnungssysteme 32 ff.
Kostenrechnungsvorschriften 22
Kostenschätzung 18
Kostenstellen 91 ff.
–, Begriff 48
–, Bildung 48, 89
–, End- 49, 128 ff.
–, gegenseitig abrechnende 129, siehe auch
   Verrechnung innerbetrieblicher Lei-
   stungen
–, Gliederung 48, 89
–, Haupt- 48
–, Hilfs- 27, 31, 48
–, Neben- 48
–, Vor- 49, 128 ff.
Kostenstellenabgrenzungskonten 128
Kostenstellenbedingte Kosten, leistungs-
   unabhängige 31
Kostenstellenbogen 111, 169 ff., 222
Kostenstellengliederung 48, 89
Kostenstellengruppen 48

Kostenstellenkonten 89, 123, 127 ff., 219
Kostenstellenkosten, Auswertung 167 ff.
–, Verrechnung 91
Kostenstellenorientierte Kostenrechnung
   34 ff.
Kostenstellenplan 89
Kostenstellenrechnung 19, 48 ff., 89 ff.
–, Auswertung 166 ff.
–, kontenmäßige 128 ff.
–, statistische 142 ff.
Kostenstrukturanalyse 158 ff.
Kostenträger, Begriff 50
–, Gliederung 51
–, Haupt- 51
–, Hilfs- 51
–, Neben- 51
Kostenträgerbedingte Kosten 30
Kostenträgereinheitsrechnung 50, 101,
   siehe auch Kalkulation
Kostenträgergruppen 51
Kostenträgergruppen-Einzelkosten 27
Kostenträgerkonten 131 ff.
Kostenträgerorientierte Kostenrechnung
   34 ff.
Kostenträgerperiodenrechnung 50, 110 ff.
Kostenträgerrechnung 50 ff., 73, 99 ff.
–, Auswertung 176 ff.
–, kontenmäßige 131 ff.
–, Kontrolle 19
–, mehrstufige 112 ff.
–, statistische 145
Kostenträgerstückrechnung 50, 101, siehe
   auch Kalkulation
Kostenträgerzeitrechnung 50, 101
Kostenüberdeckung 40, 128
Kostenüberwälzungsrechnung 55
Kostenumlage, siehe auch Schlüssel,
   Schlusselung, Verrechnung
Kosten- und Ergebnisrechnung, Stufen
   42 ff.
–, Systeme 32 ff.
Kostenunterdeckung 40, 128
Kostenvergleich 153 ff.
Kostenzurechnung bei Kuppelproduk-
   tion 68
Kraftfahrzeuge 95
Kraftfahrzeugsteuer 79, 85
Kraftfahrzeugversicherung 79, 85
Kräne 95
Krankenversicherung 78, 84
Kredite, Lieferanten- 86
Kreislaufproduktion 64
Kumulative Ergebnisrechnung 117
Kundenanzahlungen 86
Kundenberatung 97
Kundenbesuch 28
Kundenboni 81, 86, 120
Kundenrabatte 81, 86, 120
Kundenskonti 81, 86, 120
Kuppelproduktion 22, 24, 26, 28, 36, 47, 52,
   60, 63 ff., 109, 156, 163, 179, 187
–, Zurechnung der Kosten 68
Kurzfristige Ergebnisrechnung 24

L

Labor 92
–, Kontroll- 27
Ladenwerbung 81, 86
Lager, Fertigerzeugnis- 97, 174
–, Material- 91, 167
–, Packmittel- 91
–, Zwischenprodukt- 97
Lagerbewegung 83
Lagerbuchhaltung 135
Lagergemeinkosten 92
Lagerkartei 83, 135
Lagerskontren 135
Lagerung 91
–, Kostenauswertung 167
Lagerversicherung 79, 85
Lastenausgleichsvermögensabgabe 79, 85
Lastkraftwagen 95
Laufende Betriebsüberwachung 96
Laufende Periodenrechnung 32 ff.
Lehren 77
Leihbücherei 96
Leistungsabhängige Gemeinkosten,
    echte 31
–, unechte 30
Leistungsabhängige Kosten 25, 30, siehe
    auch variable Kosten
–, kostenträgerbedingte 30
Leistungsbereichsrechnung 32, 34 ff.
Leistungsprämien 78, 84
Leistungsproportionale fixe Kosten 28
Leistungsrechnung 32, 34 ff.
Leistungsunabhängige Kosten 29 ff.,
    siehe auch fixe Kosten
–, bereichs-, werks-, unternehmungs-
    bedingte 31
–, kostenstellenbedingte 31
–, kostenträgerbedingte 30
Leitende Angestellte, Bezüge 80, 86
Leitsätze für die Preisermittlung auf
    Grund von Selbstkosten 22
Lieferantenkredite 86
Linearprogramme 155
Lizenzabgaben 81
Lizenzgarantie 29
Löhne 29, 78, 84
–, Akkord- 84
–, Auswertung 165
–, Bereitschafts- 28, 37
–, Fertigungs- 84, 133
–, Gemeinkosten- 84
–, Hilfs- 165
–, Meister- 31
–, Urlaubs- 32, 38, 44, 78, 84
–, Zeit- 84
Lohnfortzahlungen, außertarifliche 78, 84
Lohnsteuer 84
Lohnsummensteuer 79, 85
Lohnzettel 46, 84
Lohnzuschläge 78, 84
LSP 22

M

Marktforschung und -beobachtung 97
Marktpreis 21 ff., 47
Marktpreisschwankungen 87
Maschinelle Einrichtungen, Mieten und
    Pachten 81
Maschinenversicherung 79, 85
Massenfertigung 51
Maßkosten 27, siehe auch Einzelkosten
Material 76 ff., 83
–, Büro- 77
–, Dichtungs- 77
–, Isolier- 77
–, Klein- 77
–, Reparatur- 77
–, technisches 77
Materialbereich 48
Materialbeschaffung 91
–, Kostenauswertung 167
Materialeingang 91
Materialeinsatz 49, 131 ff.
Materialgemeinkosten 100, 131 ff.
Materialkosten 37
–, Äquivalenzziffernrechnung 108
–, Nachkalkulation 177 ff.
Materiallagerung 91
–, Kostenauswertung 167
Materialprüfung 91
Materialscheine 46
Materialverbrauch 76 ff., 83
–, Nachkalkulation 177 ff.
–, Vorkalkulation 100, 101
Mathematische Kostenauswertung 155
Matrizenmodelle 155
Mehrproduktbetriebe 21
–, Divisionskalkulation 106
Mehrstufige Kostenträgerrechnung 112 ff.
Mehrweg-Verpackung 77
Meisterlöhne 31
Mengenkontrolle 19
Messen 81, 86
Meßuhren 77
Miete 29, 32, 81
Mietzuschüsse 78, 84
Mitarbeitervergütungen 82
Mitkalkulation 33, 35
Mittelwerte bei Vergleichen 153
Modelle 77
Musterartikel 81, 86

N

Nachausgaben 21
Nachkalkulation 33, 36 ff., 99, 177 ff.
Nachlässe, Preis- 81, 86, 120
–, Vorkalkulation 100, 101
Nebenausbeute 22, 60, 68, 109, siehe auch
    Kuppelproduktion
Nebengeschäfte 184
–, Erlöse 120
Nebenkostenstellen 48
Nebenkostenträger 51

Nebenlager, Kostenauswertung 168
Nebenprodukte 22, 60, 68, 109, siehe auch
  Kuppelproduktion
Nettoerlös 185
Netzkosten 78, 84
Neuanlagen 79, 85, 95
Neutraler Aufwand 43, 88
Neutrales Ergebnis 53, 184
Nichtrealisierter Gewinn 119
Niederstwertprinzip 24, 102
Niedrigerer Teilwert 24, 102
Niete 77
Normalkosten 23, 38 ff.
Normalkostenrechnung 33, 38 ff.
Normalsätze 40
Normalzuschlagssätze 40
Notariatsgebühren 79, 85
Notstandsbeihilfen 78, 84

O

Öle 77
Ordentlicher Aufwand 43, 88

P

Pachten 81
Packmaterial, Gemeinkosten- 92
Packmittel 77
Packmittelabrechnung 60
Packmittellager 91
Packpapier 77
Paketporto 81
Patentgebühren 79, 85
Patentliteratur 82
Periodenfremder Aufwand 43, 88
Periodenrechnung 50, 110 ff.
-, laufende 32 ff.
Periodenvergleich 164
Personalbetreuung 98
Personalkosten 31, 37, 78, 84
-, Auswertung 165
-, Nachkalkulation 178
Personalwesen 97
Personenkraftwagen 95
Pflichtbeiträge zur Industrie- und Han-
  delskammer 79, 85
Pförtner 28
Plankosten 38 ff.
-, Vergleich mit Ist-Kosten 19, 41, 161,
  169, 170
Plankostenrechnung 33, 38 ff.
Porto 81
Postgebühren 81
Prämien, Leistungs- 78, 84
-, Transportversicherungs- 87
-, Versicherungs- 79, 85
Prämienakkord 84
Preis, Anschaffungs- 23, 39, 47
-, Betriebs- 23, 47
-, Durchschnitts- 87
-, Erstattungs- 23
-, Ertrags- 24, 47
-, Fest- 23
-, kalkulatorischer Ertrags- 24, 47

Preis, kalkulierter Verkaufs- 100, 101
-, Kosten- 21 ff.
-, Markt- 21 ff., 47
-, Richt- 23
-, Selbstkosten- 23
-, Tages- 23, 39, 47
- und Kosten 21 ff.
-, Verkaufs- 24, 100, 101
-, Verrechnungs- 23, 39, 40, 47, 50, 56, 87,
  102, 134
-, Waren- 120
-, Wiederbeschaffungs- 23, 39, 189
Preisänderungen 102
Preisangebote 36, 172
Preisbildung 21 ff.
- bei öffentlichen Aufträgen 22
Preisbindungen, behördliche 22
Preisdifferenzenkonto 128, 134 ff.
Preiskalkulation 50
-, verordnungsgerechte 22
Preisnachlässe 81, 86, 120
-, Vorkalkulation 100, 101
Preisobergrenze 22
Preispolitik und Kostenrechnung 21 ff.
Preisschwankungen 56, 87
Preisuntergrenze 22, 26, 50, 172
Preßtücher 77
Pretiale Betriebsführung 47
Primärkostenarten 90
Produktion, chargenweise 62
-, diskontinuierliche 62
-, kontinuierliche 62
-, Kreislauf- 64
-, Kuppel- 22, 24, 26, 28, 36, 47, 52, 60,
  63 ff., 68, 109, 156, 163, 179, 187
-, Massen- 51
-, Sorten- 35, 36
-, stufenweise 112 ff.
-, Verbund- 63 ff., siehe auch Kuppel-
  produktion
Produktionsanlagen 61
Produktionsstätten 92
Produktionsverfahren 62 ff.
Produktionsverflechtung 64, 213
Produktive Kosten 27, siehe auch Einzel-
  kosten
Produktivität 154
Proportionale Kosten 25, siehe auch
  Einzelkosten
Proportionalisierung fixer Kosten 28
Provisionen 120
-, Vertreter- 81, 86, 97
Prozeßgebühren 79, 85
Prüfung, Material- 91
-, Rechnungs- 91
Prüfungshonorare 82
Prüfungskosten 98

R

Rabatte 81, 86, 120
-, Vorkalkulation 100, 101
Raffination, Kalkulationsbeispiel 112 ff.
Raumgebundene Kosten 90

Raumkosten 31, 81
Räumliche Gliederung der Kosten-
  stellen 90
Rechnungen, Eingangs- 82
Rechnungsprüfung 91
Rechnungswesen 97
Regenerationskosten 65
Regiekosten 27, siehe auch Gemeinkosten
Reihenprozesse 64
Reinigung 81
Reinigungsmittel 77
Reisekosten 81, 97
–, Auswertung 166
–, Vertreter- 81, 86
Rentabilität 154
Rentabilitätsrechnung 163, 181, 186 ff.
Reparaturen 32, 34, 38, 79, 85, 104, 163
–, Groß- 32, 44, 95, 136
–, Kostenauswertung 165
–, Nachkalkulation 178, 180
–, Rückstellung 21
Reparaturmaterial 77
Repräsentationskosten 81, 98
Reserveanlagen 44
Restbuchwert 188
Restwertrechnung 52, 68, 109
Retrograde Verbrauchsermittlung 83
Return-on-Investment-Rechnung
  163, 181, 188
Rezepturkosten 30
Richtpreis, Selbstkosten- 23
Richtwerte, Vorgabe 28
Rohrteile 77
Rohstoffe 76 ff., 83
Rohstoffeinsatz 131 ff.
Rohstofflager 91
Rückstellung für Reparaturen 21
Rundfunkwerbung 81, 86

S

Sachliche Abgrenzung der Kosten 43, 88
Sammelkonten, Herstellkosten- 131 ff.
Schadenersatzforderungen, Versicherung
  gegen 79, 85
Schätzung, Kosten- 18
Schaufensterwerbung 81, 86
Schenkungen 44
Schlüssel, Umlage- 28, 30, 31, 91 ff.,
  143, 144
Schlüsselkosten 27, siehe auch Gemein-
  kosten
Schlüsselung bei Kuppelproduktion 68
Schlüsselung der Gemeinkosten 28, 30, 31,
  91 ff., 143, 144
Schrauben 77
Schwerbeschädigtenablösung 78, 84
Sekundärkostenarten 90
Selbsterstellte Anlagen 23, 34, 104,
  136, 144
–, Nachkalkulation 180
Selbsterzeugte Energie 40, 84
Selbstkosten 99 ff., 131, 137

Selbstkostenerstattungspreis 23
Selbstkostenfestpreis 23
Selbstkostenkonten 131, 137
Selbstkostenrechnung und Preis-
  bildung 21
Selbstkostenrichtpreis 23
Skonti 81, 86, 120
–, Vorkalkulation 100, 101
Skontren, Lager- 135
Soll-Ist-Vergleich 19, 41, 161, 169, 170
Sollkosten, siehe Plankosten
Sollkostenrechnung 33, 38 ff.
Sonderkosten 45
Sonntagszuschläge 78, 84
Sortenproduktion 35, 36
Soziale Aufwendungen 78, 84
–, Auswertung 165
Soziale Einrichtungen 28
–, Kostenauswertung 174
Sozialleistungen 78, 84
Sozialversicherung, Arbeitnehmer-
  anteile 84
–, Arbeitgeberanteile 78, 84
Spenden 79, 85, 98
Spesen 27, siehe auch Gemeinkosten
Spiegelbildkonten 124
Sportanlagen 96
Sprungkosten, Auswertung 174
Städtische Grundstücksgebühren 79, 85
Stapler 95
Statistik 98
– und Kostenauswertung 153 ff.
Statistische Betriebsergebnis-
  rechnung 145
Statistische Kostenartenrechnung 141
Statistische Kostenrechnung 141 ff.
Statistische Kostenstellenrechnung 142 ff.
Statistische Kostenträgerrechnung 145
Stelleneinzelkosten 19, 27, 49
Stellengemeinkosten 27, 49
Stellenkosten, Auswertung 167 ff.
Steuerberatungskosten 98
Steuerliche Bewertung 102
Steuern 79, 85
–, Auswertung 166
Stifte 77
Stiftungen 44
Stillegung des Betriebs 103
Stillgelegte Anlagen 44
Stillstandskosten 103
Stoffbereich 91
Stoffe, fremdbezogene 78, 84
Stoffeinsatz 49, 131 ff.
Stoffgemeinkosten 100, 131 ff.
Stoffkosten 37
–, Äquivalenzziffernrechnung 108
–, Nachkalkulation 177 ff.
Stoffprüfung 81
Stoffumformung 15
Stoffumwandlung 15
Stoffverbrauch 76 ff., 83
–, Nachkalkulation 177 ff.
–, Vorkalkulation 100, 101

Strom 78, 84, siehe auch Energie
Stromerzeugung 93
Stromverbrauch 28
Stromverteilung 93
Strukturanalyse, Kosten- 158 ff.
Stufenweise Produktion 112 ff.
Stundenaufschreibungen 82
Sturmversicherung 79, 85

T

Tabellarische Kostenauswertung 156
Tabellarische Kostenrechnung 141 ff.
Tagespreis 23, 39, 47
Technische Materialien 77
Teil-Fließbetrieb 62
Teilkosten 23
Teilkostenergebnisrechnung 189 ff.
Teilkostenkalkulation 180
Teilkostenrechnung 33, 37
Teilwert 24, 102
Telegrammgebühren 81
Transporteinrichtungen 95
Transportfahrzeuge, Mieten und
    Pachten 81
Transportkosten 63
Transportversicherungsprämien 87
Treibstoffe 77
Treibstofflager 91
Trennungsgelder 78, 84

U

Überdeckung der Istkosten 40, 128
Übergangskonten 125
Überstundenzuschläge 78, 84
Überwälzung, Kosten- 55
Umgesetzte Erzeugnisse 137
-, Vorkalkulation 100
Umgründung 44
Umlage der Kosten auf Kostenstellen
    128 ff.
Umlageschlüssel 28, 30, 31, 91 ff., 143, 144
Umlaufvermögen, Bewertung 24, 189
Umsatzerfolg 183
Umsatzergebnisrechnung 182 ff.
Umsatzkostenverfahren 50, 54, 119, 120,
    140
Umsatzsteuer 79, 85
Umsatzsteuer-Ausfuhrvergütung 81, 86
Umzäunung 96
Unechte Einzelkosten 28
Unechte Gemeinkosten 28, 52
-, leistungsabhängige 30
Ungeteilte Gesamtbuchführung 124
Unkosten 27, siehe auch Gemeinkosten
Unmittelbare Kosten 27, siehe auch
    Einzelkosten
Unproduktive Kosten 27, siehe auch
    Gemeinkosten
Unregelmäßig anfallende zeitabhängige
    Kosten 32

Unterbeschäftigung 103
Unterdeckung der Istkosten 40, 128
Unternehmensbedingte Kosten,
    leistungsunabhängige 31
Unternehmensergebnis 53, 184
Unternehmerlohn, kalkulatorischer 32,
    44, 80, 86, 103
Unternehmerwagnis 80
Unterstützungen 78, 84
Urlaubslöhne 32, 38, 44, 78, 84
Ursprüngliche Kostenarten 82, 90, 143

V

Variable Kosten 25, 45, 91, 163, siehe auch
    Einzelkosten
Veränderliche Kosten, siehe variable
    Kosten
Veränderlicher Umlageschlüssel 143, 144
Veränderlicher Verrechnungspreis 47
Veranstaltungen, Werks- 96
Verantwortungsbereiche, Gliederung
    nach 89
Verband der Chemischen Industrie (VCI)
    16
Verbandsbeiträge 79, 85
Verbrauchsermittlung, retrograde 83
Verbrauchsmeldungen 82
Verbrauchsteuern 79, 85
Verbundene Prozesse 64
Verbundproduktion 63 ff., siehe auch
    Kuppelproduktion
Verbundverpackung 77
Veredelungskosten 37
Vereinsbeiträge 79, 85
Veresterung, Kalkulationsbeispiel 112 ff.
Verfahren, Produktions- 62 ff.
Verfahrensbedingungen 62 ff.
Verfahrenskalkulation 37
Verfahrensvergleich 162
Verflochtene Prozesse 64, 213
Vergleich, Betriebs- 19, 159
-, externer 159
-, Kosten- 153 ff.
-, Kosten-Leistungs- 159, 162
-, Kosten-Preis- 50
-, Perioden- 164
-, Soll-Ist- 19, 41, 161, 160, 170
-, Verfahrens- 162
-, Wirtschaftlichkeits- 20, 47, 50
-, Zeit- 19, 160, 168
-, zwischenbetrieblicher 159
Vergleichsrechnungen 20, siehe auch
    Vergleich
Vergleichszeitraum 184
Verhältniszahlen 153
Verkaufsabteilungen 97
Verkaufspreis 24
-, Ermittlung 100
-, kalkulierter 100, 101
Verkaufsschriften 81, 86
Verkehrsbetriebe 95
-, Kostenauswertung 173
Verkehrsteuern 79, 85

Verluste, Wagnis- 44
Verlustprodukte 24
Vermögen, betriebsbedingtes 86
-, Bewertung 24, 188
Vermögensabgabe 79, 85
Vermögensteuer 79, 85
Verordnungsgerechte Preiskalkulation 22
Verpackung, äußere 60
-, innere 77, 92
-, Kostenauswertung 175
-, Mehrweg- 77
-, Verbund- 77
-, Versand- 77
Verpackungsbetriebe 92
Verpackungskleinmaterial 77
Verpackungskosten 60
Verrechnete Kostenarten 126 ff., 219
Verrechnung der Gemeinkosten 28, 30, 31,
    91 ff., 143, 144
- der Kosten von Hilfsbetrieben 93 ff.,
    130
- der Kostenstellenkosten 91
- innerbetrieblicher Leistungen 31, 39, 40,
    50, 80, 82, 129, 137
Verrechnungsergebnis 40
Verrechnungskonten 126 ff., 219
Verrechnungspreis 23, 39, 40, 47, 50, 56,
    87, 102, 134
Verrechnungspreisdifferenz 128, 134 ff.
Verrechnungssatz 128
-, Wagnis- 80
Verrechnungssatzkalkulation 51, 52, 104,
    110 ff.
Versand 97
-, Kostenauswertung 174
Versandbereitstellung, Kostenauswer-
    tung 175
Versandverpackung 77
Versicherungsbeiträge 78, 84
Versicherungsmathematischer Barwert
    bei Anlagenbewertung 188
Versicherungsprämien 79, 85, 87
Versuchskosten 81
Verteilung der Kosten, siehe Umlage,
    Zurechnung
Vertreterkosten 97
Vertreterprovisionen 81, 86, 97
Vertreterreisekosten 81, 86
Vertriebsbereich 48, 97
-, Betriebsabrechnungsbogen 222
-, Kostenauswertung 175
Vertriebskosten 37, 81, 86, 120
-, Auswertung 165
-, Verteilung 97
-, Vorkalkulation 100, 101
Vertriebslizenzen 81
Verursachungsprinzip 26 ff., 48
Vervielfältigungen 82
Verwaltung, allgemeine 97
Verwaltungsbereich 48, 97
-, Kostenauswertung 176
Verwaltungskosten 120
-, Vorkalkulation 100, 101

Vollkosten 23
Vollkostendeckung 21
Vollkostenergebnisrechnung 189
Vollkostenkalkulation 180
Vollkostenrechnung 33, 37
Vorausgaben 21, siehe auch Abgrenzung
    der Kosten
Vorgabe von Richtwerten 28
Vorkalkulation 33, 36 ff., 50, 100, 180 ff.
-, Kontrolle 37
Vorkostenstellen 49
-, Kostenumlage 128 ff.
Vorratslagerversicherung 79, 85
Vorrechnung 33, 36 ff.
Vorrichtungen 77

W

Wagnis, Ausschuß- 80
-, Bestände- 80
-, Gewährleistungs- 80
-, Unternehmer- 80
-, Zahlungs- 80
Wagnisse, Einzel- 80
-, kalkulatorische 32, 80, 86, 103
Wagnisverluste 44
Wagnisverrechnungssatz 80
Warenlager 97
-, Kostenauswertung 174
Warenpreis 120
Warenversand 97
-, Kostenauswertung 174
Warenwert, Vorkalkulation 100, 101
Warenzeichengebühren 79, 85
Wasser 78, 84
Wasserfahrzeuge 95
Wasserversicherung 79, 85
Wechselsteuer 79, 85
Werbeabteilung 97
Werbeanzeigen 81, 86
Werbeartikel 81, 86
Werbeetat 175
Werbekosten 27, 30, 60, 81, 86, 97
-, Auswertung 165, 176
-, Vorkalkulation 100, 101
Werbung, siehe Werbekosten
Werksbedingte Kosten, leistungs-
    unabhängige 31
Werkstattaufträge 104
Werkstätten, Kostenauswertung 173
Werkstättenbereich 95
Werksveranstaltungen 96
Werkswohnungen 96
Werkzeuge 77
Wert, Anschaffungs- 85, 87, 188
-, Bar- 188
-, Buch- 188
-, Einstands-, siehe Anschaffungskosten,
    -preis, -wert
-, fortgeschriebener Durchschnitts- 87
-, Herstell- 87

Wert, Teil- 24, 102
–, versicherungsmathematischer Bar- 188
–, Wiederbeschaffungs- 85
Wiederbeschaffungspreis 23, 39, 189
Wiederbeschaffungswert 85
Wirtschaftlichkeit 154
- der Kostenrechnung 57
Wirtschaftlichkeitsvergleich 20, 47, 50
Wirtschaftsgüter des Anlagevermögens, Bewertung 24, 188
- des Umlaufvermögens, Bewertung 24, 189
Wirtschaftsprüfungskosten 98
Wohnungen, Werks- 96

Z

Zahlungsausfälle 81, 86, 120
Zahlungswagnis 80
Zeichnungen 81, 86
Zeitabhängige Kosten, unregelmäßig anfallende 32
Zeitakkord 84
Zeitliche Abgrenzung der Kosten 43, 88
Zeitlohn 84
Zeitproportionale Kosten 32
Zeitschriften 82
Zeitungen 82
Zeitvergleich 19, 160, 168
Zinsen 37
–, Eigenkapital- 21, 32
–, kalkulatorische 44, 80, 85, 103, 166

Zölle 79
–, Eingangs- 87
Zonenpreisverfahren 56
Zulagen 78, 84
Zurechnung der Gemeinkosten 28, 30, 31, 91 ff., 143, 144
Zurechnung der Kosten 26 ff.
- auf Kostenstellen 49, 128 ff.
- bei Kuppelproduktion 68
Zurückgewährte Entgelte 120
Zusammenlaufende verbundene Prozesse 64
Zusatzkosten 44
Zusätzliche soziale Aufwendungen 78, 84
–, Auswertung 165
Zuschläge zum Arbeitslohn 78, 84
Zuschlagskalkulation 51, 52, 104, 110 ff.
Zuschlagskosten 27, siehe auch Gemeinkosten
Zuschlagssätze, Normal- 40
Zuschüsse, Bürokosten- 81, 86
–, Miet- 78, 84
- zu sozialen Zwecken 78, 84
Zweckforschung 96
Zweikreissystem 124 ff., 140, 216/217
Zwischenbetrieblicher Vergleich 159
Zwischenerzeugnisse 47, 51
–, Bewertung 23
–, Herstellkosten 99
Zwischenkalkulation 33, 35
Zwischenproduktlager 97
Zwischenrechnungen 104

Anhang

Beispiel für die Produktionsverflechtung in einem chemischen Betrieb

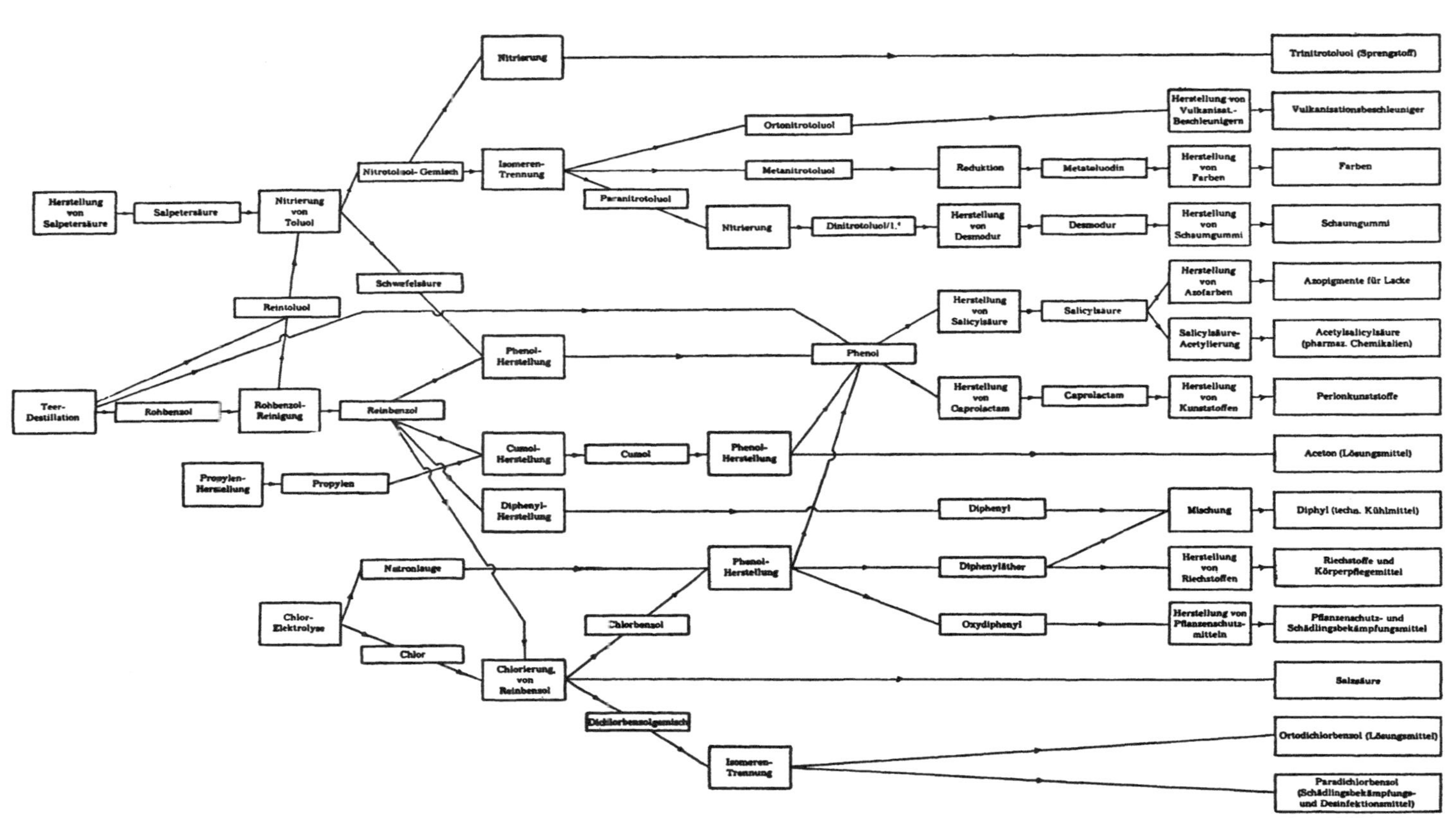

Kontenrahmen für die

Klasse 0 Anlagen und Kapital	Klasse 1 Finanzen	Klasse 2 Neutrale Auf- wendungen u. Erträge sowie Abgrenzungen	Klasse 3 Stoffe	Klasse 4 Kostenarten
00 Grundstücke u. Gebäude	10 Kassen, Bundesbank u. Postscheck	20 Betriebs-fremde und außer-ordentliche Aufwen-dungen	30 Rohstoffe	40 Stoff-verbrauch
01 Eisenbahn u. andere Bau-lichkeiten	11 Andere Banken	21 Betriebs-fremde und außer-ordentliche Erträge	31 Brennstoffe	41 Personal-kosten Löhne und Gehälter, gesetzliche soziale Aufwen-dungen, zusätzliche soziale Auf-wendungen
02 Maschinen, Apparate und sonstige Betriebsvor-richtungen	12 Besitz-wechsel und Schecks	22 Zinsaufwen-dungen	32 Hilfs- und Betriebs-stoffe	42 Energie-bezüge
03 Fahrzeuge	13 Wertpapiere	23 Zinserträge	33 Verpak-kungsstoffe	43 Lieferungen und Leistun-gen für Neu-anlagen und Reparaturen
04 Werkzeuge, Betriebs- u. Geschäfts-ausstattung	14 Kunden	24 Frei verfügbar	34 Frei verfügbar	44 Gebühren, Beiträge, Spenden u. Versiche-rungs-prämien
05 Konzessio-nen, Patente, Lizenzen, Marken- u. ähnliche Rechte	15 Vertreter	25 Bilanz-mäßige Ab-schrei-bungen	35 Frei verfügbar	45 Steuern
06 Langfristige Forderun-gen, Beteili-gungen und Anlagewert-papiere	16 Lieferanten	26 Frei verfügbar	36 Frei verfügbar	46 Kalkulatori-sche Kosten
07 Langfristige Verbindlich-keiten	17 Schuld-wechsel	27 Bewer-tungs-unterschiede	37 Frei verfügbar	47 Fremd-leistungen für Werbung und Vertrieb
08 Kapital und Rücklagen	18 Sonstige kurzfristige Forderungen u. Verbind-lichkeiten	28 Verrechnete kalkulatori-sche Kosten	38 Handels-waren	48 Andere Fremd-leistungen
09 Wertberich-tigungen, Rückstellun-gen und Rechnungs-abgren-zungen	19 Frei verfügbar	29 Aus dem Ergebnis zu deckende Aufwen-dungen	39 Frei verfügbar	49 Frei verfügbar

Chemische Industrie

Klasse 5 Kostenartenverrechnung	Klasse 6 Kostenstellen	Klasse 7 Kostenträger	Klasse 8 Selbstkosten	Klasse 9 Erlöse und Rechnungsabschluß
50 Frei für Kostenartenrechnung entsprechend Klasse 4	60 Hauptbetriebe bis 63 Produktionsbetriebe einschl. Abfüll- u. Verpackungsbetriebe, Betriebsbüros einschließlich Produktionsleitung, Betriebslaboratorien, die der Überwachung der Fertigung dienen, Materialbeschaffung u. -lagerung	70 Frei für Herstellkostensammelkonten und ggf. Bestandskonten	80 Herstellkosten für verkaufte Erzeugnisse	90 Erlöse für Erzeugnisse
51 „		71 „	81 Anschaffungskosten für verkaufte Handelswaren	91 Erlöse für Handelswaren
52 „		72 „	82 Herstell bzw. Anschaffungskosten für Nebengeschäfte	92 Erlöse aus Nebengeschäften
53 „		73 „	83 Frei verfügbar	93 Frei verfügbar
				94 Erlösschmälerungen u. Zusatzerlöse für Erzeugnisse
54 „	64 Hilfsbetriebe und	74 „	84 Bewertungsunterschiede	
55 „	65 Energiebetriebe Werkstätten Verkehrsbetriebe Sonstige Hilfsbetriebe	75 „	85 Frei verfügbar	95 Erlösschmälerungen u. Zusatzerlöse für Handelswaren
				96 Erlösschmälerungen u. Zusatzerlöse bei Nebengeschäften
56 „	66 Allgemeine Betriebe	76 „	86 Frei verfügbar	
57 „	67 Forschung und Entwicklung	77 Anlagenzugang	87 Lager- und Versandkosten	97 AbschlußHilfskonto
58 „	68 Vertrieb und Werbung einschließl. Fertigerzeugnisläger und Erzeugnisversand	78 Anlagenabgang	88 Vertriebskosten	98 Gewinn und Verlustkonto
59 „	69 Verwaltung	79 Verschiedene Abrechnungen	89 Verwaltungskosten	99 Bilanzkonto

Gesamt-Schaubild der kontenmäßigen Kostenrechnung

(unter Zugrundelegung des Zweikreis-Systems)

Klasse 3

301 Rohstoffkonto 1

AB		40	13 050

302 Rohstoffkonto 2

AB	7 000		5 000
929	4 000		(6 000)

303 Rohstoffkonto 3

AB		40	3 450

304 Rohstoffkonto 4

AB		40	25

305 Rohstoffkonto 5

AB		40	15

306 Rohstoffkonto 6

AB		40	28 600

321 Auftragsmat. Kto. 1

AB		40	780

322 Auftragsmat. Kto. 2

AB		40	1 200

341 Hilfsstoffkonto

AB		40	775
		40	1 580

342 Betriebsstoffkonto

AB		40	4 400

Klasse 4

40 Stoffverbrauch

301	13 050	BE	58 875
302	5 000		
303	3 450		
304	25		
305	15		
306	28 600		
321	780		
322	1 200		
341	775		
341	1 580		
342	4 400		
	58 875		58 875

41 Personalkosten

2	29 500	BE	37 080
2	5 080		
2	2 500		
	37 080		37 080

42 Energiebezüge

1	2 464	BE	2 464

Klasse 5

500 Rohstoffeinsatz

BA	50 140	750	21 450
		751	35
		754	28 562
		599	93
	50 140		50 140

502 Auftragsmaterial

BA	1 980	651	780
		60	1 200
	1 980		1 980

504 Gemeinkostenmat.

BA	6 755	650	750
		651	1 550
		6	4 350
		599	105
	6 755		6 755

510 Personalkosten

BA	34 580	6	34 580

512 Auftragslöhne

BA	2 500	64	2 500

52 Energiebezüge

BA	2 464	60	600
		61	310
		62	60
		63	144
		6	1 350
	2 464		2 464

Klasse 6

60 Trockng. Mischerei

502	1 200	754	5 014
52	600	754	16 827
64	900	754	600
651	5 014		
66	1 250		
5	13 477		
	22 441		22 441

61 Veresterung

52	310	750	310
651	416	750	416
66	200	750	2 824
5	2 624		
	3 550		3 550

62 Raffination

52	60	751	60
650	275	751	275
66	200	751	3 095
5	2 895		
	3 430		3 430

63 Destillation

52	144	753	144
650	1 980	753	1 980
651	780	753	780
66	400	753	5 524
5	5 124		
	8 428		8 428

64 Betriebswerkstatt

512	2 500	60	900
66	500	651	1 500
5	4 550	770	3 000
		772	2 100
		699	50
	7 550		7 550

Klasse 7

750 Kalkulationskto. A

500	21 450	70	25 000
61	310		
61	416		
61	2 824		
	25 000		25 000

751 Kalkulationskto. B

500	35	71	27 000
70	23 935	72	400
62	60		
62	275		
62	3 095		
	27 400		27 400

753 Kalkulationskto. D

71	25 572	73	30 000
63	144	850	4 000
63	1 980		
63	780		
63	5 524		
	34 000		34 000

754 Kalkulationskto. E

500	28 562	74	51 003
60	5 014		
60	600		
60	16 827		
	51 003		51 003

70 Vorprodukt A

BA	3 975	751	23 935
750	25 000	BA	5 040
	28 975		28 975

Klasse 8

801 Verkaufskonto D

73	24 808	BA	24 808

802 Verkaufskonto E

74	45 900	BA	45 900

87 Lager- u. Vers.-Kto.

685 D)	2 692	BA	6 817
685 E)	4 125		
	6 817		6 817

88 Vertriebsk.-Kto.

680 D)	5 500	BA	15 400
680 E)	9 900		
	15 400		15 400

89 Verwaltungsk.-Kto.

69 (D)	2 750	BA	7 700
69 (E)	4 950		
	7 700		7 700

850 Innenlst.-Kto. Rohst.

753	4 000	BA	4 000

851 Innenlst.-Kto. Anl. Zu

770	4 500	BA	4 500

852 Innenlst. Kto. Großr.

772	3 100	BA	3 160

Klasse 9

901 Erlösekonto D

BE	40 325	1	40 325

902 Erlösekonto E

BE	72 650	1	72 650

94 Erlösschmälerungen

1	975	BE	975

929 Innenlstg.-Kto.

BE	11 600	302	4 000
		0	4 500
		0	3 100
	11 600		11 600

43 Neuanlagen, Rep.

Konto	Betrag	Konto	Betrag
1	1 870	BE	4 370
1	1 500		
1	1 000		
	4 370		4 370

44 Gebühren, Vers. Pr.

Konto	Betrag	Konto	Betrag
1	2 400	BE	2 400

45 Steuern

Konto	Betrag	Konto	Betrag
1	9 500	2	3 350
		BE	6 150
	9 500		9 500

46 Kalkulator. Kosten

Konto	Betrag	Konto	Betrag
2	2 500	BE	11 213
2	8 713		
	11 213		11 213

47 Fremdl. f. Werbung

Konto	Betrag	Konto	Betrag
1	400	BE	1 500
1	900		
1	200		
	1 500		1 500

48 Andere Fremdleistg.

Konto	Betrag	Konto	Betrag
1	150	BE	1 884
1	534		
1	1 200		
	1 884		1 884

53 Neuanlagen, Rep.

Konto	Betrag	Konto	Betrag
BA	4 370	6	1 870
		770	1 500
		772	1 000
	4 370		4 370

54 Gebühren, Vers. Pr.

Konto	Betrag	Konto	Betrag
BA	2 400	6	2 400

55 Steuern

Konto	Betrag	Konto	Betrag
BA	6 150	6	6 150

56 Kalkulator. Kosten

Konto	Betrag	Konto	Betrag
BA	11 213	6	11 213

57 Fremdl. f. Werbung

Konto	Betrag	Konto	Betrag
	1 500	6	1 500

58 Andere Fremdleistg.

Konto	Betrag	Konto	Betrag
BA	1 884	6	1 884

590 Kostenart.-Abg. Kto.

Konto	Betrag	Konto	Betrag
500	93	BA	198
504	105		
	198		198

650 ND-Dampfanlage

Konto	Betrag	Konto	Betrag
504	750	62	275
66	150	63	1 980
5	1 430	699	75
	2 330		2 330

651 HD-Dampfanlage

Konto	Betrag	Konto	Betrag
502	780	60	5 014
504	1 550	61	416
64	1 500	63	780
66	350	699	90
5	2 120		
	6 300		6 300

66 Allgem. Bertieb

Konto	Betrag	Konto	Betrag
5	3 577	6	3 500
		699	77
	3 577		3 577

680 Vertrieb

Konto	Betrag	Konto	Betrag
699	250	88	5 500
5	15 150	88	9 900
	15 400		15 400

685 Versand

Konto	Betrag	Konto	Betrag
66	450	87	2 692
5	6 450	87	4 125
		699	83
	6 900		6 900

69 Verwaltung

Konto	Betrag	Konto	Betrag
5	7 900	89	2 750
		89	4 950
		699	200
	7 900		7 900

699 VP-Differenzen

Konto	Betrag	Konto	Betrag
64	50	680	250
650	75	BA	325
651	90		
66	77		
685	83		
69	200		
	575		575

71 Vorprodukt B

Konto	Betrag	Konto	Betrag
BA	1 280	753	25 572
751	27 000	BA	2 708
	28 280		28 280

72 Nebenprodukt C

Konto	Betrag	Konto	Betrag
751	400	BA	400

73 Fertigprodukt D

Konto	Betrag	Konto	Betrag
BA	2 250	801	24 808
753	30 000	BA	7 442
	32 250		32 250

74 Fertigprodukt E

Konto	Betrag	Konto	Betrag
BA	4 510	802	45 900
754	51 003	BA	9 613
	55 513		55 513

770 Anlagenzugangskto.

Konto	Betrag	Konto	Betrag
53	1 500	851	4 500
64	1 000		
64	2 000		
	4 500		4 500

772 Großreparatur.-Kto.

Konto	Betrag	Konto	Betrag
53	1 000	852	3 100
64	700		
64	1 400		
	3 100		3 100

Betriebsabschlußkto.

Konto	Betrag	Konto	Betrag
70	5 040	70	3 975
71	2 708	71	1 280
72	400	73	2 250
73	7 442	74	4 510
74	9 613	500	50 140
801	24 808	502	1 980
802	45 900	504	6 755
850	4 000	510	34 580
851	4 500	512	2 500
852	3 100	52	2 464
87	6 817	53	4 370
88	15 400	55	6 150
89	7 700	54	2 400
	137 428	56	11 213
599	198	57	1 500
699	325	58	1 884
	137 951		137 951

Betriebsergebniskonto

Konto	Betrag	Konto	Betrag
94	975	901	40 325
40	58 875	902	72 650
41	37 080	929	11 600
42	2 464	7	13 188
43	4 370	599	198
44	2 400	699	325
45	6 150		
46	11 213		
47	1 500		
48	1 884		
	126 911		
GuV	11 375		
	138 286		138 286

Anmerkung: Aus Platzgründen wurden die in Textbeispielen angegebenen Stellenverteilungen nicht wiederholt, z. B. die mit „5". und „6" bezeichneten Beträge.

Kostenartenverrechnung

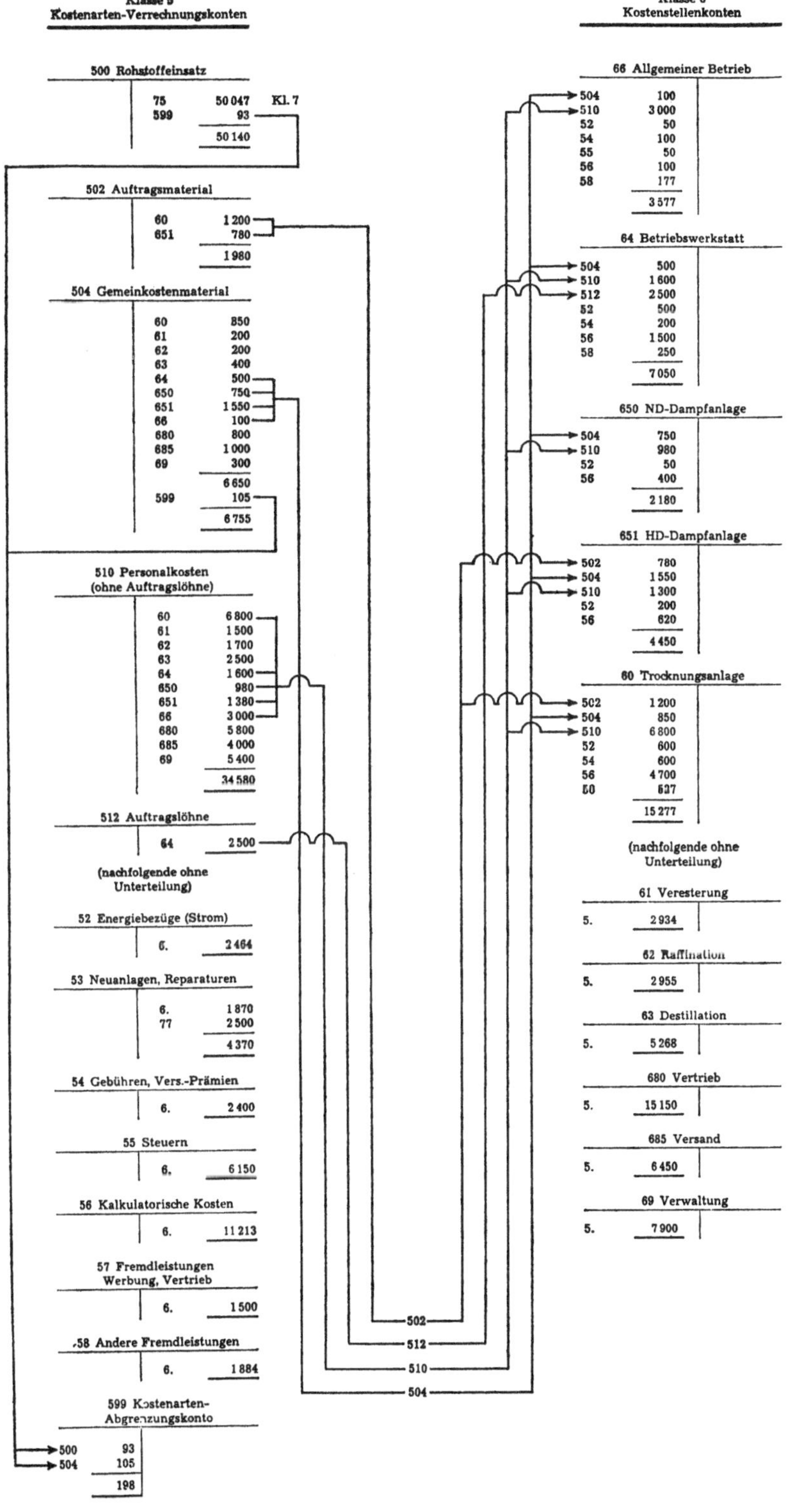

Kleiner Betriebs-

	Kostenstellen → Kostenarten ↓	64 Betriebs-werkstatt	650 ND-Dampf-Anlage	651 HD-Dampf-Anlage	66 Allgemeiner Betrieb	60 Trocknung-Mischung	61 Veresterung	62 Raffination
1	Auftragsmaterial			780		1 200		
2	Gemeinkosten-material	200	750	1 550	500	1 500	350	360
3	Zwischensumme 1 und 2	200	750	2 330	500	2 700	350	360
4	Personalkosten	3 450	440	650	1 900	7 616	1 304	1 650
5	Auftragslöhne	2 500						
6	Zwischensumme 4 und 5	5 950	440	650	1 900	7 616	1 304	1 650
7	Energiebezüge	160	480	620	10	600	310	60
8	Neuanlagen und Reparaturen		120	270		920	240	151
9	Gebühren/Versich.-Prämien							
10	Steuern	50	80	100	444	650	100	20
11	Kalkulatorische Kosten	540	240	400	623	2 521	570	650
12	Fremdleistung für Werbung							
13	Andere Fremd-leistungen	150	70	80	100	270	60	64
14	Summe direkte Stellenkosten	7 050	2 180	4 450	3 577	15 277	2 934	2 955
15	Allgem. Betrieb	500	150	350	− 3 577	1 250	200	200
16	Betriebswerkstatt	− 7 550		1 500		900		
17	ND-Dampfanlage		− 2 330					275
18	HD-Dampfanlage			− 6 300		5 014	416	
19	Versand							
20	Verwaltung							
21	Verrechnung							
22	Gesamtkosten Ist	—	—	—	—	22 441	3 550	3 430
23	Gesamtkosten Soll	—	—	—	—	22 000	3 600	3 300
24	Über/Unter-Deckung	—	—	—	—	·/· 441	+ 50	·/· 130
25	Bezugsgrößen	—	211,8 t	484,6 t	—	1000 t	100 t	94 t
26	Kostensätze (Wert je Einheit)	—	11,−	13,−	—	22,44	35,50	36,49

Linke Randbeschriftungen: Zeilen 6–13 *Direkte Stellen-Kosten*; Zeilen 15–21 *Umlagen*; Zeilen 25–26 *Relativzahlen*.

Abrechnungsbogen

63 Destillation	680 Vertrieb	685 Versand	69 Verwaltung	699 Verrechn.-Konto	Anl. Zug	Groß-reparatur	Kostenarten-Abgrenzung	Gesamt
								1 980
390	350	500	200				105	6 755
390	350	500	200				105	8 735
3 450	7 850	3 270	3 000					34 580
								2 500
3 450	7 850	3 270	3 000					37 080
144	30	30	20					2 464
169					1 500	1 000		4 370
	350	1 600	450					2 400
300	1 800	550	2 056					6 150
615	2 840	280	1 934					11 213
	1 500							1 500
200	430	220	240					1 884
5 268	15 150	6 450	7 900	—	1 500	1 000	105	75 796
400		450		77				
				50	3 000	2 100		
1 980				75				
780				90				
		− 83		83				
			− 200	200				
	+ 250			− 250				
8 428	15 400	6 817	7 700	325	4 500	3 100	105	75 796
8 000	15 500	7 000	7 700	325	4 500	3 100	105	75 130
·/· 428	+ 100	+ 183	—	—	—	—	—	·/· 666
80 t	—	378,7 t	—	—	—	—	—	—
105,35	—	18,−	—	—	—	—	—	—

BAB der Vertriebs-Kostenstellen

			Vertriebs-Kosten-stelle A	Vertriebs-Kosten-stelle B	Vertriebs-Kosten-stelle C	Vertriebs-Kosten-stelle D	Vertriebs-Kosten-stelle E	Gesamt-Vertriebs-kosten
1	Bezugs-größen	Umgesetzte Mengen . . . . kg	10 000,—	20 000,—	15 000,—	20 000,—	10 000,—	75 000,—
2		Wert des fakturierten Umsatzes . . . DM	30 000,—	40 000,—	20 000,—	100 000,—	20 000,—	210 000,—
3	Personal-kosten	Löhne	—	1 210,—	—	1 326,—	—	2 536,—
4		Lohnzuschläge	—	375,—	—	400,—	—	775,—
5		Gehälter.	1 500,—	2 000,—	1 000,—	5 000,—	1 300,—	10 800,—
6		Gehaltszuschläge	250,—	340,—	170,—	780,—	220,—	1 760,—
7		Sonstige Personalkosten	—	180,—	—	220,—	—	400,—
8		Gesamt-Personalkosten (3–7) . . .	1 750,—	4 105,—	1 170,—	7 726,—	1 520,—	16 271,—
9	Sonstige Kosten	Technisches Material	100,—	200,—	—	300,—	—	600,—
10		Packmittel	150,—	180,—	500,—	670,—	—	1 500,—
11		Versicherungsprämien	180,—	240,—	120,—	540,—	120,—	1 200,—
12		Gebühren, Beiträge, Spenden	120,—	160,—	80,—	400,—	40,—	800,—
13		Reise- und Repräsentationskosten . .	320,—	460,—	300,—	1 000,—	420,—	2 500,—
14		Gesamt sonstige Kosten (10–13) . .	770,—	1 040,—	1 000,—	2 610,—	580,—	6 000,—
15		Kalk. Abschreibungen	100,—	220,—	180,—	350,—	150,—	1 000,—
16	Umlagen	Kosten vor Umlage (8+9+14+15) . .	2 720,—	5 565,—	2 350,—	10 986,—	2 250,—	23 871,—
17		Betrieb allgemein	100,—	250,—	70,—	432,—	100,—	952,—
18		Kantine und Wohlfahrtsdienst . . .	60,—	110,—	35,—	143,—	90,—	438,—
19		Betriebsleitung und technisches Büro	120,—	220,—	170,—	453,—	120,—	1 083,—
20		Gesamt-Umlage (17–20)	280,—	580,—	275,—	1 028,—	310,—	2 473,—
21		Gesamt-Kosten nach Umlage (16+20)	3 000,—	6 145,—	2 625,—	12 014,—	2 560,—	26 344,—
22	Kosten je Bezugsgr.	Kosten je 100 kg Umsatz	30,—	30,70	17,50	60,10	25,60	35,10
23		Kosten in % vom Umsatz	10%	15,4%	13,1%	12,0%	12,8%	12,5%

Additional material from *Kostenrechnung in der chemischen Industrie,*
ISBN 978-3-409-21607-4, is available at http://extras.springer.com